DIANLI DIANLAN SHIYAN JI GUZHANG FENXI

电力电缆试验及故障分析

王 伟 阎孟昆 编著

中国电力出版社
CHINA ELECTRIC POWER PRESS

内 容 提 要

本书从电力电缆材料特性、生产工艺特性以及施工运行特性出发，详细介绍了电力电缆出现缺陷的原因，分析了对应于这些缺陷的试验方法、要求和环境，并且从电力电缆试验标准发展的过程，阐明了目前试验标准形成过程中存在的一些问题。本书还结合基本理论，详细介绍了近年来电力电缆故障的分析流程及典型案例。

本书可供电力电缆试验、运行维护和故障分析人员使用，也可作为大专院校相关专业的学习参考书。

图书在版编目（CIP）数据

电力电缆试验及故障分析/王伟，阎孟昆编著 . —北京：中国电力出版社，2021.5
（2024.9重印）

ISBN 978-7-5198-5495-9

Ⅰ．①电… Ⅱ．①王… ②阎… Ⅲ．①电力电缆－试验②电力电缆－故障诊断
Ⅳ．①TM247②TM755

中国版本图书馆 CIP 数据核字（2021）第 049606 号

出版发行：中国电力出版社
地　　址：北京市东城区北京站西街 19 号（邮政编码 100005）
网　　址：http://www.cepp.sgcc.com.cn
责任编辑：刘丽平（010-63412342）
责任校对：黄　蓓　常燕昆
装帧设计：张俊霞
责任印制：石　雷

印　　刷：北京天泽润科贸有限公司
版　　次：2021 年 5 月第一版
印　　次：2024 年 9 月北京第五次印刷
开　　本：787 毫米×1092 毫米　16 开本
印　　张：16.25
字　　数：313 千字
印　　数：2101—2600 册
定　　价：65.00 元

电力电缆试验及故障分析

前　言

　　电力电缆在城市电网改造中的大量使用为我国的城市面貌变化起到了巨大的作用。同时，电力电缆材料的发展使电缆的绝缘形式发生了根本变化，所以生产和运行部门的技术人员急需补充交联聚乙烯电力电缆在材料及结构方面的试验技术和故障分析方面的知识。

　　电力电缆线路现场试验和故障分析是一项多学科、多变量的工作，它要求试验和分析人员要具有丰富的实际工作经验和扎实的理论基础。

　　本书从生产运行实践、现有标准变化、试验设备进步、现场故障分析等方面出发，解决了实际工作中技术人员对电力电缆试验知识缺少或不清楚的问题，说明了标准进步和试验检测与缺陷（或分子结构）之间的对应关系，还阐述了技术人员迫切需要知道的知识，例如现场耐压试验及同时局部放电试验等的作用、原理、相关标准和方法。另外，本书介绍了 IEC 和我国相关标准的演化过程，阐述了电力电缆各项试验标准的来源及变化、试验方法的建立、最新试验装备、设备应用以及解决问题的原理，使读者能够更好地使用这些标准、试验方法和设备，为后续的电力电缆线路事故分析做好铺垫。

　　本书中有很多分析方法和理论是第一次和读者见面，有的分析可能不够完善，但希望通过我们的基本分析和解释，能够给读者一个比较满意的结果，并提供一个有用的手段。

　　本书的编写得到电力电缆行业专家、电缆和试验设备生产厂商、试验专家和现场很多技术人员的大力支持，在此表示衷心的感谢。同时，对于书中的不足也恳请广大读者批评指正。

编　者

2021 年 5 月

目　录

概　　述

1.1　电　缆　结　构

电缆由导体、绝缘层和护套（层）三个基本部分组成，如图 1-1 所示。电缆的导体主要采用铜材和铝材，绝缘主要为交联聚乙烯（Cross Linked Polyethylene，XLPE）材料，护套多采用聚氯乙烯（Polyvinyl Chloride，PVC）和聚乙烯（Polyethylene，PE）材料。对于中压以上电压等级的电力电缆，导体在输送电能时，具有高电位，为了改善电场的分布情况，减少导体表面和绝缘层外表面的电场畸变，避免尖端放电，电缆还要有内、外屏蔽。为了保护电缆绝缘结构不受外力破坏，还需要钢带铠装，甚至采用钢丝铠装等，如图 1-2 所示。

由于塑料护套不具有完全阻隔水的能力，高压和超高压电缆在结构上使用金属套和外绝缘护套（见图 1-3）作为防水层，同时金属套起到流过接地电流的作用。

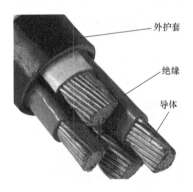

图 1-1　低压电缆结构

图 1-2　中压三芯电缆结构

图 1-3　具有金属套高压电缆结构

1.2 电缆用量

随着中国城市电网的发展，电缆用量越来越大。另一方面，在中压及高压电缆领域，XLPE 绝缘电缆数量已远远高于其他绝缘类型电缆（见图 1-4 和图 1-5）。由于原料和电缆附件技术的不成熟，2015 年北京电力公司实现国产第一条 500kV XLPE 绝缘电缆线路运行，其他批量生产运行的国产 500kV XLPE 绝缘电缆线路还很少，这种情况还将要持续一段时间。

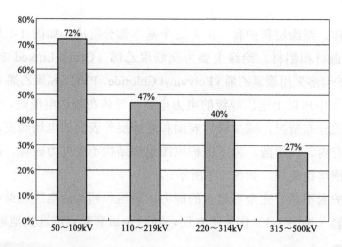

图 1-4　挤出塑料绝缘电缆在各电压等级绝缘电缆中的占比

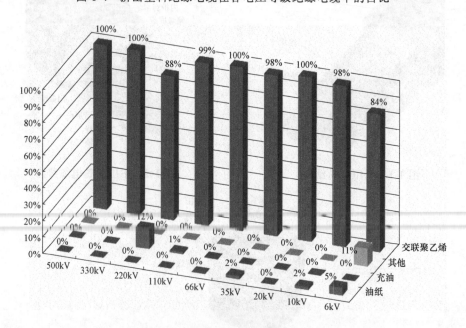

图 1-5　各种绝缘形式电缆的占比

2

随着中国城市电网的发展，电缆使用量又以每年 10%～17%（见图 1-6 和图 1-7）的速度在增长。按照城市平均电缆化率 50%～80% 推算，高压电缆的需求量将是惊人的。这个发展趋势给电缆的工厂检验、现场试验提出了如何适应的问题。

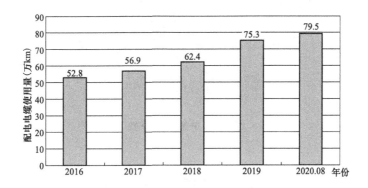

图 1-6　城市电网配电电缆发展情况（万 km）

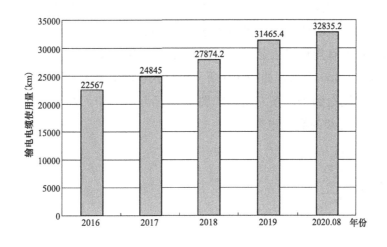

图 1-7　城市电网输电电缆发展情况（km）

1.3　电　缆　故　障

按照技术发展来看，现在的电缆运行条件要比十几年前好很多，产品质量较以往有很大提高，然而从图 1-8 看到，随着城市发展，城市建设对于电缆的破坏有加大的趋势，外力破坏已经占到总损坏率的 42.01%。从统计的数据看，目前国内电缆的平均故障率较十几年前上涨了十多倍。除各类外力破坏（包括建设施工、机械损伤、盗窃等）较为明显以外，其余故障都需要进行试验分析，才能确认故障原因。

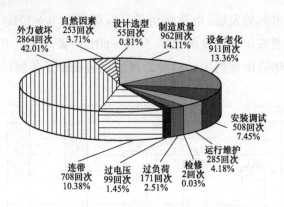

图 1-8　电缆事故分类

1.4　电缆制造及工艺

电缆试验技术的发展也和电缆制造水平齐步发展。从产品制造上看，经过多年的技术进步，电缆和附件制造技术有了很大的发展。根据国家统计局统计，2019 年我国电线电缆行业有规模以上企业 4290 家，共有 35kV 及以下电压等级的悬链式硫化生产线（CCV）400 余条，如图 1-9 所示；110kV 以上电压等级的立塔垂直连续硫化（VCV）生产线达到 100 条左右，如图 1-10 所示。其中，20 余条 CCV 生产线也用于生产 110kV 等级的高压电缆。

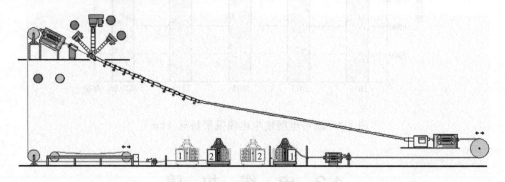

图 1-9　CCV 生产线示意图

由于 VCV 生产线具有较好偏心度，中国从 20 世纪 90 年代开始引进芬兰诺基亚的产品，立塔高度 120～180m。按照 110kV 电缆生产速度估算，估计年生产能力达到 210000km 以上。截至 2019 年，能为国内提供 220kV 及以上电压等级的电缆厂家超过 20 家。这些电缆厂家的新电缆需要检测，涉及导体、绝缘、屏蔽、塑料护套和金属护层等的质量试验，需要试验人员了解每项试验的基本理论和技术，才能正确选择试验方法，从而解决生产和运行中的问题。

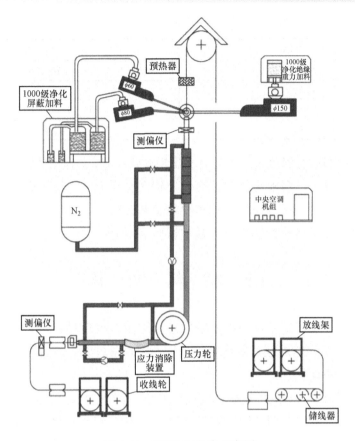

图 1-10 VCV 生产线示意图

生产电缆时工艺及技术参数如下：

（1）硫化温度 300～400℃，压力 10kg/cm²，加热段 60m，冷却段 80～100m。压力可以促使交联过程中释放的气体保留在熔融态聚合物中，避免产生微孔，所以在绝缘完全固化离开硫化管前必须保持压力。

（2）一般绝缘和屏蔽层产生的典型副产物如表 1-1 所示。副产物排除所需时间如表 1-2 所示。

表 1-1 典型副产物

成分	沸点（℃）	融点（℃）
甲烷	−162	—
苯乙酮	202	19～20
异丙苯醇	215～220	28～32

表 1-2 各电压等级副产物排除所需时间

电缆电压（kV）	除气时间（天）
33	3

续表

电缆电压（kV）	除气时间（天）
110	7～8（70～80℃）
132	15
220	10～15（70～80℃）
275	24

（3）高压电缆的金属套生产工艺有挤出铝皱纹护套、冷轧铝板氩弧焊接皱纹套、不锈钢氩弧焊皱纹套、铜板焊接皱纹套以及铝塑复合套等。用于金属套的金属材料的微孔、杂质、工艺、焊接质量等都需要检验和改进。

（4）电缆缓冲层和外护套也有大量的试验需要完成。

1.5 材 料 发 展

电缆材料的发展催生了试验技术的发展和进步。电缆材料包括金属（铜、铝和钢）、绝缘材料、半导电屏蔽材料和其他辅助材料，材料中大量特性参数需要用试验的方法进行检测和评价。

目前，国内66kV及以上电力电缆生产使用的超净化绝缘料基本上全部进口，主要为美国陶氏化学有限公司（简称陶氏化学，DOW）和北欧化工有限公司（简称北欧化工）生产，年用量约5000～6000t。35kV及以下电力电缆的交联料已经国产化，主要有浙江万马高分子材料集团有限公司、上海万益高分子材料有限公司、江苏德威新材料有限公司等企业，年产量达18000～22000t。

半导电屏蔽与绝缘料用量的比例为1:4，估计中国屏蔽料年用量已达到5200t。半导电屏蔽料性能，例如光滑性、屏蔽与绝缘粘结、防杂质迁移等对电缆使用寿命有较大影响的性能，每批次的常规试验必须配备有经验人员、设备和试验室才能完成。同时，加入其他辅助材料来防止铜离子迁移、提高局部放电电压等性能测试，需要更精密的试验设备、特殊场地和更高水平的技术研发人员才能完成。表1-3为10～110kV XLPE电缆用半导体屏蔽料指标。

表1-3　　　　　10～110kV XLPE 电缆半导体屏蔽料技术指标

项目	内屏蔽技术指标		外屏蔽技术指标	
	10～35kV	66～110kV	10～35 kV	66～110kV
密度（g/cm³）	≤1.2	1.16±0.03	≤1.2	1.16±0.03
拉伸强度（MPa）	≥10	≥12.0	≥10	≥15
断裂伸长率（%）	180～200	≥150	≥200	≥150

续表

项目	内屏蔽技术指标		外屏蔽技术指标	
	10～35kV	66～110kV	10～35 kV	66～110kV
空气老化试验条件				
热老化温度（℃）	135±2		135±2	
持续时间（h）	168		168	
拉伸强度变化率（%）	≤±30		≤±30	≤±25
断裂伸长率变化率（%）	≤±30		≤±30	≤±25
冲击脆化试验条件				
温度（℃）	−40		−40	
冲击脆化性能/失效数	≤15/30		≤15/30	
热延伸试验条件				
温度（℃）	200±2	200±3	200±2	
机械负荷（MPa）	0.2	0.2	0.2	
负荷时间（min）	15	15	15	
负荷下伸长率（%）	≤100	≤100	≤100	≤100
负荷后永久变形（%）	≤15	≤10	≤15	≤10
体积电阻率（Ω·cm）				
23℃时	≤100	≤100	≤100	≤100
90℃时	≤5000	≤350	≤2500	
热空气老化后体积电阻率试验条件				
老化温度（℃）	100±2		100±2	
持续时间（h）	168		168	
90℃时体积电阻率（Ω·cm）	≤1000		≤500	
23℃时，剥离强度（N/cm）			10～40	
空气热老化后剥离强度试验条件				
老化温度（℃）			100±2	
持续时间（h）			168	

　　电缆附件所用材料主要有硅橡胶（Silicone Rubber，SIR）和三元乙丙橡胶（Ethylene Propylene Diene Monomer，EPDM）。EPDM 于 1957 年由英国 DOUNLOP 公司研制，它的生产有溶液法、悬浮法和气相法。1960 年，EPDM 由北京化工研究院开发成功后主要由兰化、吉化等公司生产。SIR 作为绝缘材料自 20 世纪 60 年代开始在国外电力系统中使用，中国在 20 世纪 80 年代末期才开始使用。

　　附件所需的其他辅助绝缘材料，例如硅脂（性能见表 1-4），用来保证局部结构的绝缘稳定性。附件用材料较电缆用材料多而复杂，需要进行大量的试验筛选才能保证使用的安全。

表 1-4 硅 脂 性 能

试验项目	技术指标	参考标准
工作温度（℃）	−40～200	
色泽	白色膏状物	
相对密度（25℃）	1.05±0.02	GB/T 1884—2000
锥入度（25℃，1/10mm）	260±20	GB/T 269—1991
油离度（%，200℃，24h）	≤0.05	HG/T 2502—1993
挥发分（%，200℃，24h）	2.0	GB/T 15023—1994
介电常数（50Hz）	≤2.8	GB/T 5654—2007
体积电阻率（Ω·cm）	≥1.0×10^{15}	GB/T 5654—2007
介质损耗角正切（50Hz）	≤5.0×10^{-4}	GB/T 5654—2007
击穿强度（kV/mm）	≥20.0	GB/T 507—2002

2 电缆缺陷

在进行电缆试验之前，应从电缆及附件的结构性能、生产工艺、安装敷设及运行出发，了解缺陷形成机理，分析对应的试验项目，依据标准进行检验，从而正确地判断电缆所处的状态。

2.1 电缆结构性能

2.1.1 导体

国家标准规定，当电缆导体截面积达到 800mm² 及以上时，电缆导体应采取分割导体的结构形式，如图 2-1 所示。

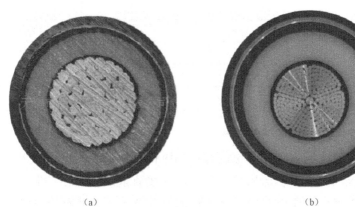

（a）　　　　　　　　　　　　　　　（b）

图 2-1 电缆导体结构区别

（a）小截面电缆导体；（b）大截面电缆导体

2.1.1.1 导体结构

电缆导体都应满足 GB/T 3956—2008《电缆的导体》的要求。相比 1997 年版，2008 版标准增加了一些新内容，例如：实心铝合金导体的电阻要求等，表 2-1 为导体使用材料特性；非紧压绞合铝导体截面范围要求；紧压绞合圆形和成型铝合金导体节径比距范围要求，如表 2-2 所示；电阻的测量内容（见标准的附录 A）；温度校正系数的精确公式内容（见标准的附录 B）；取消 1997 版标准的第 6 章等。

表 2-1 　　　　　　　　　　电缆导体使用的材料特性

物理特性	铜	铝	铝合金
密度（g/cm³）	8.89	2.703	2.71
抗张强度（MPa）	2.548~2.744	≥0.784	≥1.019
熔点（℃）	1033	660	660
熔解热（cal/g）	50.6	93	95
电阻率（20℃时，Ω·cm）	0.01724×10⁻⁶	0.0263×10⁻⁶	0.0283×10⁻⁶
电阻温度系数（1/℃）	0.003931	0.00403	0.00403

表 2-2 　　　　　　　　　　电缆导体绞合节径比

线材		层次	绞合节径比	
			规定值	推荐值
铜芯		第一层	16~28	24
		第二层	14~24	20
导电金属线		单层	10~14	12.5
	两层	第一层	11~17	13
		第二层	11~17	11
	多层	第一层	11~17	15
		第二层	11~17	13
		第三层	11~17	12
		外层	10~13	11

从导电性能看，20℃时的铝合金电阻率为铜的 1.64 倍。要使同样长度的铜线与铝线具有相同的电阻，铝线芯的截面积是铜线芯的 1.64 倍，直径是铜线的 1.28 倍。

由于铝的电阻率比铜大，在导电能力相同时铝合金导线的直径较大，无形中增加了电缆绝缘材料与护层材料的用量。另外，铝线质量比铜线轻一半，加上铝线的截面大，散热面积增加，实际上要达到同样的负载能力，铝线截面只需达到铜线的 1.5 倍就可以了。

导体的临近效应和趋肤效应会影响导体电阻，因此国家标准要求以 800mm² 导体为界线，800mm² 以上采用分割导体，800mm² 以下采用紧压圆形导体，800mm² 可为紧压圆形导体，也可为分割导体。

分割导体的主要形式有四分割、五分割、六分割、七分割等，我国以五分割导体应用最为广泛。GB/T 3956—2008 中规定分割导体的截面积为 800~2500mm²，但有的企业已经制造出截面积为 3000mm²、甚至 3500mm² 的分割导体。

分割导体的截面积须参照 GB/T 3956 中同等截面积导体在 20℃时的电阻值计算得出，但实际截面积要根据实际情况而定。分割导体实际截面积的计算公式为：

$$S = \frac{k_1 k_2 k_3 \rho \times 1000}{R} \qquad (2\text{-}1)$$

式中：S 为分割导体实际截面积，mm^2；k_1 为金属电阻增值的调整系数（1.0～1.5）；k_2 为多根导线绞制的绞合系数（1.0～1.5）；k_3 为股块成缆的绞合系数（1.0～1.2）；ρ 为 20℃时铜导体的电阻率（0.017241），如表 2-1 所示；R 为 20℃时铜导体的直流电阻。

从理论上讲，一般情况下分割导体的实际截面积与设计截面积相差不超过 5%，大多数分割导体的实际截面积要略微大于理论截面积，进而使得电缆外径偏大。但如果分割导体截面积超过了 2500mm^2，则要按式（2-1）反推计算。

分割导体直径为：

$$D = \sqrt{\frac{4S}{\pi}} \qquad (2\text{-}2)$$

式中：S 为导体截面积；D 为导体直径。

填充系数与成缆外径：根据公开资料表明，使用分层紧压法，由圆单线构成的扇形线芯的填充系数 η 约为 86%～94%，则分割导体成缆外径为：

$$D = \sqrt{\frac{4S}{\eta\pi}} \qquad (2\text{-}3)$$

需注意的是，由于扇形股块在成缆时会产生肉眼看不见的反弹现象，所以建议在计算出分割导体成缆外径后再稍微放大一点。

分割导体单个扇形股块截面积为：

$$S_K = S/N$$

式中：N 为分割导体扇形股块个数；S 为分割导体截面积。

分割导体扇形股块单丝直径的计算：根据有关标准中关于分割导体截面积对应的导体单丝根数的规定，例如截面积为 1200mm^2 的分割导体中单丝根数下限是 170 根，假设分割导体是五分割，则每个扇形股块的单丝根数应不少于 34 根，如六分割则不少于 28 根。

2.1.1.2 导体工艺

电缆生产过程中，导线经拉丝机冷拔加工后会变硬，必须进行退火处理，以消除导线内的应力及缺陷，使之恢复到冷加工前的物理及机械性能。通常，退火后的导线的电阻率可降低约 2.1%，其柔软性有较大的提高，例如伸长率、抗弯曲和扭转性能有较大的提高。由金属的物理特性可知，铜的再结晶温度为 400～450℃，考虑到热量损失，一般铜导线的退火温度为 550℃，而铝导线的退火温度为 400℃，不同的金属材料对冷却的要求也有所不同。

导体预处理需要达到的结果如下：

（1）20℃直流电阻。直流电阻是影响电缆载流量的首要因素，是电缆的重要性能指标。直流电阻越大，导体产生的电压降、电能损耗就越大。影响直流电阻的因素包括材料的体积电阻率、导体的实际截面积、环境温度、加工过程的拉丝退火温度、绞合成缆节距、导体紧压、导体表面有无污染氧化及镀层等，必须在每一个环节进行控制并加强检验，以保证直流电阻不大于标准规定值。

（2）导体的表面质量。

1）导体表面应清洁无污染（油污、水渍）、无氧化现象，这不仅是考虑绝缘挤包的要求，也为了控制直流电阻。

2）导体表面应光滑圆整，无尖角、毛刺、锐边或凸起的单线。导体表面质量不好，会导致绝缘厚度不均甚至破皮或绝缘被击穿。同时，在导体的尖角部位电场集中会使电场强度超过绝缘承受极限，易导致绝缘击穿，使电缆不能通过耐压试验或电缆在长期使用过程中该部位过早老化击穿，缩短电缆使用寿命。特别是截面为扇形和瓦楞形的导体，应注意导体紧压时不能出现尖角和锐边。在生产小截面电缆时，特别是高压电缆，应考虑加大导体直径或加大绝缘厚度。

3）导体应无断裂的单线或缺股现象，缺股和断线会导致导体直流电阻增大。

（3）焊接。各种绞束的成品导体不允许整芯焊接，束线和绞线中的单线允许焊接，单线直径 0.20mm 及以下允许扭接，同一层内相邻两接头间的距离应不小于300mm。对焊的接头应退火，接头两侧退火距离约为 250mm。

（4）排列规则。按正常规则绞合，除中心单线根数为 1 根的之外，外层单线根数均比其相邻内层多 6 根单线，例如 1+6+12+18+24、2+8+14 等结构。应检查是否有断股现象。

（5）绞向。将绞线垂直放在面前，单线由右下方向左上方旋转向上的称为左向（S 向）。钢芯铝绞线等裸导线最外层绞向为右向，除钢芯铝绞线架空绝缘电缆外，电力电缆导体线芯最外层绞向为左向。为保证导体结构的稳定性，相邻两层绞向应相反。

（6）节距、节径比。单线围绕绞合中心旋转一周所前进的距离称为节距。节距与该绞层外径的比值称为节径比。根据 GB/T 3956—2008 的规定，第五种和第六种导体，其一次绞束线芯节径比不大于 25，股线节径比不大于 30，内层节径比不大于20，外层节径比不大于 14；第二种非紧压绞合圆形导体，内层不大于 40，外层不大于 20。

在导体的垂直截面上，所有圆形单线为椭圆形截面，在圆周方向上为长轴，径向为短轴，节径比越小，绞合越紧密，单线间的间隙越小，线芯越柔软。但按正常规则绞合时，节径比一般不能小于 10。节径比太小，易造成相邻两层结合不紧，导体起"灯笼";节径比太大,绞线的缝隙大,绞合不紧密,易散股。在绞合导体中,每根单线的实际长度比导体的长度要大,单线的实际长度与导体长度之比称为绞入系数。导体的节径比越小,绞入系数越大,使用的材料越多,直流电阻反而增大。因此,节径比太小不利于材料节约,节径比大又不利于绞合的紧密,生产过程需对节径比进行控制。紧压绞合扇形、瓦楞形导体,特别是紧压绞合圆形导体,为了保证紧压后导体的紧密性和弯曲性能,应选用较小的节径比。

(7)线芯的截面。

1)非紧压绞合圆形导体的截面积是由单线根数和单线直径决定的,应对单线直径和单线根数进行控制。此外,在绞合过程中,涨紧力应适当,拉力太大会导致单线被拉细。

2)紧压圆形绞合导体及紧压扇形导体不仅要控制单线根数和直径,还要对扇高和紧压外径进行控制,这也是影响截面积大小的因素。

3)导体截面积的检验可用称重法,用导体的单位长度重量除以材料密度可得导体实际截面积。

(8)绞合外径。绞合外径是最外层单线相内切的圆的直径,正常规则绞合时外径的计算公式为:

$$绞合外径\ D=绞合中心外径+绞合层数×2d$$

其中绞合中心不计入绞合层数。

绞合中心外径:1 根时为 d,2 根时为 $2d$,3 根时为 $2.16d$,4 根时为 $2.42d$,5 根时为 $2.7d$,以此类推。

2.1.2 绝缘

2.1.2.1 绝缘工艺分类

PE 到 XLPE 的交联方法有物理交联(辐射交联)和化学交联两种,表 2-3 给出了两种材料所具有的性能。

(1)辐射交联。将聚乙烯制品用 γ 射线、高能射线进行照射交联(引发聚乙烯大分子产生自由基,形成 C-C 交联链)。

(2)化学交联。化学交联是采用化学交联剂使聚合物产生交联,由线性结构转变为网状结构,如图 2-2 所示。在化学交联中又可分为过氧化物交联、硅烷交联、偶氮交联。

1)过氧化物交联。过氧化物交联一般采用有机过氧化物作为交联剂,在热的作用下分解生成活性的游离基。这些游离基在聚合物碳链上生成活性点,并产生碳—碳交联,形成网状结构。

2)硅烷交联。硅烷交联技术是利用含有双链的乙烯基硅烷在引发剂的作用下与熔融的聚合物反应，形成硅烷接枝聚合物。该聚合物先和硅烷醇缩合，在催化剂的作用下发生水解反应，从而形成网状的氧烷链交联结构。

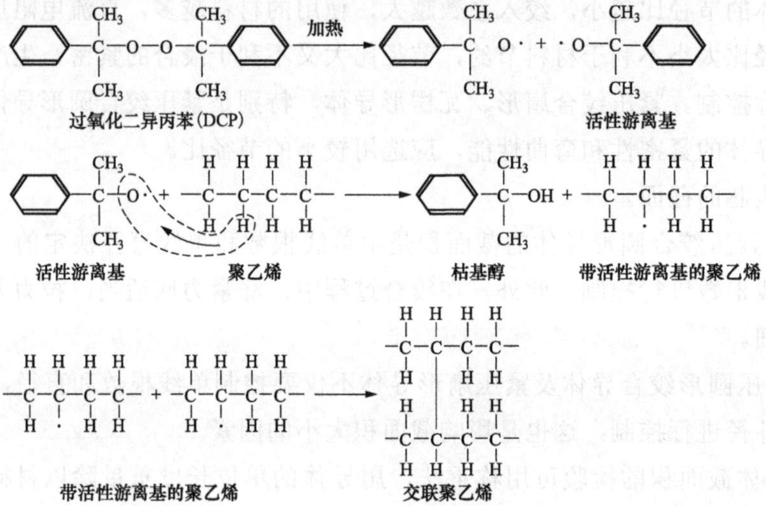

图 2-2　交联聚乙烯形成过程

3）偶氮交联。偶氮交联是将偶氮化合物混入 PE 中，并在低于偶氮化合物分解温度时挤出。挤出物通过高温盐浴，偶氮化合物分解形成自由基，引发聚乙烯交联。

表 2-3　　　　　　　　　　聚乙烯和交联聚乙烯性能比较

项目	聚乙烯（PE）	交联聚乙烯（XLPE）
密度（g/cm³）	0.92	0.92
最高工作温度（℃）	75	90
瞬间短路温度（℃）		250
软化温度（℃）	105～115	
体积电阻率（Ω·cm）	10^{17}	10^{17}
介电强度（kV/mm）	20～35	35～50
耐候性	差	一般
耐老化性	一般	优良
耐油性	一般	优良
低温脆性	一般	优良

2.1.2.2　绝缘料性能要求

国内外材料厂家对绝缘料的性能要求如表 2-4～表 2-6 所示，国家标准、IEC 标准对绝缘料的要求如表 2-7 所示。

表 2-4 国内外高压电缆绝缘料性能要求

项目名称	高压电缆 XLPE 绝缘料	
	国内	国外
20℃体积电阻率 （Ω·cm）	$\geqslant 1.0 \times 10^{15}$	$\geqslant 5.0 \times 10^{16}$
介电强度（50Hz，kV/mm）	$\geqslant 22$	$\geqslant 34$
介电常数（50Hz）	$\leqslant 2.35$	$\leqslant 2.30$
介质损耗（50Hz）	$\leqslant 5 \times 10^{-4}$	$\leqslant 0.0003$
抗拉强度（MPa）	$\geqslant 17$	$\geqslant 21.2$
断裂伸长率（%）	$\geqslant 500$	$\geqslant 496$
热延伸试验（200℃，15min，0.2MPa 载荷下伸长率，%）	$\leqslant 100$	$\leqslant 50$
冷却后永久伸长率（%）	$\leqslant 10$	$\leqslant 2$
凝胶含量（%）	$\geqslant 82$	$\geqslant 82$
杂质含量（$\geqslant 100\mu m$，个）	0	0

表 2-5 高压 XLPE 绝缘料与中低压绝缘料性能

项目名称	高压绝缘料	中低压绝缘料
原料熔融指数（g/10min）	2.0 ± 0.1	2.0 ± 0.1
凝胶、杂质	等同处理	重点控制杂质
原料产品稳定性要求	非常高	高
最大杂质尺寸（mm）	$\leqslant 0.10$	$\leqslant 0.125$

表 2-6 国外高压 XLPE 绝缘料水平（可用于 220kV 高压电缆）

项 目 名 称	性能指标
密度（23℃基料，g/cm^3）	0.922 ± 0.002
抗张强度 [（250±50）mm/min，MPa）]	$\geqslant 17$
断裂伸长率 [（250±50）mm/min，%）]	500
热延伸试验（200℃，15min，0.2MPa 载荷下伸长率，%）	$\leqslant 100$
冷却后永久伸长率（%）	$\leqslant 10$
凝胶含量（%）	$\geqslant 82$
介电常数	$\leqslant 2.35$
介质损耗	$\leqslant 3 \times 10^{-4}$
短时工频击穿强度（kV/mm）	$\geqslant 25$
体积电阻率（23℃，Ω·cm）	$\geqslant 1.0 \times 10^{17}$
杂质最大尺寸（1000g 样品中，mm）	$\leqslant 0.05$

表 2-7 　　　　国家标准与 IEC 标准对高压电缆绝缘料的性能要求

项目名称	GB/T 11017.2—2014	IEC 60840：2014
密度（23℃，g/cm³）	0.922±0.002	0.922±0.002
抗张强度（MPa）	≥17	≥17
断裂伸长率（%）	≥500	≥500
热延伸试验（200℃，15min，0.2MPa 载荷下伸长率，%）	≤100	≤100
冷却后永久伸长率（%）	≤10	≤10
凝胶含量（%）	≥82	≥82
20℃体积电阻率（23℃，Ω·cm）	≥1.0×10¹⁴	≥1.0×10¹⁴
介电强度（50Hz，kV/mm）	≥22	≥22
介电常数（50Hz）	≤2.35	≤2.35
介质损耗（50Hz）	≤5×10⁻⁴	0.0005
杂质水平	杂质含量（≥100μm），0 个	杂质最大尺寸（1000g 样品中）≤0.10mm

2.1.3 屏蔽

半导电屏蔽料可检测的项目为密度、抗拉伸强度、断裂伸长率、体积电阻率和热延伸。各厂家的产品性能略有不同，常用电缆屏蔽料技术参数如表 2-8 所示。

表 2-8 　　　　导体用热塑型半导电屏蔽料技术参数

项 目		性能要求
密度（g/cm³）		≤1.20
拉伸强度（MPa）		≥12.0
断裂伸长率（%）		≥150
空气热老化试验	老化温度（℃）	100±2
	老化时间（h）	240
	拉伸强度变化率，不超过（%）	±30
	断裂伸长率变化率，不超过（%）	±30
冲击脆化	试验温度（℃）	−10
	冲击脆化性能（失效数）	≤15/30
热延伸试验	试验温度（℃）	200±3
	机械负荷（MPa）	0.20
	时间（min）	15
	负荷下伸长率（%）	≤100
	冷却后永久变形（%）	≤10

项 目		性能要求
热变形	试验温度（℃）	70+2
	持续时间（h）	168
23℃时体积电阻率（Ω·m）		≤1.0
90℃时体积电阻率（Ω·m）		≤3.5

2.1.4 填充、金属套、非金属外护套

电缆如果采用直埋形式，则铠装层一般采用钢带铠装。如果还要求流过较大的短路电流或者作为同轴电缆使用，铠装层可采用密集粗铜丝，如图2-3所示。如果运行方式需要悬挂，承受较大拉力时，可采用钢丝铠装的形式，如图2-4所示。对于海底电缆，由于海底环境的复杂性，要求有较大的承载能力和防水能力，电缆的铠装除了外侧的粗钢丝铠装外，还需要多层钢丝铠装加金属套结构，如图2-5所示。

图2-3 单芯中压铜丝屏蔽电缆

图2-4 三芯中压钢丝铠装电缆

2.1.4.1 填充

填充在中低压电缆中不起电气作用，只作为填充物以保持电缆的圆度，使用的材料主要有聚丙烯绳、玻璃纤维绳、石棉绳、塑料等。在高压电缆中填充层改称缓冲层，它起到连接绝缘屏蔽和金属套的作用，必须是半导电特性的；一般采用聚丙烯材质为基础的无纺布加导电炭黑组成，无纺布带中间加丙烯酸钠起膨胀阻水作用。

2.1.4.2 金属套

图2-5 钢丝铠装铅套海底电缆结构

金属套的功能包括：①隔水作用，防止XLPE绝缘接触到水分而产生水树枝，金属套是电缆的径向防水层；②能承受零序短路电流，热稳定性好。按生产工艺，金属套可分为挤包无缝金属套、纵向焊缝金属套和

综合护套三大类。用作金属套的材料有铅、铝、铜、不锈钢、铝塑复合材料，根据使用的地区和运行环境来选择使用。

（1）挤出铅套。挤出铅套是用铅合金在螺杆连续压铅机上制造的铅套。铅的蠕变性能好，设计时无需在铅套与线芯之间留有间隙，交联绝缘膨胀时能撑大铅套而绝缘表面仍然平整光滑，冷却时在弹性作用下铅套回缩，但仍保持和绝缘屏蔽的紧密接触。铅的电阻系数是铝的 7.8 倍，铅套要满足技术条件中的短路热稳定要求，则铅套的截面积必须比铝套大得多。铅的密度为 11.34g/cm³，是铝的 4.2 倍，同规格超高压铅套电缆比铝套电缆要重 60%～90%。敷设中铅套电缆要严格控制电缆的侧压力，在接头作业中可直接搪铅。由于铅套内壁无需设计间隙，结构较紧密，因此铅套交联电缆的纵向防水性能比任何一种皱纹金属套电缆都好。

从工艺上来说，选择用螺杆式连续压铅机生产的铅套不存在因铅套夹灰而在铅套上形成砂眼的问题。使用水压机式非连续压铅机可能使铅套产生环形开裂。

（2）挤包皱纹铝套。挤包皱纹铝套最大优点是质量轻和短路热稳定容量大。在短路电流持续时间稍长的系统中，一般标准厚度的铝套即能满足要求，如计算中热稳定不够时可将铝套加厚一些就能满足技术要求，无需增加铜丝屏蔽，比铅套简单。

挤包皱纹铝套工艺温度相比铅套的挤包工艺温度要高，为此铝套内应有铜丝和聚丙烯纤维编织的金布或半导电阻水带，防止绝缘屏蔽被烫伤。

挤包皱纹铝套所用压铝机有连续压制与非连续压制两类。为保证铝套的连续性，应采用连续压铝机较好。

（3）焊接皱纹铝套。焊接皱纹铝套由冷轧铝板卷包后用氩弧焊焊接成形。焊接皱纹铝套生产工耗与能耗都比挤包皱纹铝套低。在焊接过程中，焊缝两侧的铝板受热后会引起铝的晶相结构变化，这种晶相结构保证了铝套破坏点不在焊缝处。此外，焊缝处瞬间温度达 700℃ 左右，而焊缝对侧铝套温度很低。螺旋形皱纹铝套阻水性能较差，竹节形皱纹铝套较易阻止水分纵向渗透。

（4）综合护套。综合护套是一种铝塑复合层。它使电缆质量变轻、尺寸减小和造价降低，可在零序短路容量不大的系统中使用；在短路容量大的系统内需加铜丝或铅丝屏蔽。

2.1.4.3 非金属外护套

中低压电缆一般采用内外护套结构，其作用是保护绝缘线芯不被外金属护套（钢带或钢丝）损伤；隔绝两种不同金属层，避免不同金属之间发生电化学腐蚀作用；防止较大水分进入；对于单芯电缆结构，存在感应电压多点接地，从而产生接地环流。外护套材料主要有塑料类和橡胶类，其中塑料类外护套使用的材料是 PVC、PE、PVC+PE 组合，根据电缆使用的场合选用。

2.2 生产工艺与缺陷关系

2.2.1 生产中常见缺陷

电缆出现的故障与制造工艺及过程有密切的关系。表 2-9～表 2-15 是交联电缆生产过程中存在的主要缺陷形式。

表 2-9 电缆拉丝工序常见质量缺陷及其原因

缺陷种类	缺陷原因	对电缆的影响
单线偏细	线模规格错误；单线拉细	截面积不足
单线表面不光滑	设备缺陷伤线；线轴碰撞伤线；装盘过满伤线；润滑不利	严重时降低机械性能
单线表面脏污	野蛮操作	降低绝缘质量，严重时降低电性能
机械性能不合格	变形量小或不均匀；材质不良	产品机械强度降低
电气性能不合格	材质不良；韧炼工艺不当	降低供电质量，可导致产品过早老化

表 2-10 导体退火软化工序常见质量缺陷及其原因

缺陷种类	缺陷原因	对电缆的影响
表面氧化	退火过程有氧存在	导体电阻增大；氧化物促进绝缘老化
化学污染	酸洗后，导线表面残存酸液	降低绝缘强度；减少电缆使用寿命
过烧	退火温度过高；保温时间过长	机械性能下降

表 2-11 绞线工序常见质量缺陷及其原因

缺陷种类	缺陷原因	对电缆的影响
扭绞过度	设备操作不当	机械强度降低
单线断裂	设备缺陷；接头未焊或脱焊	降低绝缘质量；降低电缆抗拉强度；降低承载能力
单线跳线	并线模太大	恶化电缆电场分布；降低绝缘质量；降低电缆抗拉强度
单线拱起	放线张力过小或不均匀；绞合不紧密或不均匀	恶化电缆电场分布；降低绝缘质量；降低电缆抗拉强度
表面划伤	设备或模具不完善	降低机械性能
扇形尺寸不对	压轮调整不当；压轮有缺陷	外观

表 2-12   塑料挤出工序常见质量缺陷及其原因

缺陷种类	缺陷原因	对电缆的影响
塑化不足	挤塑温度低；螺杆转速低	降低机械性能
塑料分解	挤塑温度高；螺杆转速高	降低电气性能
气孔	料潮；线芯含水；螺杆漏水	降低电气性能；降低机械性能
脱漏塑化	塑化不足；供料不足；速比不搭配	绝缘失效
表面粗糙	温度不当；模套过大；出线刮伤	降低电气性能；降低机械性能；外观不美
偏芯	模具对中性差；模具调整不当；线芯有弯；冷却前压扁	恶化电场分布；降低电气性能
竹节	螺杆转速不稳；潜力速度不匀；模芯雨模套距离太大；外施电压波动	

表 2-13   电缆交联工序常见质量缺陷及其原因

缺陷种类	缺陷原因	对电缆的影响
绝缘厚度不够	配模不当；线速快；挤塑机出胶量不足	降低电气性能
偏芯	模具没有调正；悬垂度控制变化	恶化电场分布；降低电气性能
杂质	原料不洁；加料时混入焦烧块	
气泡	挤塑不当、料潮、压力不够、冷却不充分（同一圆周上）	局部放电增大
竹节	牵引速度不稳定；模芯太小；导体外径不均匀	恶化电场分布；降低电气性能；降低机械性能
机械性能不合格	配方不合理，硫化工艺不当（气压低、线速快、冷却水位高等）	降低机械性能
电气性能不合格	结构不完善（导体、绝缘），绝缘层内含有杂质、外伤	降低电气性能

表 2-14   电缆成缆工艺常见质量缺陷及其原因（中低压电缆）

缺陷种类	缺陷原因	对电缆的影响
电缆不圆	填充不当	影响外观
电缆不直（蛇形）	各线芯张力不均	不利于敷设
线芯拉伤	牵引力过大；起车太猛（突发力大）	降低电缆抗拉强度；降低承载能力

表 2-15   铠装工序常见质量缺陷及其原因（中低压电缆）

缺陷种类	缺陷原因	对电缆的影响
钢带漏包	绕包节距过大；搭盖未调整好	电缆易受外力损坏
钢带太松	焊点脱焊；钢带张力太小	电缆结构不稳定
钢带翘边	钢带质量不好；钢带盘角度未调好	易损坏外护套

2.2.2 生产过程控制

虽然高压电缆用绝缘料的开发没有可以参照的模式，但必须要有严格的检测手段来发现材料中的杂质，以及去除杂质的手段。

2.2.2.1 杂质的检测方法

对高压电缆用绝缘料的杂质检测，一般采用 CCED 成像技术在线对流水线上的材料进行扫描，利用杂质灰度的变化情况，对杂质高精度的表征进行判别。这不仅可以从杂质的类型、大小、数量上进行判别，还可以根据结果对产品进行归类。在线检查杂质原理如图 2-6 所示。

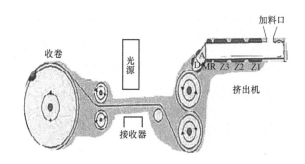

图 2-6 在线检查杂质原理

生产过程中杂质类型可细分为具有绝缘或半导体性质的杂质颗粒、金属粒子和凝胶，生成的原因各不相同。杂质主要存在于基料中，可以通过过滤和对基料选择的方法去除。金属颗粒主要在物料送风时被引入，可以从输送方式着手滤除杂质。表 2-16 是采用不同过滤目数滤网对国内某一聚乙烯杂质的测试结果。

表 2-16 经过不同滤网过滤后的杂质检查结果

滤网目数	杂质颗粒直径（mm）		
	＞0.25	0.25～0.125	＜0.10
200	0	5	17
300	0	2	1
400	0	0	0
500	0	0	0

图 2-7 和图 2-8 为过滤前后杂质形状、大小和数量的变化情况。从图中可以看到，通过不同的过滤形式，杂质个数可以减少，大的 PE 凝胶已经被过滤掉了。但是当滤网太密实时，材料对滤网的压力将会超过滤网的承受能力。所以，不能只提高滤网的密度，而要综合考虑。绝缘层内存在的杂质、绝缘层与屏蔽层间的凸起物、

绝缘层内的残余应力是影响 XLPE 电缆寿命的主要原因。杂质与凸起物引发的树枝现象如图 2-9 和图 2-10 所示。

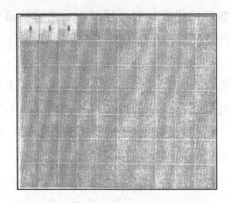

图 2-7　过滤前杂质状态和数量

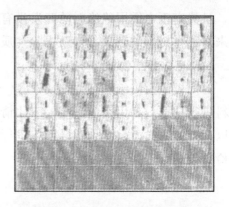

图 2-8　过滤后杂质形态和数量

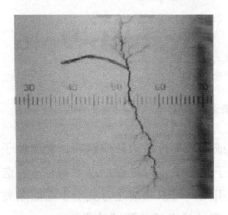

图 2-9　杂质引发的树枝

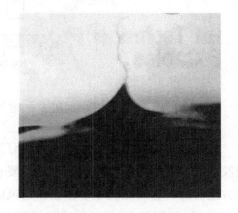

图 2-10　凸起物引发的树枝

2.2.2.2　基材选取

去除杂质的另一个办法是对基材进行恰当的选取。能否获得合适的原料是制备高压电缆 XLPE 绝缘料的关键。高压电缆绝缘用 XLPE 基材应满足表 2-17 的要求。

表 2-17　　　　　　　　高压电缆绝缘用 XLPE 基材的基本要求

项 目 名 称	性 能 指 标
密度（23℃，g/cm³）	0.922 ± 0.002
熔融指数（190℃/2.16kg，g/10min）	2.0 ± 0.1
抗张强度（MPa）	≥17
断裂伸长率（%）	≥500

项 目 名 称	性 能 指 标
介电常数	≤2.35
介质损耗	≤3×10⁻⁴
短时工频击穿强度（kV/mm）	≥25
体积电阻率（23℃，Ω·cm）	≥1.0×10¹⁷
杂质最大尺寸（1000g 样品中，mm） 凝胶　≥100（μm） 　　　50～99（μm） 金属　≥100（μm） 　　　50～99（μm） 杂质　≥100（μm） 　　　50～99（μm）	0 ≤20 0 ≤4 0 ≤8

2.2.2.3　高净化度生产环境

高净化度生产环境是生产高压电缆用绝缘料的重要条件。根据 ISO 14644-1 的要求，需要确定高压电缆用绝缘料生产环境的净化度。目前国内电缆挤出生产线的净化度一般在 10000 级，包装、送料等级在 1000 级水平。表 2-18 给出了杂质数量和净化度之间的关系。

表 2-18　　　　　　　ISO 14644-1 对净化级别的要求

级别	每立方米内最大尺寸的杂质颗粒数（个）					
	0.1μm	0.2μm	0.3μm	0.5μm	1μm	5μm
ISO1	10	2	—	—	—	—
ISO2	100	24	10	4	—	—
ISO3	1000	237	102	35	8	—
ISO4	10000	2370	1020	352	83	—
ISO5	100000	23700	10200	3520	832	29
ISO6	1000000	237000	102000	35200	8320	293
ISO7	—	—	—	352000	83200	2930
ISO8	—	—	—	3520000	832000	29300
ISO9	—	—	—	35200000	8320000	293000

2.2.2.4　物料输送

金属颗粒来自于输送过程，主要是真空吸料过程中原材料接触金属管线，因此，需要改变接触管线的材料。可在输送过程中加入过滤网或采用相应的除金属颗粒的专用设备，起到减少杂质的目的。此外，对材料配方中影响绝缘料的因素进行控制，才能提高绝缘料的水平。

2.2.2.5 氧化还原剂的使用控制

用于高压电缆的绝缘料普遍采用具有优良介电性能的 PE，采用能够给 PE 提供均匀高交联度的化学交联方式，因此需要添加过氧化物。在选择过氧化物时，除了正常的性能外，还需要注意过氧化物的半衰期与温度的对应关系。过氧化物需要在 200～400℃ 的某个温度加速分解，半衰期在温度的曲线上呈现一个拐点，这一特性对于生产高压电缆有着重要的意义。由于高压电缆的绝缘层通常很厚，挤包过程中通过温度梯度变化的硫化管，绝缘层内外温度不一致，这会造成电缆绝缘层内部晶相分离。采用具有某一种温度拐点的过氧化物，可以使绝缘层在硫化管内交联时有一个缓冲过程，会在内外层达到热平衡后一起交联，从而减少晶相分离的可能，防止物理性能的降低。

2.2.2.6 抗氧化剂使用控制

在化学交联加工中，抗氧化剂的加入量也很关键，若加少了，产品热老化性能达不到要求；若加多了，会使过氧化物的活性降低，对最终的热固性高分子交联度有一定影响。一般的做法是使后加工温度从 120℃ 降低到 100℃，降低过氧化物的半衰期，大大降低了过氧化物分解的程度和浓度，从而控制预交联，减少杂质。

2.2.3 缆芯缺陷

绝缘线芯包括导体、导体屏蔽、绝缘和绝缘屏蔽组成。绝缘层生产中的缺陷主要来源于绝缘和屏蔽材料以及绝缘线芯制造过程。如设备和操作引起的偏心、外部混入和生产过程中的局部焦化、绝缘层与屏蔽层间的凸起物、绝缘层和屏蔽层之间的粘合、绝缘线芯在冷却过程中形成的残余应力会使绝缘线芯产生缺陷。表 2-19 为不同冷却方式生产的同一规格绝缘线芯的残余应力的比较。

表 2-19　　　　不同冷却方式生产的同一规格绝缘线芯的残余应力比较

国外绝缘与屏蔽料	冷却方式	导体直径（mm）	绝缘线芯直径（mm）	导体与绝缘间距（mm）	
				室温放置 90d	室温放置 210d
A	水	24.2	64.5	12	15
A	气		64.2	3	4
B	气		63.8	3	4

目前，要求超高压级绝缘料中存在的杂质颗粒直径不大于 50μm，对于制造商来说，保证材料在接收、使用过程中不被污染至关重要。材料的使用环境净化等级必须达到 1000 级水平，绝缘料采用重力自由落料方式能够减少传输过程中由摩擦产生的杂质。

前文已经介绍了导体、材料及生产过程中的缺陷控制，这里介绍 XLPE 绝缘线芯生产中出现的主要缺陷。

（1）偏心。造成绝缘偏心的原因，除了机头模具没有装好、校偏螺丝松动等以外，还有模芯太大、模芯模套之间的间隙不均、导体不宜定位、机头与悬链线中心位置有偏差等。此外，还有在悬链式交联机组挤出绝缘较厚时，应注意在绝缘线芯进入交联硫化管后，提高第Ⅰ加热段的温度，使绝缘外层尽早交联，以防止因绝缘自重而产生下垂变形，使绝缘偏心。同时绝缘线芯的圆整度和绞合导体表面的紧压程度对其偏心度也有一定的影响，应选择适当的模具，把模芯、模套之间的间隙调均匀，避免压力不平衡造成的偏芯，同时对导体的椭圆度和导体表面的紧压程度也应有相应的控制要求。

（2）凹坑、鼓包。凹坑、鼓包是指绝缘表面凹凸不平，其主要原因是老胶，也叫预交联。老胶是由于胶料过温或胶料长期停留在流道内的死角引起的，呈琥珀色，停留时间越长，其颜色越深；温度越高其颜色越深。产生老胶的原因主要有：

1）挤出速度过快：螺杆转速越快，螺筒内胶料剪切作用力越强烈，这样使机身局部温度升高，导致产生老胶，所以挤出时出线速度要严格按照工艺要求执行，挤出速度变化后一定要关注挤塑机温度的变化。

2）绝缘料在机筒内停留时间过长，有一部分绝缘料过早交联，这样线芯在出模时就造成了凹凸不平。通常当绝缘料温度在 115℃ 以上，胶料在 15min 后就会逐步出现预交联，时间稍长就会出现块状物，通常这种情况下出现的老胶颜色较浅或不变色。

3）生产绝缘材料基料变化对绝缘老胶的产生也有一定的影响，因此应对原材料的质量加以监控，确保提供质量稳定的原材料。

4）过滤网衬垫位移造成分流板处的胶料压力分布不均匀，形成死角，导致产生老胶。同时因过滤网位移或层数、目数不够，失去部分过滤的作用，经过一段时间后，使积累在螺杆头上的老胶带出。

（3）生胶。也称为绝缘僵块或硬块，是挤出机温度过低造成的、局部没有塑化、绝缘线芯表面呈现凹凸的硬块。这时，要检查各部位的温度控制是否准确，然后再根据实际情况进行调整。当过滤网的衬垫不到位或层数、目数不够，影响到料的挤出压力时，也会产生生胶。

（4）漏洞。漏洞是指导体屏蔽层没有完全包覆在导体上，其原因如下：

1）在生产过程中，导体屏蔽挤塑机的温度过高，使导体屏蔽的出胶量跟不上，造成导体屏蔽料拉薄拉破，使内屏蔽出现漏洞；

2）内屏蔽料受潮，挤出时没有进行烘干处理，挤出时内屏蔽自然形成孔窝；

3）导体表面有针尖状的毛刺，戳破本来就很薄的内屏蔽。

解决办法是根据试验研究，调整材料工艺要求等，严格设定内屏蔽挤塑机的机身温度；在挤出时，内屏蔽料都应进行烘干处理；对被挤出的导体表面质量应有相应的控制要求，应结合企业自身工艺水平规定和挤出内屏蔽厚度要求，确保达到严格控制要求。

（5）导体屏蔽表面有波浪或竹节纹。其主要原因是：绞线外径不均匀；绞合导体外层节距偏大（多出现在铝芯绞合导体上）造成单丝松散；绞合导体外层紧压系数偏小，外层单丝之间有缝隙；硫化管内的氮气压力过大（氮气压力不宜过小）等。

排除的方法：对绞合导体应严格执行工艺规定，并加强生产过程的控制。根据工艺要求和绞合导体的实际状况选用模芯尺寸；冷却管下密封不应太紧，密封口应有少量的水流出为宜；严格控制水位，水位波动范围不应超出工艺规定要求；机械抖动可以通过调节水位、改变生产线速等方法加以解决。

2.2.4　生产设备

2.2.4.1　交联生产线

目前，生产高压 XLPE 绝缘的工艺大多采用红外线交联法（Radiation Crosslinked Production，RCP）和干式交联生产流程。设备布置方式有悬链式（Catenary Curing Vehicle，CCV）和立式（Vertical Curing Vehicle，VCV）。CCV 安装高度一般为 12m 左右，为保持线芯的圆整度和同心度，在生产高压和超高压交联聚乙烯电缆绝缘线芯时，一般采用上下牵引同步旋转的方式。这种生产方式适合于小截面导体的电缆。

VCV 生产线容易控制绝缘线芯的圆整度和同心度，但是设备安装高度大部分在 100m 左右。一般 VCV 设备生产线垂直交联区间为 30m、冷却区间为 60m、水平冷却区间为 50m。表 2-20 为交联生产线技术参数。

表 2-20 交联生产线技术参数

电压 （kV）	标称截面积 （mm²）	线速度 （m/min）	内屏蔽用胶量 （kg/h）	绝缘用胶量 （kg/h）	外屏蔽用胶量 （kg/h）
110	240～1600	0.7～1.7	6～15	180～245	20～30
220	400～2500	0.3～1.0	10～20	130～250	12～20
500	800～2500	0.3～0.6	10～20	170～265	12～20

进料的空间净化等级为 1000 级，空间净化可控制空气中的最大粉尘颗粒，以及由生产人员带入的粉尘颗粒。当净化等级达到 1000 级时，有可能将净化间内的最大粉尘颗粒直径控制在 5μm 的水平。同时，挤出时应采用满足要求的净化过滤网，以提高对杂质的过滤能力。采用干法交联方式和成熟的生产工艺，微孔直径目前可以控制在微米级水平。例如，对于 110kV 级为 50μm，220kV 级为 40μm。对于凸起物，使用光滑的屏蔽材料，采用三层共挤方式以确保绝缘和屏蔽层紧密、光滑地连接。

对于挤出机机头，应避免在流道中产生存胶，且各部位流速均匀。

2.2.4.2 挤出机关键点——滤网

挤出机设备所用的金属过滤网材料有不锈钢和镍合金。不锈钢滤网可用于某些 PVC 生产线或其他场合，但应避免出现生锈。镍合金过滤网应用于被氟聚合物或者聚偏二氯乙烯所腐蚀的场合。一般情况下，过滤网筛眼（或者说每英寸的金属丝数目）为 20～150 或更多。20 筛眼的过滤网比较粗，40～60 筛眼的过滤网比较细，80～150 筛眼的过滤网则很精细。大多数过滤网的筛眼都呈方格编织，每个方向的金属丝数目相同。荷兰式编织法是在水平方向采用粗金属丝，并规定为双数，如 32×120 根/in。荷兰式编织法制作的过滤网不需要在过滤装置内设置并联筛网。为了防止滤网被熔融物料阻塞，可以将一个粗糙滤网放到前面（比如 20/100/60/20 筛眼的排列）。因为这种装置类型从两边看基本相同，所以为了保证不会被颠倒，有时也采用对称的布置方式（20 筛眼/60 筛眼/100 筛眼/60 筛眼/20 筛眼）。过滤网所产生的压力较小，可能只有 50～100ib/in^2。随着压力的增加，过滤网上所截留的杂质数量就变多，从而阻塞过滤网。

当更换阻塞的过滤网时，压力会突然下降，熔融物料的温度也可能会下降，从而造成产品的尺寸发生变化。为了保持产品的尺寸相同，可以调整挤出机的螺杆转速，也可以调整挤出机的线性速度。熔融物料在更换过滤网后所发生的温度变化仍然通过对模具的调整来解决。

由于钢丝滤网容易生锈，所以在储藏时要避免潮湿，生锈滤网很容易发生断裂从而漏掉过滤出的杂质，因此，要将滤网装入塑料袋或者防锈纸中储藏。

2.2.4.3 生产设备保养关键点

通过擦拭、清扫、润滑、调整等方法对设备进行护理，以维持和保护设备的性能和技术状况，从而减少电缆生产过程中的缺陷。

（1）机头、挤出机清洁。机头、挤出机的清洁决定了电缆绝缘、屏蔽挤出的洁净度。交联电缆生产即将结束时应注意材料的用量控制，在挤出机熔融压力下降后，及时进行人工清理。要做到：①确保清洗料充分从机头排出，将附着在机头和分流体表面的胶料冲洗干净；②清洗机头时，着重清理检查分流体流道、法兰连接处、材料入口处，避免在这些死角有胶料和其他异物附着；③清理挤出机时，抽取螺杆时应特别注意对螺杆的防护，提前安置保护管，在后续吊装作业中避免磕碰，抽取后应使用纱布蘸取酒精清理筒内壁、螺纹和根部存胶；④对于长时间未启动的生产线，再次开车前应重新清理螺杆和机头。

（2）滤网检查。滤网用于过滤杂质，所以对滤网的管理尤为重要。对于使用的滤网应按照规格分类放置并加以标示；按工艺规定选取滤网，生产前应对滤网做好检查和确认，避免滤网规格错误；停车后，对每个生产批次留取滤网以观察有无破损、杂质等，若有异常则进行硅油试验，并对启车前的清洁工作和原材料进行追溯和原因分析。

应根据电缆电压等级要求和设备的实际情况，选用恰当的滤网目数和层数，确保绝缘线芯质量。放置过多或过密的滤网，会造成启车熔压过高、生产过程中熔压增长过快等情况。滤网处产生老胶积存，随着生产时间的推移，存在滤网破裂的风险。

（3）温控检查。挤出机、机头等设备的加温稳定性决定了交联电缆生产的连续稳定性。为防止绝缘出现粒子或疙瘩等外观质量问题，应进行下列检查：①关键物理元件的检查，包括机头连接管加热圈有无松动，热电偶有无损坏；②温度校准检查，是用接触式温度计对连接管进行温度校验，检验热电偶是否工作正常；③挤出机各温度区域和模温机加温稳定性检查，主要是观察温度记录曲线中温度波动是否在设定的工艺温度公差内。

（4）管道清理。交联电缆生产过程中会有副产物不断生成析出，在封闭的氮气循环环形回路中，副产物分子以液态或其他凝聚态形式冷凝附着在管道壁上。主要积存的位置有副产品分离器的循环管道壁、硫化加热管道壁，若不及时处理，副产物油污会附于线芯表面，甚至会烫伤或硌伤线芯。

（5）分离系统的清理。因生产线运行时间长，故设备正常排污功能并不能使所有副产物成功排出，在副产品分离器和其他连接的循环管道会积存大量副产物，副产物不能及时排出，会附着到绝缘线芯表面，造成表面污渍。针对这类情况，应根据副产物出现的频次和实际生产，定期清理副产品分离系统的频次对应，以保证副产品分离器分离副产物的效率。

（6）加热管道清理。在生产中，副产物蒸汽会伴随氮气流通附着在管道加热段，特别是密封下方的连接管道内壁。副产物附着在管壁上，在生产期间不断积累、冷却固化，一段时间后凝固物便会脱落，造成绝缘线芯出现缺陷的风险。因此，应根据清理操作的方案与可行性，在每个生产批次间隙清理加热管道内壁。

2.3　电缆敷设与缺陷的关系

2.3.1　敷设安装造成的缺陷

XLPE 电缆在敷设中由于天气、电缆本体、敷设环境和施工机具等会造成缺陷。

（1）电缆敷设环境对缺陷产生的影响。XLPE 绝缘当温度较低时，绝缘材料脆性增加，此时敷设会造成电缆护套的开裂、绝缘表面的龟裂等，应按照国家标准的规定进行敷设。当环境温度低于表 2-21 所列的温度时，电缆不易弯曲。

表 2-21 电缆允许敷设的最低温度

电缆类型	电缆结构	允许敷设的最低温度（℃）
橡皮绝缘电缆	橡皮或 PVC	−15
	裸铅套	−20
	铅护套钢带铠装	−7
塑料绝缘电缆		0
控制电缆	耐寒护套	−20
	橡皮绝缘 PVC 护套	−15
	PVC 绝缘 PVC 护套	−10

（2）电缆附件的安装环境湿度超过 80%，易产生凝露现象；环境灰尘较大，安装环境温度较高时会使安装人员出汗，造成绝缘受潮或污染，影响绝缘性能。应根据相应的工艺要求建立防护，减少附件的缺陷。

（3）电缆临时摆放、支架、牵引不良造成缺陷。在电缆沟道、隧道或直埋处，为了避免雨水浸泡电缆，应将电缆切断处放置在尽量高的位置。电缆的牵引力必须满足表 2-22 要求。

表 2-22 电缆牵引力要求 N/mm^2

牵引方式	牵引头		钢丝网套		
受力部位	铜芯	铝芯	铝芯	铝套	塑料护套
允许牵引力	70	40	10	40	7

（4）高压电缆施工过程造成的缺陷。电缆弯曲半径应满足表 2-23 的要求。

表 2-23 电缆允许弯曲半径

电缆形式		多芯	单芯
控制电缆		10D	—
橡皮电缆	无铅包、钢铠护套	10D	15D
	裸铅包护套	15D	15D
	钢铠护套	20D	20D
PVC 绝缘电缆		10D	10D
XLPE 绝缘电缆		15D	20D

注 D 为电缆外径。单位符号为 mm。

电缆施放起始点应选择合适的地点，这些点应从电缆弯曲最少的区段开始，否则会使电缆的牵引力增加。在电缆敷设时，电缆盘的安置位置如图 2-11 所示。由于电缆侧压力不超过 3kN/m，应选择合适的牵引机数量和控制牵引机的功率，避免出现因牵引力过大而使电缆受损。

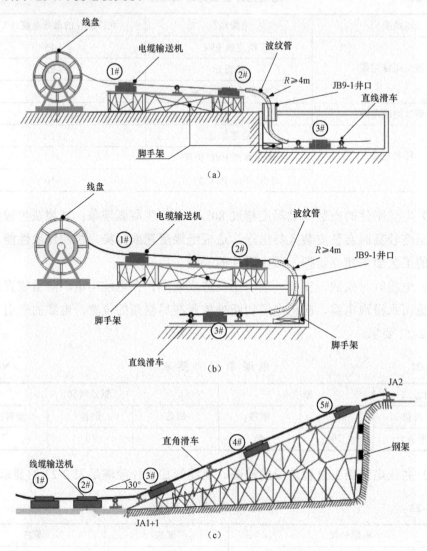

图 2-11　电缆施工中敷设工器具布置

（a）电缆顺向入井施工中输送机布置；（b）电缆反向入井施工中输送机布置；

（c）电缆上下坡敷设中输送机布置

2.3.2　电缆敷设中受力

2.3.2.1　前端牵引受力

电缆施工时，施工人员对于拉力应当有一个估计，以便安排合适的牵引工具和足够的劳动力。假定电缆的拉引速度不变，不计弹性影响，电缆和滑轮或隧管的接触面之间产生的压力乘以接触面的摩擦因数，就得到牵引阻力。在平直的线路上，只有电缆质量所产生的压力，牵引力和电缆质量及摩擦因数成正比，计算公式为：

$$T=kWL \qquad (2\text{-}4)$$

式中：T 为牵引力，N；k 为摩擦系数；W 为单位长度电缆质量，kg；L 为电缆长度，m。

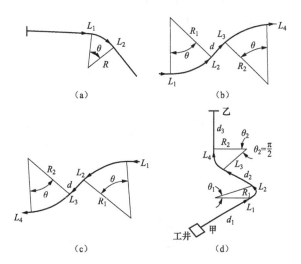

图 2-12　电缆敷设带有不同弯曲的情况

（a）水平弯曲；（b）水平敷设，带有上坡弯曲；

（c）水平敷设，下坡弯曲；（d）垂直敷设，水平弯曲

k 的数值变化较大，视电缆和隧道、管道表面的光滑程度、滑轮灵活性等而定，其平均值为 0.4～0.6，一般最大可采用 0.75。电缆线路的拐弯对拉力有一定的影响。在这种情况下，电缆端头处所受的拉力就相应增大，它可以按电缆等值直线的长度来计算。换算公式如下：

（1）如图 2-12（a）所示，水平弯曲为：

$$L_2 = L_1 \cosh k\theta + \left(\sqrt{L_1^2 + \left(\frac{R}{k}\right)^2} \sinh k\theta \right) \qquad (2\text{-}5)$$

（2）如图 2-12（b）所示，水平敷设，带有上坡的弯曲为：

$$\left. \begin{aligned} L_2 &= L_1 e^{k\theta} - \frac{R_1}{1+k^2}\left[2\sin\theta - \frac{1-k^2}{k}(e^{k\theta} - \cos\theta) \right] \\ L_3 &= L_2 + d\left(\frac{1}{k}\sin\theta + \cos\theta \right) \\ L_4 &= L_3 e^{k\theta} + \frac{R_2}{1+k^2}\left[2e^{k\theta}\sin\theta + \frac{1-k^2}{k}(1 - e^{k\theta}\cos\theta) \right] \end{aligned} \right\} \qquad (2\text{-}6)$$

（3）如图 2-12（c）所示，水平敷设，带有下坡的弯曲为：

$$\left. \begin{aligned} L_2 &= L_1 e^{k\theta} + \frac{R_1}{1+k^2}\left[2\sin\theta - \frac{1-k^2}{k}(e^{k\theta} - \cos\theta) \right] \\ L_3 &= L_2 - d\left(\frac{1}{k}\sin\theta + \cos\theta \right) \\ L_4 &= L_3 e^{k\theta} - \frac{R_2}{1+k^2}\left[2e^{k\theta}\sin\theta + \frac{1-k^2}{k}(1 - e^{k\theta}\cos\theta) \right] \end{aligned} \right\} \qquad (2\text{-}7)$$

式中：L_1、L_3 为电缆弯曲起始点处的等值直线长度，m；L_2、L_4 为电缆在弯曲终点处的等值直线距离，m；R、R_1、R_2 为电缆弯曲半径，m；θ 为弯曲角度，rad；d 为

两个弯曲中间的直线部分长度，m；k 为摩擦系数；e 为自然对数。

例：图 2-13 表示一根 6kV $3×95mm^2$ 电缆，敷设在甲乙之间的管道中，管道中间有一个 45°的弯曲，其半径为 10m，另有一个垂直 90°的弯曲，其半径为 3m。电缆水平部分长度 d_1、d_2 分别为 120m 和 100m，垂直部分长度 d_3 为 20m，单位长度电缆质量为 5.2kg。假设摩擦系数为 0.5，求乙端的拉力。

图 2-13　电缆水平敷设和垂直敷设

解：根据式（2-5）和式（2-6），得

$$L_1 = d_1 = 120(m)$$

$$L_2 = 120\cosh\left(0.5\frac{\pi}{4}\right) + \left[\sqrt{120^2 + \left(\frac{10}{0.5}\right)^2}\sinh\left(0.5\frac{\pi}{4}\right)\right] = 129.2 + 49 = 789.2(m)$$

$$L_3 = L_2 + d_2 = 278.2(m)$$

根据式（2-7），得：

$$L_4 = 278.2e^{\frac{0.5}{2}} - \frac{3}{1+0.25}\left[2\sin\frac{\pi}{2} - \frac{1-0.25}{0.5}\left(e^{\frac{0.5\pi}{2}} - \cos\frac{\pi}{2}\right)\right] = 612 + 3.12 = 615.12(m)$$

根据式（2-7）计算 L_4 处的拉力为 0.5×5.2×615×9.8≈16000（N）；在乙端的总拉力应等于垂直部分电缆的质量再加上在 L_4 处所需的拉力，因此等于 16000+5.2×20×9.8≈17000（N）。

从上述计算例子可以看到，电缆实际长度约为 246.28m，如果全部敷设于平直的隧道中，则需要不超过 6300N（计算所得 6275.2N）的拉力，现因弯曲关系，使拉力增加了约 2.7 倍，超过电缆全部质量的 25%。

2.3.2.2　钢丝随从牵引受力

钢丝随从牵引法特别适用于大截面电缆。当电缆自重较大时，如果仍然采用传统的钢丝牵引方法，则牵引头作用力可能会超过电缆导体最大位伸力，这种方法目前仅限于高压小截面或中低压电缆敷设。而高压大截面电缆一般采用如图 2-14 和图 2-15 所示的敷设方法。钢丝随从牵引敷设方法的具体做法是：首先选用 2 倍于电缆长的钢丝绳，将牵引用卷扬机放在电缆盘的对面位置，将滑轮按一定距离安放全线路，钢丝绳从电缆盘开始沿路线通过各滑轮，最后到达卷扬机上。然后将电缆按 2m 间距做一个绑扎，均匀绑在钢丝绳上，这时一边使卷扬机收钢丝，一边将电缆盘上放下的电缆绑在钢丝上。这种敷设方法的优点是：由于牵引力全部作用在牵引钢丝上，而牵引电缆的力通过绑扎点均匀作用在全部电缆上，因而不会造成对电缆的损

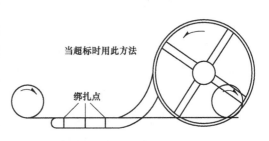

图 2-14 钢丝绳随从牵引敷设

伤，且费用较小，比较适用于小型安装队，但使用这种方法应注意以下问题：

（1）两绑扎点的距离取决于电缆自重，自重较轻的电缆可选用较大间距。两绑扎点的距离可由下式得出：

$$LkW \leq P \tag{2-8}$$

式中：L 为两绑扎点距离，m；k 为摩擦系数，一般取 0.5，各种材料的摩擦系数见表 2-24；W 为电缆单位长度质量，kg/m；P 为外护套和金属套之间产生滑动的最小力。

表 2-24 各种牵引条件下的摩擦系数

牵 引 条 件	摩 擦 系 数
钢管内壁	0.17～0.19
塑料管内	0.4
混凝土管、无润滑剂	0.5～0.7
混凝土管、有润滑剂	0.3～0.4
混凝土管、有水	0.2～0.4
滚轮上牵引	0.1～0.2
沙中牵引	1.5～3.5

（2）在电缆转弯处，由于钢丝和电缆的转弯半径不同，必须在此设置各自转弯用的滑轮组。当电缆开始进入转弯时，应先解开绑扎，转弯完成后再扎紧。

图 2-15 电缆敷设

（3）绑扎时应该用一段绳子首先在钢丝上绑扎牢，再用另一端将电缆扎牢，如

果将电缆和钢丝扎在一起，很可能在牵引时在钢丝和电缆护套之间形成相对滑动并损伤外护层。

（4）牵引速度应考虑电缆转弯处的侧压力。由于钢丝绳走小弯，它的速度在此处相对电缆要快一些，这样会在电缆上增加一个附加侧压力，只有降低速度方可使此应力逐渐消失，否则会损伤电缆外护层。

2.3.2.3　金属套和导体弯曲受力

电缆在运行中，金属套在每次热循环时会产生直径变化 ζ，ζ 由下式确定：

$$\zeta = \alpha_s \Delta\theta \tag{2-9}$$

式中：α_s 和 $\Delta\theta$ 分别代表金属套的线膨胀系数和相对环境温度的温升。

对于直埋电缆或敷设在空气中电缆的刚性固定，其金属套的温升是很小的，因此对金属套疲劳寿命影响不大。在电缆系统的弯曲部分，导体的最大推力会对绝缘施加横向压力，此单位面积的压力可以表示为：

$$P = \frac{F_C}{R_d} \tag{2-10}$$

式中：P 为横向压力，Pa；F_C 为导体上的最大推力，N；R 为弯曲半径，m；d 为导体直径，m。

电缆导体上最大推力的经验公式为：

$$F_C = k_C \alpha_C \Delta\theta_C E_C A_C \tag{2-11}$$

式中：k_C 为导体松弛因数，一般为 0.75，视导体的结构而定；α_C 为导体的线膨胀系数，℃$^{-1}$，对于铜导体为 17×10^{-6}℃$^{-1}$，对于铝导体 24×10^{-6}℃$^{-1}$；$\Delta\theta$ 为导体最高温度相对于环境温度的温升，℃；E_C 为导体的等值弹性模量，N/m^2，取决于导体结构和材料，以及导体周围绝缘层对它的约束程度。由于各厂家在绞合导体中单线根数或分割情况、扭绞系数、退火程度的不同，导致导体结构不同，要获得正确的等值弹性模量必须进行实际测量；A_C 为导体的截面积，m^2。

一般，导体的允许位移量以绝缘厚度的 10% 作为其极限值，如小于此极限值在解除电流负荷后导体不会产生永久性位移。在运行时导体温度为 90℃ 的情况下，导体位移为绝缘厚度的 10% 时，相应的横向压强约为 0.9MPa，可根据式（2-10）算出电缆系统的最小允许弯曲半径 R_{min}，如果此值超过制造厂规定的电缆最小允许弯曲半径，应以 R_{min} 为准，否则会使电缆受到不应有的损伤。由此可知，电缆在安装时的允许最小弯曲半径除了受金属套的可弯性限制外，还受到电缆运行时导体最大推力的限制。因此，在预鉴定试验后应解剖被试电缆系统的弯曲部分，观察导体是否发生了永久性位移。

2.3.2.4　电缆卡子所造成的缺陷及偏离

当直埋线路电缆离开地面至终端时，为保持刚性一致，一般用密集排列的电缆卡子将电缆固定在支架上做刚性固定。做这种刚性固定时，直线部分电缆卡子之间电缆在不发生横向位移的情况下能够承受的最大推力称为临界力 F_C。因此，电缆的最大推力 F 必须小于 F_C，并应留有适当的安全裕度。F_C 可按材料力学中压杆端部各种不同约束情况下临界力的欧拉公式确定：

$$\begin{cases} F_C = \dfrac{\pi^2 EJ}{\mu l} > F \\ l > \dfrac{\pi}{\mu}\sqrt{\dfrac{EJ}{F}} \end{cases} \qquad (2\text{-}12)$$

式中：l 为电缆卡子之间的距离，m；E 为由试验室测定的电缆等值弹性模量，N/m²；J 为电缆横截面的惯性矩，m⁴，弹性模量与惯性矩的乘积 EJ 称为电缆的弯曲刚度，N·m²；F 为电缆的最大推力，N；μ 为长度因数。

在材料力学中，当压杆两端均由铰链支承时，$\mu=1$；当压杆两端完全固定时，$\mu=0.5$。当弯曲刚度较大的铝套电缆受推力作用时，在卡子的约束部分相当于"铰链"，取 $\mu=1$；而当弯曲刚度较小的铅套电缆受推力作用时，卡子的约束部分介于"铰链"和完全固定之间，取 $\mu=0.7$。电缆卡子的结构会影响这两种不同金属套电缆的工况，并且在电缆与卡子之间应有一层厚度为 3～5mm 的橡皮衬垫层，以降低电缆受弯曲力作用时对护套的损伤，如图 2-16 所示。

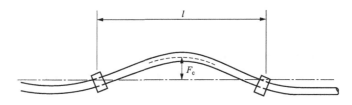

图 2-16 由于热膨胀引起的应力产生的偏距

选用上述方法确定电缆卡子的间距后，在直线部分不会发生横向位移，但在弯曲部分会发生一些挠曲而产生的附加应变。为了防止这一现象的发生，通常是在电缆的弯曲部分将固定卡子的间距缩小至直线部分卡子间距的 50% 或更小，视弯曲半径大小而定。电缆的质量由卡子支承，如果卡子的间距过大，在卡子中间电缆的侧压力也过大，这将在卡子的边缘产生过分的弯曲。假定卡子的长度大致与电缆外径相等并且卡子的边缘有适当的圆角，卡子间距的经验公式为：

$$l \leqslant \frac{D_C^2}{65W} \qquad (2\text{-}13)$$

式中：l 为卡子间距离，m；W 为电缆单位长度质量，kg/m；D_C 为电缆外径，mm。为避免在卡子边沿处的电缆过分弯曲，电缆由自重而产生的位移 δ 应至少小于卡子间所要求的偏离 f_0 的 1/5，以确保获得满意的膨胀和收缩运动。因此必须估算初始的卡子间距离，并核对 δ 和 f_0 的判据，即：

$$\delta = \frac{wl}{39.2FJ} \leqslant \frac{f_0}{5} \qquad (2\text{-}14)$$

式中：δ 为由自重而产生的电缆的位移，m；EJ 为电缆的弯曲刚度，$N \cdot m^2$；f_0 为初始偏距，m；l 为卡子间距离，m；W 为电缆单位长度质量，kg/m。

根据式（2-14）确定卡子间距，再计算 f_0 值，一般不大于 $2D_C$。但有些情况下需大于 $2D_C$，以确保由热运动产生金属套中应变的变化不超过由金属套的疲劳特性所确定的最大值。为简化对金属套应变的计算，假定整条电缆的纵向膨胀随着导体膨胀而一起膨胀。于是金属套的总应变为由电缆的伸长引起的应变以及由于导体和金属套不同膨胀引起的应变的绝对值之和。根据以上假定，可以表明金属套最大应变的变化 $\Delta\varepsilon_{max}$ 将不会很大，只要：

$$f_0 \geqslant \frac{2\alpha_C\Delta\theta D}{|\Delta\varepsilon_{max}| - |-\alpha_C\Delta\theta_C + \alpha_S\Delta\theta_S|} \qquad (2\text{-}15)$$

式中：α_C 为导体线膨胀系数，$℃^{-1}$；$\Delta\theta_C$ 为导体最高温度相对于环境温度的温升，℃；α_S 为金属套的线膨胀系数，$℃^{-1}$；$\Delta\theta_S$ 为金属套最高温度相对于环境温度的温升，℃；D 为金属套外径（或皱纹套的平均外径），mm；$\Delta\varepsilon_{max}$ 为电缆正常运行时由于负荷电流热循环产生的金属套最大应变的允许值，对设计寿命 30～40 年的典型系统而言，铅套为 0.1%，铝套为 0.25%。

2.3.2.5 水下敷设受力

水下电缆敷设方法分为以下两种：

（1）当水面不宽时，可将电缆盘放在岸上，电缆浮于水面，由对岸钢丝牵引敷设。使用这种敷设方法应注意，电缆牵引力应小于电缆最大承受力，这时电缆线路的自重和水阻力是造成抗拉力的主要因素，摩擦力基本不考虑。同时，长度敷设时，钢丝绳退扭会引起电缆打扭，因此必须增加防捻器。

（2）当在宽江面或海面上敷设时，或在航行频繁处施工时，应将电缆放在敷设船上，边航行边施工，如图 2-17 所示。为了减少接头，这些电缆的制造长度较长，只能先将电缆散装圈绕在敷设船内，电缆的圈绕方向应根据铠装的绕包方向而定。同时，为了消除电缆在圈内和放出时因旋转而产生的剩余扭力，防止敷设打扭，电缆放出时必须经过具有足够退扭高度的放线架及滑轮，然后敷设至水底。电缆敷设

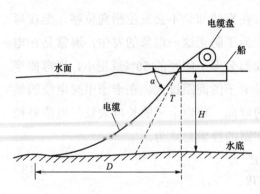

图 2-17　水底电缆自船上入水的状态及参数

过程中应始终保持一定的张力,一旦张力为零,由于电缆铠装的扭应力会造成电缆打扭。如图 2-18 所示,电缆敷设过程是靠控制入水角度来控制电缆张力的。电缆敷设时应力近似计算公式为:

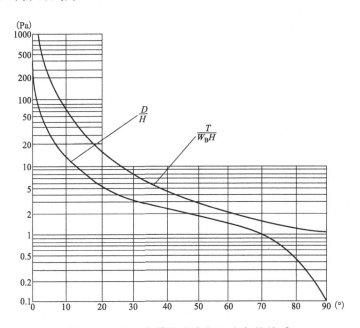

图 2-18　水底电缆拉应力与入水角的关系

$$T = \frac{W_S H}{1 - \cos\alpha} \tag{2-16}$$

式中:W_S 为电缆在水中的质量,kg;H 为水的深度,m;α 为电缆入水角,见图 2-17。

自入水点至电缆接触水底之间的距离可按照式(2-17)计算:

$$D = H\frac{\arcsin h(\tan\alpha)}{\sec\alpha - 1} \tag{2-17}$$

电缆的入水角可按照式(2-18)计算:

$$\cos\alpha = -\frac{W_S}{176rV^2} + \sqrt{\left(\frac{W_S}{176rV^2}\right)^2 + 1} \tag{2-18}$$

式中:r 为电缆半径,m;V 为电缆敷设船的绝对速度,m/s。

由于水的浮力作用,电缆在水中的质量较空气中轻。但电缆入水后,其护层吸收水分,因此计算时将在空气中的质量减小约 8%,所以电缆在水中的质量可以用式(2-19)计算:

$$W_S = 1.08W - \pi r^2 \times 1000 \tag{2-19}$$

式中:W 为单位长度电缆在空气中的质量,kg/m;r 为电缆半径,m。

敷设水底电缆的最大允许拉应力应根据电缆钢丝铠装的机械强度来确定,一般应有 5 倍的安全因数。钢丝铠装的机械强度可按照下式计算：

$$P = \frac{\pi d^2}{4} n R_P \qquad (2\text{-}20)$$

式中：d 为每根钢丝的直径，mm；n 为钢丝数量；R_P 为钢丝拉断应力，MPa。

应根据以上各参数的实际值控制入水角的大小，一般入水角应控制在 30°～60° 之间，入水角过大，会使电缆打圈，入水角过小，敷设时拉力过大，可能超过电缆允许拉力而损坏电缆，如图 2-18 所示。一般敷设速度控制在 20～30m/min 时，比较容易控制敷设张力，保证施工质量和安全。如果使用非钢丝绳牵引的敷设船敷设电缆，船速一般应控制在 3～5km/h。另外，在登陆、船身转向、甩出余线时，水底电缆易打扭，一般余线入水时必须保持张力，应顺潮流入水，敷设船不能后退或原地打转，余线应全部浮托在水面上，再牵引上岸。

2.3.3　作用力对缺陷产生的影响

电缆在敷设时受到的机械损伤会引起电缆缺陷的进一步扩大，造成电缆绝缘故障。有些机械损伤很轻微，当时并没有造成故障，但在几个月甚至几年后损伤部位才发展成故障。

（1）安装时损伤：在安装时碰伤电缆，机械牵引力过大而拉伤电缆，或电缆过度弯曲而损伤电缆。

（2）直接受外力损坏：在电缆路径上或电缆附近进行城建施工，使电缆受到直接的外力损伤。

（3）行驶车辆的震动或冲击性负荷会造成地下电缆的铅（铝）包裂损。

（4）因自然现象造成的损伤：如中间接头或终端头内绝缘膨胀，外壳或电缆金属套损伤绝缘；在管口或支架上的电缆外护套易在热胀冷缩过程中反复和尖端部位接触，造成损伤，如图 2-19 所示；因土地沉降引起拉力过大，拉断中间接头或导体，如图 2-20 所示。

图 2-19　立交桥上电缆热胀冷缩对电缆入地段的影响

图 2-20　电缆沟道基础垮塌造成电缆损伤

2.3.3.1　电缆挤伤产生缺陷或加速缺陷发展

高压电缆在敷设时，由于电缆自重和配置的滑轮组使得牵引力增加，为了提高牵引力，一般需要提高电缆输送路径上的电缆输送机的挤紧力。当挤紧力超过铝套的最大承受力时，铝套就会发生变形。如图 2-21 所示，X 光照片为金属铝套挤压在电缆绝缘屏蔽处，造成绝缘屏蔽的变形，从而影响到电缆绝缘中的电场分布，如果局部电场增加到绝缘材料承受极限时就会产生绝缘击穿。

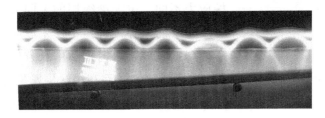

图 2-21　电缆挤伤的 X 照片

2.3.3.2　电缆弯曲及拉伸应力加速树枝发展

电缆弯曲对于水树枝的发展可以通过三种特别的试样试验进行说明，如图 2-22～图 2-24 所示。当电缆不弯曲时，其绝缘内部的水树枝沿着预先做好的针孔发散生长，水树枝形状为半圆形，针孔尖端的水树枝长度和针孔侧面的水树枝长度差别不大，水树整体略大于宽度。当电缆弯曲一定程度时，针孔附近的水树枝由半圆形转变为羽毛状，针孔尖端处的水树枝长度和针孔侧面的水树枝长度出现一定差别，水树枝整体宽度略大于长度。随着电缆进一步弯曲，水树枝整体形态发生明显变化，接近于圆锥形片状，水树枝长度和宽度的差别更为显著，整体宽度明显大于长度。

图 2-22　电缆不弯曲时水树枝

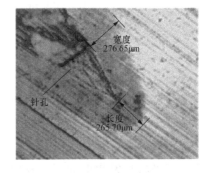

图 2-23　电缆稍微弯曲时水树枝

通过大量试验发现，电缆不弯曲时水树枝的平均长度为 279.46μm，平均宽度271.45μm，长度略大于宽度；当电缆稍微弯曲时，水树枝平均长度为 270.91μm，平均宽度为 286.61μm，宽度逐渐大于长度；当电缆弯曲较大时，水树枝的平均长度为251.50μm，平均宽度为 478.23μm，长度与宽度的尺寸差异变大，宽度远大于长度；

随着电缆弯曲增加，沿着弯曲方向的水树枝生长受到抑制。

从模型可以看出，当电缆受到机械应力而发生过度弯曲时，容易导致绝缘层内部的局部应力集中，当应力超过 XLPE 的屈服强度时，XLPE 将发生塑性变形，进而发生力学取向行为。由于不同位置的机械应力不同，电缆绝缘层的不同部位可能出现取向程度大小的差异，甚至不发生取向。在绝缘层未发生取向的区域，水树枝的生长方向主要取决于电场方向，此区域的水树枝形态和电场线的形态相似。而在绝缘层发生明显取向的区域，水树枝的生长方向则主要取决于材料的取向方向，从而形成羽毛状水树枝和圆锥状水树枝形态。并且，随着电缆弯曲程度的加大，沿着取向方向的水树枝生长速度将会加快，绝缘内部水树枝的宽度和长度的差距会明显变大，如图 2-25 所示。

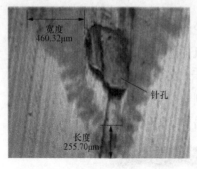

图 2-24　电缆较大弯曲时水树枝

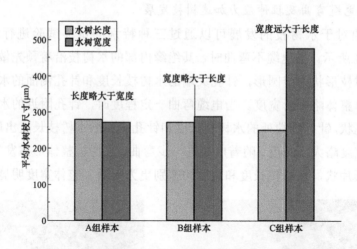

图 2-25　不同弯曲外侧电缆绝缘中水树枝的平均尺寸

从上述试验可以看到，电缆机械弯曲后，其绝缘内部的水树枝形态发生了明显变化，沿着弯曲方向的水树枝生长得到了促进，而垂直于弯曲方向的水树枝生长得到了抑制。从分子排列上来说，未取向的 XLPE 分子链随机排列，其性能表现为各向同性。而当材料发生取向后，材料将呈现各向异性，在已取向的分子链上原子之间的作用力以共价键为主，其键能较大，不易断裂；而两条取向的分子链之间则以范德华力为主，键能较小。因此，在电场作用下，水分子和水合离子更容易在麦克斯维应力的作用下在两条已取向的分子链之间迁移，从而使水树枝更容易沿着分子链取向的方向生长。由于已取向的分子链上以共价键力为主，水树枝不易于向垂直取向的方向生长。图 2-26 展示的是 XLPE 取向对水树枝生长的影响。

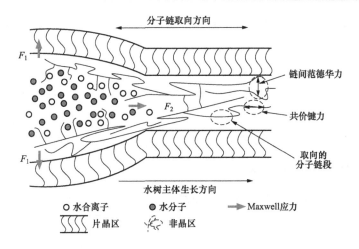

图 2-26 XLPE 材料在机械力作用下的取向模型

2.4 电缆运行与缺陷的关系

运行中的高压或超高压 XLPE 电缆除外力故障外，还会发生绝缘击穿事故，绝缘击穿故障的分类如下：①电缆附件出现材料、安装工艺所致的绝缘击穿；②接头无防水结构或防水结构失效；③有大量的接地不良、接地系统混乱问题；④运行检修造成的隐患；⑤电缆敷设安装不良存在的问题；⑥电缆本体故障的概率较低，但也会出现结构不合理、绝缘材料性能不良、阻水失效引发树枝、过负荷等问题。

2.4.1 电缆允许温度的发展

XLPE 电缆运行的缺陷都是和电缆运行温度相关联的。在研究电缆的缺陷对电缆寿命的影响时，首先要从电缆的长期允许温度入手，才能充分认识这个问题。标准规定 XLPE 电缆持续运行容许最高温度 θ_m 是 90℃。且短时容许最高温度 θ_{EM} 可比长期工作容许最高温度 θ_m 高。国内有对 XLPE 绝缘的中压电缆在空气中过负荷的试验分析，认为 θ_{EM} 不宜按 130℃，但可达到 105℃；美国、加拿大认为 θ_{EM} 可达到 130℃；日本 JCS 第 168 号 D（1982）、E 版（1985）有电缆过负荷能力表达式，且示出 θ_{EM}；IEC 60853-2 标准中载有 I_E 算法，但对于计算的边界条件 θ_{EM} 值及其允许时间未示明；美国爱迪生照明公司联合会（AEIC）先后制定、修订的电缆技术条件标准中，已载有 69kV 以下和 69～138kV XLPE 电缆的 θ_{EM} 值及其限制要素。

其次，城网公用负荷和其他日负荷率小于 1，应在供电电缆计算载流量时按 I_{R2}（日负荷电流达不到恒定 100% 的电流）考虑，已含裕度，再按 θ_m 为 90℃ 计算就有更大裕度。在未考虑短时应急 I_E（短时应急标称电流或过载电流）或 θ_{EM} 的情况下，对于以双回或环网供电、正常运行的每回（侧）电缆分摊约 50% 负荷，其长期缆芯

工作温度远低于 θ_m，需考虑 1 回（侧）检修或故障由另 1 回（侧）承担 50%以上乃至全部负荷来选择缆芯截面的情况，按照 θ_m 为 90℃就使截面选择过大。对空气中敷设电缆，应取最热月的日最高温度平均值作为计算用环境气温，但在实践中往往缺乏气象温度确切数据，常以最热日最高温度计，二者一般差约 5℃，这时按 θ_m 为 90℃也就导致截面选择偏大。对埋地敷设电缆，日负荷率小于 1 的情况，水分迁移因素应较缓或不致出现，在按照 θ_m 为 90℃来计算的载流量就过于偏低。表 2-25 为部分国家在工程中应用的 θ_m 值。

表 2-25　　　　　　　部分国家在工程中应用对 XLPE 电缆的 θ_m 择取值

国别	电压（kV）	θ_m	说　　　明
法国	225	90	1984 年开始应用、1994 年开始取代 θ_m 较低的 LDPE（θ_m 为 70℃）、HDPE（80℃）
俄国	110	90	
加拿大	230	85	1990 年开始应用安大略水电公司。电缆热老化试验按≥95℃
德国	400	75	6h 以内 θ_m 可按 90℃，电缆型式试验按 95℃，供货资格试验按 90℃
中国	≤500	90	GB/T 50217—2007 开始对 XLPE 电缆 θ_m 统一按 90℃计算。注明对导体工作温度大于 70℃的电缆，应注意一些影响

2.4.2　附属设施对缺陷的影响

电缆运行中附属设施对电缆缺陷的影响主要是指接地和防水。由于附属设施的防水措施有大量的不可控因素，例如排水、通风、防触电、防火、防盗等需要进一步完善。任何一个问题处理不当，都会引起电缆的不正常运行。

2.4.2.1　电缆线路接地基本要求

电缆线路接地主要分为电缆构筑物接地、电缆金属套接地两大类。电缆构筑物接地包括电缆隧道、排管、工作井、电缆沟、电缆桥架等的金属部分的接地。电缆金属套接地包括两端直接接地、单点直接接地（线路一端或中央部位单点直接接地）、交叉互联接地等。电缆的金属套和铠装、电缆构筑物及电缆支架和电缆附件的支架必须可靠接地。

2.4.2.2　电缆构筑物接地

电缆构筑物接地主要包括排管、工作井、电缆沟、电缆隧道、综合管廊电力舱、竖井等的支架、电缆桥架的接地。

1. 排管、工作井接地

《城市电力电缆线路设计技术规定》（DL/T 5221—2016）条第 4.4.2 条规定：安装在排管、工作井内的金属构件皆应用镀锌扁钢与接地装置连接。每座工作井应设接地装置，接地电阻不应大于 10Ω。

2. 电缆沟接地

《电力电缆及通道运维规程 》Q/GDW 1512—2014 及相关文件规定，电缆沟接地电阻值应小于 5Ω。

3. 电缆隧道接地

隧道内的接地系统应形成环形接地网，接地网通过接地装置接地，接地网的综合接地电阻不宜大于 1Ω，且同时需要满足跨步电压小于 2000V；接地装置接地电阻不宜大于 5Ω。少数特殊情况，如隧道两端均未与发电厂、变电站地网连接且隧道内无特殊接地要求的设备，其接地电阻不应大于 4Ω。隧道内的金属构件和固定式电器用具均应与接地网连通。接地网使用截面应进行热稳定校验，且不宜小于 40mm×5mm 的扁钢。接地网宜使用经防腐处理的扁钢在现场焊接，不得使用螺栓搭接方法。

隧道内高压电缆系统应设置专用的接地汇流排或接地干线，其使用截面应进行热稳定校验，并应在不同的两点及以上就近与综合接地网连接。隧道内的高压电缆接头、接地箱的接地应以独立的接地线与专用接地汇流排或接地干线可靠连接。隧道的综合接地网设计及隧道的附属设施（供配电及照明、防灾与报警、智能监控等）的接地设计应符合《电力电缆隧道设计规程》（DL/T 5484—2013）的要求。

4. 综合管廊电力舱

电力舱内的接地系统应形成环形综合接地网，接地电阻不应大于 1Ω，条件允许时，宜独立成网。接地网使用截面应进行热稳定计算校验，且不宜小于 50mm×5mm 的扁钢。接地网应采用现场电焊搭接，其导体宜使用经防腐处理的良好导电材料。在电力舱伸缩缝两侧，宜分别将支架系统与主接地网分别独立连接。电力舱内的金属构件外漏部分和固定式电器用具，如桥架、灯具、配电箱、风机等均应可靠接地，且隧道内需设置明敷的接地铜排，铜排截面尺寸为 4mm×40mm。

5. 电缆桥架接地

电缆桥架金属构件均应可靠接地。钢桥架接地由两端引出并与两端接地装置连接；其他类型桥架接地通过接地干线与两端接地装置连接。沿电缆桥架敷设铜绞线、镀锌扁钢及利用沿桥架构成电气通路的金属构件，如安装托架用的金属构件作为接地网时，电缆桥架接地应符合下列规定：电缆桥架全长不大于 30m 时，与接地网相连不应少于 2 处；全长大于 30m 时，应每隔 20～30m 增加与接地网的连接点；电缆桥架的起始端和终点端应与接地网可靠连接。

金属电缆桥架的接地应符合下列规定：宜在电缆桥架的支吊架上焊接螺栓，和电缆桥架主体采用两端压接铜鼻子的铜绞线跨接，跨接线最小截面积不应小于 6mm^2。电缆桥架的镀锌吊架和镀锌电缆桥架之间无跨接地线时，其连接处应有不少于 2 个带有防松螺母或防松垫圈的螺栓固定。

2.4.2.3 电缆金属护层接地方式

当雷电流或过电压波沿电缆线芯流动时，电缆金属护套或屏蔽层不接地端会出现很高的冲击电压；电缆线路正常运行或工频短路时，电缆金属护套或屏蔽层上会产生感应电压。为了限制这些过电压，电缆金属护层常采用护套或屏蔽层单接地、中点接地、两端接地、交叉互联等接地方式。

（1）单点直接接地。单芯电缆线路达不到分段长度，且金属套上感应电压满足安全要求时（任一非直接接地端的正常感应电动势，在未采取有效防止人员任意接触金属套的安全措施时不大于 50V，采取能有效防止人员任意接触金属套的安全措施时不大于 300V），可采用线路一端或中央部位单点直接接地，如图 2-27 所示。

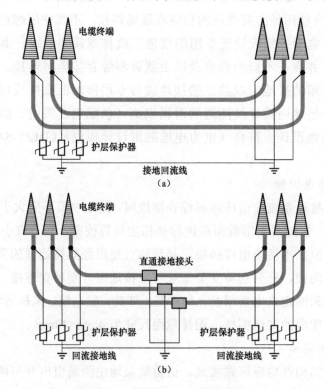

图 2-27　电缆线路单点直接接地

（a）电缆线路一点接地；（b）电缆线路中点接地

（2）两端直接接地。线路较长、不满足单点直接接地的系统（即图 2-28 中介绍的一个交叉互联段的两端）、水下电缆、35kV（三芯）及以下交流电缆系统或输送容量较小的 35kV 以上单芯电缆，其金属套宜采用两端直接接地方式。

（3）交叉互联接地。不满足单点、两端直接接地的单芯电缆长线路，宜划分适当的单元，且每个单元的长度尽可能相等，通过绝缘接头实施电缆金属套的绝缘分隔，以交叉互联接地的形式组成接地系统，如图 2-28 所示。

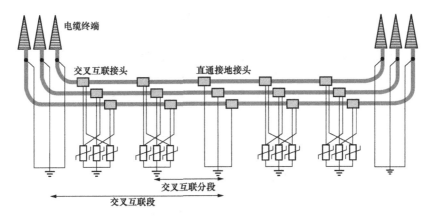

图 2-28   交叉互联接地

2.4.2.4   回流线

实行单点直接接地的单芯电缆线路，当系统短路时电缆金属套产生的工频感应电压可能超过电缆护套的耐受强度或护层电压限制器的工频耐压，或需抑制邻近弱电线路的电气干扰强度时，需沿电缆线路平行敷设一根回流线，如图 2-29 所示。回流线的阻抗及两端接地电阻应能满足跨步电压要求，并应使其截面积满足最大暂态电流作用下的热稳态要求，从而达到抑制电缆金属套工频感应过电压的作用。回流线的排列布置方式应使电缆正常工作时，在回流线上产生的损耗最小。电缆线路任一终端在发电厂、变电站时，回流线应与电源中性点的接地网连通。

设置回流线一般是根据单相短路时电缆金属护层产生的工频感应电压及回路电阻是否超限来确定的。计算可以参考 GB/T 50217—2018 的条文说明，针对 110kV 及以上中性点直接接地系统，当发生单相短路时，在金属套单点接地的电缆线路中，沿金属套产生的感应电压按照式（2-21）～式（2-23）计

图 2-29   电缆线路回流线

算。当无回流线时，计算结果满足要求，可不装设回流线，如果不满足，需考虑增设回流线。

无并行线时：

$$U_{\mathrm{OV,AC}} = \left[R + \left(R_{\mathrm{g}} + \mathrm{j}\omega \times 10^{-4} \ln \frac{D}{r_{\mathrm{s}}} \right) l \right] I_{\mathrm{K}} \qquad (2\text{-}21)$$

有并行回流线，回流线与电源中性线接地的地网未联通：

$$U_{\text{OV, AC}} = \left[R_{\text{P}} + \left(R_{\text{g}} + j\omega \times 10^{-4} \ln \frac{S^2}{r_{\text{S}} r_{\text{P}}} \right) l \right] I_{\text{K}} \qquad (2-22)$$

有并行回流线，回流线与电源中性接地的地网联通：

$$U_{\text{OV, AC}} = \left[R_{\text{AA}} + R_{\text{PA}} \frac{R_1 + R_2 + l Z_{\text{PA}}}{R_1 + R_2 + l Z_{\text{PP}}} l \right] I_{\text{K}} \qquad (2-23)$$

$$Z_{\text{AA}} = R_{\text{g}} + j2\omega \times 10^{-4} \ln \frac{D}{r_{\text{S}}}$$

$$Z_{\text{PA}} = R_{\text{g}} + j2\omega \times 10^{-4} \ln \frac{D}{S}$$

$$Z_{\text{PP}} = R_{\text{P}} + R_{\text{g}} + j2\omega \times 10^{-4} \ln \frac{D}{r_{\text{P}}}$$

式（2-19）～式（2-21）中：D 为地中电流穿透深度，$D = 93.18\sqrt{\rho}$，m；ρ 为土壤电阻率，$\Omega \cdot$m；R 为金属套单点接地处的接地电阻，Ω；R_{P}、R_1 和 R_2 为回流线电阻（Ω/km）及两端的接地点电阻（Ω）；R_{g} 为大地的漏电电阻，Ω/km，取 0.0493Ω/km；r_{P} 和 r_{S} 为回流线导体、电缆金属套的平均半径，m；s 为回流线至相邻最近一相电缆的距离，m；I_{K} 为短路电流，kA；l 为电缆线路计算长度，km；$\omega = 2\pi f$。

2.4.2.5 接地线

接地线主要是用于电缆线路中电缆终端或接头与接地箱（交叉互联箱）、接地箱（交叉互联箱）与接地网之间提供导电通路或部分导电通路的绝缘电缆。金属套或屏蔽层电压限制器与电缆金属套的接地电缆应尽可能最短，3m 之内可采用单芯塑料绝缘线，3m 以上宜采用同轴电缆；接地电缆的绝缘水平不得小于电缆外护套的绝缘水平；接地电缆截面应满足系统单相接地故障电流通过时的热稳定要求。

回流线与接地电缆的截面选型可以参考《电力工程电缆设计标准》（GB/T 50217—2018）附录 E.1 计算，电缆接地线导体允许最小截面按下列公式确定（参照表 2-26）：

$$S \geqslant \frac{1}{C} \sqrt{t} \qquad (2-24)$$

$$C = \frac{1}{\eta} \sqrt{\frac{Jq}{\alpha K \rho} \ln \frac{1 + \alpha(\theta_{\text{m}} - 20)}{1 + \alpha(\theta_{\text{P}} - 20)}} \times 10^{-2} \qquad (2-25)$$

$$\theta_{\text{P}} - \theta_0 + (\theta_{\text{H}} \quad \theta_0) \left(\frac{I_{\text{P}}}{I_{\text{H}}} \right)^2 \qquad (2-26)$$

式（2-24）～式（2-26）中：S 为电缆导体截面，mm^2；I 为单相短路电流，A；t 为短路时间，s；J 为热功当量系数，取 1.0；q 为电缆导体的单位体积热容量，J/（cm$^3 \cdot$℃），铝芯取 2.48，铜芯取 3.4；θ_{m} 为短路作用时间内电缆导体最高允许温度，℃，XLPE 绝缘电缆取 250℃，PVC 绝缘电缆取 160℃；θ_{P} 为短路发生前的电缆导体最高温度，℃；θ_{H} 为电缆额定负荷的导体最高允许工作温度，℃，XLPE 绝缘电缆取 90℃，PVC

绝缘电缆取 70℃；θ_0 为电缆所处的环境最高温度，℃；I_H 为电缆额定负荷电流，A；I_P 为电缆实际最大工作电流，A；α 为 20℃时电缆导体的电阻系数，$\Omega \cdot cm^2/cm$，铜芯为 0.01724×10^{-4}，铝芯为 0.02826×10^{-4}；η 为计入包含电缆导体填充物热熔影响的校正系数，取 1.00；K 为电缆导体的交流电阻与直流电阻之比，参见表 2-27。

表 2-26 接 地 线 选 择

电压等级（kV）	单相短路电流（kA）		截面积（mm²）
	XLPE	PVC	
≥220	≤19.6	≤13.7	120
	19.6~24.6	13.7~17.1	150
	24.6~30.3	17.1~21.1	185
	30.3~39.3	21.1~27.4	240
	39.3~49.2	27.4~34.3	300
	49.2~65.6	34.3~45.8	400
	—	45.8~57.2	500
	—	57.2~72.1	630
≤220	≤16.4	≤11.5	120
	16.4~20.5	11.5~14.3	150
	20.5~25.3	14.3~17.7	185
	25.3~32.9	17.7~23.0	240
	32.9~41.1	23.0~28.7	300
	—	28.7~38.3	400
	—	38.3~47.9	500

按照目前电力系统保护设备故障切断性能，考虑主保护、后备保护动作时间和裕度后，短路时间无法确定时，220kV 以及更高电压时 t 取 0.7s，110（66）kV 时 t 取 1s，电缆环境温度 θ_0 取 25℃，$I_P=I_H$。

表 2-27 参数 K 值选取表

电缆类型	6~35kV				
导体截面	95	120	150	185	240
单芯	1.002	1.003	1.004	1.006	1.010

2.4.2.6 护层限制器

实行单点直接接地和交叉互联接地的单芯电缆线路，为防止护层绝缘遭受过电压损坏，应按规定安装护层电压限制器。其技术参数如表 2-28 所示，并满足下列规定：在系统的冲击电流作用下残压不大于电缆护层冲击耐受电压值；电缆护层电压限制器能够在最大过电压下耐受 5s；最大冲击电流累计作用 20 次时，电缆护层电压限制器不应损坏；电缆护层电压限制器的残压和工频耐受电压之比一般为 2.0～3.0。

表 2-28 电缆护层电压限制器技术参数

系统电压（kV）	额定电压（kV）	冲击电压（kV）	持续运行电压（kV）	8/20μs 标称放电电流（kA）	标称放电电流下残压（kV）	直流 U_{1mA} 参考电压（kV）	2ms 方波通流容量（kA）	0.75U_{1mA} 下的泄漏电流（μA）
6	2.8	20	2.2	5	≤7.0	≥4.0	600	≤30
10	2.8	20	2.2	5	≤7.0	≥4.0	600	≤30
35	2.8	20	2.2	5	≤7.0	≥4.0	600	≤30
66	3	37.5	2.4	5	≤7.0	≥4.0	600	≤30
110	3.6	37.5	2.8	10	≤10	≥5.8	600	≤30
220	4	47.5	3.2	10	≤10	≥5.8	800	≤30
330	4	62.5	3.2	15	≤10	≥6	800	≤30
500	4	72.5	3.2	20	≤10	≥8.3	800	≤30

金属套绝缘承受的雷电冲击过电压计算公式为：

$$U_P = U_b + I_m\left(\frac{1}{2}R_C + R_L L\right) \tag{2-27}$$

式中：U_P 为绝缘护套承受的雷电冲击电压，kV；U_b 为保护器的残压，kV；R_C 为保护器与地网连接的接地电阻，一般取 2Ω；R_L 为保护器连接线冲击电感的等值电阻，对于 110～220kV 可取 0.337Ω/m，330kV 电缆可取 0.62Ω/m，500kV 电缆可取 0.818Ω/m；L 为保护器连接线长度，可取 2.5m；I_m 为通过保护器的最大雷电流幅值，kA。

2.4.3 线路布置对运行影响

2.4.3.1 电缆线路布置

电缆线路布置是指在固定的空间与距离内，通过调整每一回路的相序排列来降低护套环流。

（1）四回路直线排列优化布局。每一回路相序排列共有 ABC、ACB、BAC、CAB、CBA 五种，所以四回路不同相序排列共有 5^4=625 种。通过计算软件筛选，得到四回路直线型优化布局结构，如图 2-30 所示。图 2-30 与实际工程中常用的四回路直线型传统排列进行比较，利用软件计算环流最大值，可以看出，ABC-BCA-ABC-BCA 相序排列的最大环流值明显小于传统排列 ABC-ABC-ABC-ABC 的最大环流值，因此图 2-30 所示相序排列是四回路直线型电缆排列的优化布局方式。

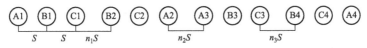

图 2-30　四回路直线排列

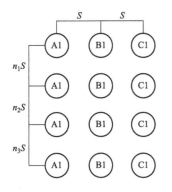

图 2-31　四回路矩阵排列优化

（2）四回路矩阵排列优化布局。通过计算软件筛选，得到四回路矩阵型优化布局结构（四回路均为 ABC-ABC-ABC-ABC）如图 2-31 所示。利用环流计算软件将其与别的相序排列下的情况进行比较，得出图 2-31 所示相序排列的环流最大值最小，因此图 2-31 中的矩形传统排列即为四回路矩阵型排列优化布局方式。

（3）四回路等腰三角形排列优化布局结构。通过计算软件筛选，得到四回路等腰三角形优化布局结构，如图 2-32 所示。可以看出，图 2-32 中 ABC-ACB-ABC-ACB 相序排列的最大环流值明显小于传统直线排列 ABC-ABC-ABC- ABC 的

最大环流值，因此图 2-32 所示相序排列是四回路等腰三角形电缆排列的优化布局方式。

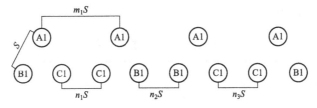

图 2-32　四回路等腰三角形排列优化图

2.4.3.2　电缆隧道的合理利用

电力电缆隧道横截面通常采取圆形和矩形，近年来较多采用如图 2-33 和图 2-34 所示的隧道形式。

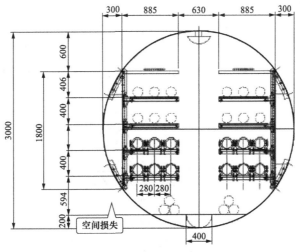

图 2-33　圆形隧道

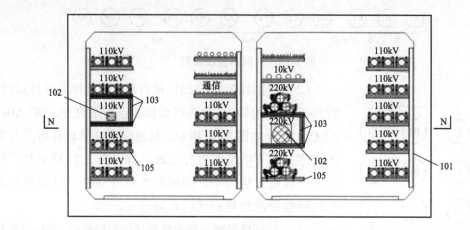

图 2-34 方形隧道

显然，在这样的隧道结构中，电缆线路采用正三角形排列、垂直蛇形敷设能够有效利用电缆隧道内有限的空间资源、降低电缆金属套感应电压以及减少电缆支架数量，可以大幅降低超高压电缆线路投资成本。表 2-29 为电缆线路蛇形敷设一个周期长度和弧幅取值范围。

表 2-29   蛇形敷设长度和弧幅取值范围

电缆的隧道直径（mm）	蛇形长度（2L，mm）	弧幅（B，mm）
2700	5000～8000	170～200
3000	3000～8000	170～200
3500	3000～8000	200～240
3500	3000～5000	200～2340

2.4.3.3 多根电缆并列运行

在三相交流系统中，取 3 回电缆，负荷电流沿并联 3 回单芯电缆流动，不同于直流系统按回路电阻分配，交流系统按交流阻抗和相位影响分配各线芯中电流。若以其中一相上并联 3 根同截面电缆来计算其中的电流分配，则每根电缆分配电流分别为 $I_1 \sim I_3$，可按下列一组关系式计算：

$$I_1 = I\frac{Z_2 Z_3}{Z_1 Z_2 + Z_2 Z_3 + Z_3 Z_1} \tag{2-28}$$

$$I_2 = I\frac{Z_1 Z_3}{Z_1 Z_2 + Z_2 Z_3 + Z_3 Z_1} \tag{2-29}$$

$$I_3 = I\frac{Z_2 Z_2}{Z_1 Z_2 + Z_2 Z_3 + Z_3 Z_1} \tag{2-30}$$

$$Z_m = \sqrt{(R_{0m} + R_m L_m)^2 + (X_m L_m)^2}$$

$$X_{m} = 0.0629 \left[0.25 + \ln \frac{D_{12}}{r} + \left(1 + \frac{I_2}{I_1}\right) \ln \frac{D_{13}}{D_{12}} + \left(1 + \frac{I_2}{I_1} + \frac{I_3}{I_1}\right) \ln \frac{D_{14}}{D_{13}} + L_{m} + \right.$$

$$\left. \left(\sum_{k=1}^{n-1} \frac{I_k}{I_1}\right) \ln \frac{D_{1n}}{D_{1(n-1)}} \right] (n-9) \tag{2-31}$$

可简化成：

$$I_2 = I_1 \left(-\frac{1}{2} + j\frac{\sqrt{3}}{2} \right)$$

$$I_3 = I_1 \left(-\frac{1}{2} - j\frac{\sqrt{3}}{2} \right)$$

式（2-28）～式（2-31）中：R 为电缆导体外径，cm；Z_{m} 为待求电缆的阻抗，Ω；X_{m} 为待求电缆在 50Hz 工频时单位长度电抗，Ω/km；L_{m} 为待求电缆实际长度，km；R_{m} 为待求电缆导体的单位长度交流电阻，Ω/km；R_{om} 为待求电缆导体的两端连接部位过渡电阻之和，Ω；D_{12}、$D_{13}\cdots D_{in}$ 为待求电缆与其他电缆中心距离，cm。

显然，X_{m} 与电缆配置方式及间距有关，如按照表 2-30 所示各相序电缆平行配置排列方式，X_{m} 可简化成：

$$X_{m} = 0.0629 \left(0.25 + \ln \frac{D_{12}}{r} + p + jq \right)$$

式中：p 和 q 由表 2-30 给出。

排列如表 2-30 所示情况而论，每相 3 根并列的电缆其各个 X_{m} 值互不均等，受安装工艺影响的 3 根电缆的 R_{om} 值难以绝对一致；而并列同一路径起始点的 3 根电缆敷设时由于转弯或端部跨接等因素，可能使各 L_{m} 不等长。所以从电缆绝缘平均场强可知，并列 3 根电缆的 Z_{m} 必定互有差异，由式（2-28）～式（2-31）所确定 $I_1\sim I_3$ 就不相同。一般情况下，电缆线路越短，其 $I_1\sim I_3$ 之间的差异性就越显著。

表 2-30 各相序电缆配置排列方式

排列方式		▲A1A2A3	▲B1B2B3	▲C1C2C3	★A1A2A3	★B1B2B3	★C1C2C3
p 值	A1	−0.055			1.151		
	A2		−0.916			1.496	
	A3			−0.055			1.151
	B1	0.458			0.458		
	B2		0.692			0.692	
	B3			0.458			0.458
	C1	−0.055			1.151		
	C2		−0.916			1.496	
	C3			−0.055			1.151

续表

排列方式		▲A1A2A3	▲B1B2B3	▲C1C2C3	★A1A2A3	★B1B2B3	★C1C2C3
	A1	0.504			1.201		
	A2		0			1.394	
	A3			0.504			1.201
	B1		0			0	
q 值	B2		0			0	
	B3		0			0	
	C1	−0.504			−1.201		
	C2		0			−1.394	
	C3			−0.504			−1.201

注 ▲和★分别代表两个样品组

为减少 $I_1 \sim I_3$ 之间的差距，需对电缆配置排列方式进行调整，尽量缩小各 X_m 值的差异，各 L_m，R_{om} 值也尽可能一致。从空间配置上，要使 9 根电缆各相 X_m 均等，几乎不可能。此外，即使在工程初期安装时各 R_{om} 值相同，但日后运行检修、测试需解除连接再恢复，将难以保持各 R_{om} 值均等。因此，要想使 3 根乃至多根电缆并联运行的电流分配均匀，一般是无法实现的。这样，使用 3 根乃至多根同截面电缆并联供电时，常会出现其中部分电缆供电能力达不到允许载流量，而其他电缆可能过负荷，应使 3 根或多根电缆总的截面留有相当裕度。如果要考虑因电缆截面增大而带来投资较多的不利因素，更需顾及供电可靠性变差造成的后果。在多根并联电缆回路电流分配不均的情况下，大载流量的电缆由于高温影响而使 R_{om} 增大，从而使电流重新分配，如此恶性循环，就可能导致发热故障。因此从安全可靠与经济性考虑，要避免使用多根电缆并联，选用大截面单根电缆。不少单芯电缆截面已超过 1000mm² 上，且超高压电缆截面有的已达到 2500～3000mm²。

2.4.4 电缆运行中热膨胀力和电动力

高压电缆在运行中的受力主要来源于导体的热膨胀力和电源投运时的电动力。

2.4.4.1 导体的热膨胀力

导体温升导致的电缆线路热膨胀沿电缆线路轴向产生机械应力 F，F 与电缆导体温度 t 和电缆线路热膨胀系数 α 有关。由于电缆线路本身自重向下产生垂直重力，电缆本体与电缆支架之间因摩擦而产生的反向摩擦力等，当电缆导体温升变化时，合力可以分解为电缆线路轴向伸缩推力和侧向滑移推力。当伸缩推力和滑移推力足够大时，电缆线路接头、终端、金属套以及电缆附属设施可能被损坏，引发电缆线路运行故障。超高压、长距离、大截面的电缆线路热膨胀现象尤为严重，在电缆线路设计、敷设施工和运行维护工作中应该引起高度重视。

电缆材料热机械性能在弹性范围内都遵守广义虎克定律。由于高分子材料膨胀系数随温度的变化较大，因而取平均线膨胀系数进行衡量；而金属材料变化微小，膨胀系数与常温差异相对不大，因而取常温作为平均线膨胀系数进行核算。通常情况下，材料的热伸长与温度的关系为：

$$L_2 = L_1 \left[1 + \alpha(T_2 - T_1) \right] \tag{2-32}$$

式中：T_1、T_2 分别为常温和工作温度；L_1、L_2 分别为常温和工作温度时的电缆长度；α 为导体平均线膨胀系数。

一般交联电力电缆的导体延长为 0.1%，而绝缘的延长达到 10%左右。塑料高分子材料具有拉伸放热和收缩吸热的性能，温度升高则产生热收缩；加工过程中材料受到的拉伸记忆也会产生少量收缩。电缆常用材料中，塑性较强的材料有聚烯烃类，如 PE、XLPE、PP 等，塑性较差的为 PVC 等。中压 XLPE 电缆的平均热收缩性能为 1.33%，略大于绝缘的热膨胀率 1.03%，因而工作温度下主要表现为收缩。

电缆绝缘应力一般较小，导体的热伸长率虽然只是绝缘的 1/10 左右，但产生的热应力却是绝缘的 30 倍以上，推力是绝缘的 70 倍以上。如果考虑导体的加工硬化导致弹性模量的增大，其应力及推力计算结果将不小于以上计算值。在实际计算时，由于受热，铜、铝导体强度有变小趋势，但由于温度变化相对较小，计算时可忽略。为了及时有效地吸

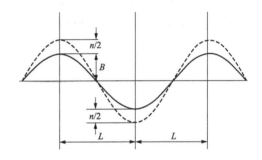

图 2-35 电缆线路蛇形敷设即热膨胀分析示意图

收热膨胀量，电缆线路通常采取水平蛇形敷设或者垂直蛇形敷设两种形式来降低热胀冷缩现象产生的影响。依据实际积累的运行经验，电缆线路蛇形长度和蛇形弧幅取值范围分别为 3~8m 和大于 1.5D。此时，对应图 2-35 所示的电缆，理论热膨胀量、轴向伸缩推力和侧向滑移量可以依据式（2-33）~式（2-38）计算得出。

电缆线路轴向热膨胀量 ΔL 可参考式（2-33）计算：

$$\Delta L = \alpha \Delta t L \tag{2-33}$$

式中：ΔL 为电缆线路热膨胀量，mm；Δt 为电缆线路导体温升，℃；L 为蛇形长度的 1/2，mm；α 为电缆线路热膨胀系数，1/℃。

针对水平敷设的电缆线路，当导体温度下降时，其蛇形弧轴向力 F_{h1} 可参考式（2-34）计算；当导体温度上升时，其蛇形弧轴向力 F_{h2} 可参考式（2-35）计算：

$$F_{h1} = +\frac{\mu W L^2}{2B} \times 0.8 \tag{2-34}$$

$$F_{h2} = \frac{8EIat}{2B^2} - \frac{8EIat}{2(B+n)^2} - \frac{\mu WL^2}{2(B+n)} \times 0.8 \qquad (2\text{-}35)$$

针对水平敷设的电缆线路，当导体温度下降时，其蛇形弧轴向力 F_{v1} 可参考式（2-36）计算；当导体温度上升时，其蛇形弧轴向力 F_{v2} 可参式（2-37）计算：

$$F_{v1} = +\frac{WL^2}{2B} \times 0.8 \qquad (2\text{-}36)$$

$$F_{v2} = \frac{8EIat}{2B^2} - \frac{8EIat}{2(B+n)^2} - \frac{WL^2}{2(B+n)} \times 0.8 \qquad (2\text{-}37)$$

蛇形弧幅侧向滑移量 n 可以参考图 2-38 进行计算：

$$n = \sqrt{B^2 + 1.6\alpha t L^2} - B \qquad (2\text{-}38)$$

式中：t 为电缆导体温度，℃；L 为蛇形长度的 1/2，mm；α 为导体平均线膨胀系数，1/℃；μ 为电缆摩擦系数；W 为电缆线路单位质量，N/mm；F_{h1}、F_{h2}、F_{v1}、F_{v2} 为电缆线路反作用力，N；A 为电缆导体截面积，mm^2；B 是蛇形弧幅，mm；E 为电缆杨氏模量，N/mm^2；EI 为电缆抗弯刚性，$N \cdot mm^2$。

例如：垂直蛇形敷设的 220kV 2500mm^2 XLPE 电缆线路，其不同工况条件下的热膨胀计算结果如图 2-36~图 2-39 所示。

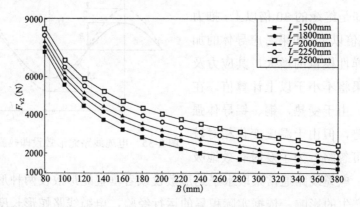

图 2-36 当导体温度 t=250℃、不同蛇形长度（2L）时，蛇形弧幅 B 与轴向伸缩推力 F_{v2} 的计算结果

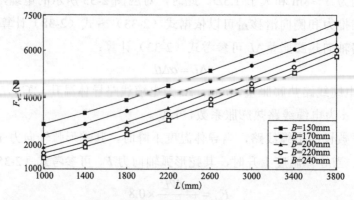

图 2-37 当导体温度 t=250℃、不同蛇形弧幅 B、蛇形长度（2L）与轴向伸缩推力 F_{v2} 的计算结果

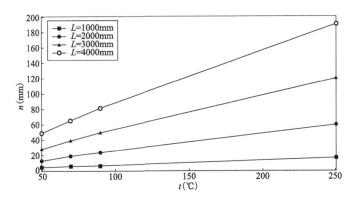

图 2-38　当蛇形弧幅 B=240mm、不同蛇形（2L）时，电缆导体温度 t 与
侧向滑移量 n 的计算结果

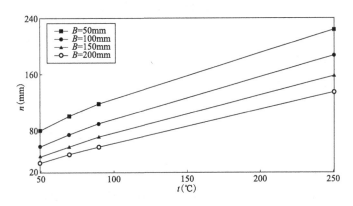

图 2-39　当蛇形长度 1/2L=3000mm、不同蛇形弧幅 B 时，电缆导体温度 t 与
侧向滑移量 n 计算结果

　　垂直蛇形敷设的 500kV 2500mm² XLPE 电缆线路，其不同工况条件下的热膨胀计算结果如图 2-40～图 2-43 所示。

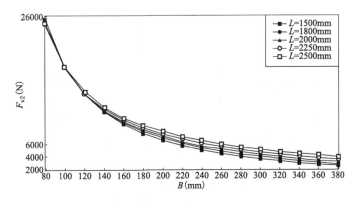

图 2-40　导体温度 t=250℃、不同蛇形长度（2L）时，蛇形弧幅 B 与
轴向伸缩推力 F_{v2} 的计算结果

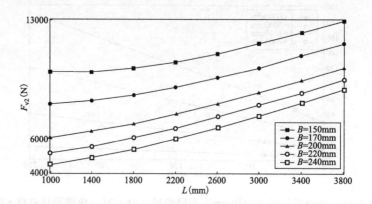

图 2-41 导体温度 t=250℃、不同的蛇形弧幅 B 时，蛇形长度（$2L$）
与轴向伸缩推力 F_{v2} 计算结果

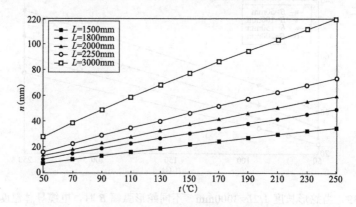

图 2-42 蛇形弧幅 B=240mm、不同蛇形长度（$2L$）时，
电缆导体温度 t 与侧向滑移量 n 计算结果

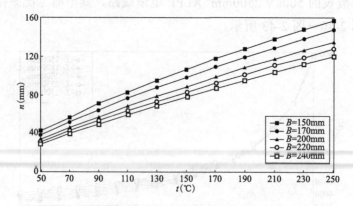

图 2-43 蛇形长度 $1/2L$=3000mm，蛇形弧幅 B 时，
电缆导体温度 t 与侧向滑移量 n 计算结果

从计算结果可知：①蛇形敷设的电缆线路热膨胀引起的最大轴向伸缩推力约为

20kN，蛇形长度越长，轴向伸缩推力越大；②参考图 2-39～图 2-46 的计算结果，优化设计的蛇形长度和弧幅，超高压、长距离、大截面电力电缆线路即使在紧急过载情况，电缆导体温度上升至250℃，蛇形弧幅的轴向伸缩推力也可以限制在4～6kN范围内；③一旦确定蛇形长度，增加弧幅对减小轴向伸缩推力和侧向滑移的影响较小；④电缆支架间距取决于蛇形敷设的蛇形长度，蛇形长度越长，所需要的电缆支架数量就越少，占据的隧道空间相应增加；⑤特殊场合，如电缆线路密集区域、交叉穿越区域和隧道进出口区域以及经常过载的电缆线路，可采取人工强制冷却的方法来降低电缆运行温度。

2.4.4.2 运行中的电动力

如果有两条通电的导线相互靠近，假设两条通电导线的电流方向相反，那么，根据电磁学原理，在通电导线周围就会产生磁场，而且磁场方向相反，如图 2-44（a）所示。类似地，如果两条导线通过的电流方向相同，如图 2-44（b）所示，它们会互相吸引。高压单芯电缆在投运的瞬间，三相电流很大，且相互有120°相角，这时电缆周围的磁场相互间产生排斥力。即单芯电缆在运行中，特别是投运瞬间，由于电流峰值很高，相互间有相角存在，就会在导体上形成一个相互的排斥力，投入的速度越快、负荷电流越大，电动力也就越大。

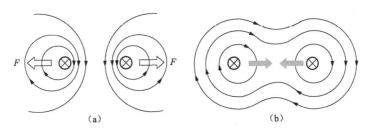

图 2-44　平行带电导线运行时受力分析

（a）电流方向不同时；（b）电流方向相同时

两个导线之间的排斥力可以用下式计算：

$$\frac{\mathrm{d}F_{21}}{\mathrm{d}l_2}=\frac{\mu_0 I_1 I_2\sin\theta}{2\pi d} \quad \text{或} \quad \frac{dF_{12}}{dl_1}=\frac{\mu_0 I_1 I_2\sin(\theta+\varphi)}{2\pi d} \tag{2-39}$$

由电磁学可知，$B_{12}=\dfrac{\mu_0 I_1}{2\pi l}$，将 B_{21} 代入式（2-39），从而得 $\mathrm{d}F_{21}=B_{21}I_2\mathrm{d}l_2\sin\theta$。同理得 $\mathrm{d}F_{12}$。唯一不同的是两个相量相差 ψ 角度，在电力系统中 $\psi=120°$。F_{12} 和 F_{21} 两个力大小相等，方向相反，如图 2-45 所示。其中，θ 为 $I_2\mathrm{d}l$ 和 B_{21} 两个相量间的

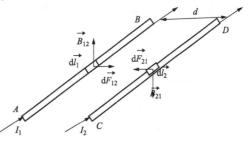

图 2-45　两个导体间的作用力

夹角；d 为导体间距离。

2.5 附件与缺陷关系

2.5.1 附件的差异

2.5.1.1 使用环境和来源不同

电缆附件在运行时，附件结构必须严格的密封。但由于 XLPE 电缆附件具有多样性，如预制件、冷缩件、肘型件等，这些附件在密封上都有所不同。而这些附件结构的初期设计均来自于欧美，这些地区少雨、水位较低的地理环境较多，年平均湿度小于 30%。引入中国后，基本结构没有进行相应的改变，而我国华南、华东等地区的环境湿度远远大于这些地区，且使用环境远不如欧美某些地区。为此，这些不同的结构和设计会使附件运行时出现缺陷。

2.5.1.2 电缆附件安装工艺的不同

电缆故障中很大一部分是附件安装造成的。每一个安装步骤都可能产生缺陷，运行和试验人员只有了解每一步的详细工艺，才能找出对应的检验方法，真实的反应故障的原因。

（1）中低压电缆的铠装、屏蔽接地线应间隔一定的绝缘距离引出，分支手套应用绝缘密封胶进行密封处理；高压电缆金属套的接地线应与地有绝缘要求。

（2）电缆切断处是否平整，否则会影响半导体的计算尺寸，造成尺寸配合上的问题。

（3）电缆半导体的切削厚度应根据应力锥应根据厂家要求的内孔直径而定，并应根据厂家的要求而定，否则会造成绝缘界面运行不够稳定和寿命缩短。

（4）半导电和绝缘过渡区域应有锥度，保证应力锥能够平滑过渡到屏蔽层上，不留有气隙，防止发生局部放电。一般中低压电缆上的绝缘屏蔽层和绝缘过渡区域采用 45°倒角的形式，高压电缆绝缘屏蔽层和绝缘过渡区域应有 1:40 的过渡锥。

（5）打磨绝缘和绝缘屏蔽层前应将剥出的导体包裹，防止金属粉末附着在绝缘上。打磨所用砂纸应按照一定顺序进行，一般中压电缆打磨到 400 号砂纸的光滑度就可以了，高压电缆应打磨到 1000 号砂纸光滑度。砂纸上的颗粒会在绝缘表面产生划痕，这些划痕会产生局部放电，形成树枝缺陷，最终造成故障。

（6）绝缘表面的清洗不应和清洗其他部分的清洗纸混用，防止将半导体颗粒带到绝缘表面形成缺陷。

（7）检查绝缘油脂是否良好，是否适应该附件材料，防止发生相似相溶的问题。

（8）保证套管或绝缘管和电缆之间的密封。

（9）电缆附件外绝缘的最小爬电距离要求如表 2-31 所示。

表 2-31 电缆附件允许的最小外爬距

额定电压（kV）	最小允许爬电距离（mm）
3	50
6	100
10	125
20	200
35	300
66	500
110	900
220	
330	
500	

2.5.1.3 电缆中间接头安装工艺的不同

中间接头的安装除和终端安装有相似的步骤外，也有自己独特的部分。

（1）对于中低压电缆铠装、铜屏蔽层接地线应用绝缘材料将这两个地线隔开，分隔层厚度应为 5mm 以上，才能保证两个地线彼此分开，并且分隔层在电缆内护套和外护套上分别搭接至少 50mm 和 100mm 以上才能达到密封要求，这是恢复电缆原有结构的基本要求；对于高压电缆金属套应牢靠地焊接在金属壳体上，不应有虚焊假焊现象，从铜壳体引出的接地线应确认方向，这样才能保证电缆线路接地系统的完整性。

（2）将所需用的部件（应力锥、外护套热缩管、铜壳体、密封圈等）套入电缆的长段上，并将端口用保鲜膜进行临时密封处理，以防止安装错误和防止杂质进入部件内孔。

（3）保证铜壳体和电缆金属套之间的密封，防止在运行期间突发电缆被水浸泡时发生因接头内部进水而导致的主绝缘下降。

2.5.1.4 金具连接应考虑的问题

（1）XLPE 绝缘电缆的连接金具必须满足 GB/T 14315—1993 的要求，压模尺寸建议采用 GB/T 14315—1993 的推荐尺寸。因为考虑到铜材具有弹性，压接时产生塑性变形，这需要时间才能产生完全的变形，否则弹性变形会使部分压接面积丧失。

（2）连接金具圆管的截面积应与电缆导体截面积相适应，原则上铝管的截面积应不小于被连接导体截面积的 1.5 倍；铜管的截面积可取电缆导体截面积的 1.0～1.5 倍。

（3）铜导体压接和铝导体压接的硬度不一样，一般 120mm^2 铜导体必须用压力超过 12×10^{4}N 的压钳，240mm^2 以下铜导体要选择 18×10^{4}N 的压钳；400mm^2 以下铜

导体要选择 29×10^4N 的压钳。在压接铝导体时应选择比铜导体截面积小一级的通用模具，例如：压接 $95mm^2$ 的铝导体电缆，可采用 $70mm^2$ 铜导体压模压接。对于 110kV 级以上电压等级附件的连接管，根据厂家设计要求选择合适的压钳。压接次序为：终端应从接线端子孔内侧向外压接，连接管应先从中间向两边压接。这样才能保证压接中的材料变形、伸长等应力释放，并保证压接面积达到标准要求。

（4）铜导体和铝导体连接应采用过渡金具，或采用镀过特殊金属的连接管，保证不同金属分隔，防止产生电化学腐蚀。对于分支盒，分支处两个或多个分支截面积应等于或小于主干线电缆截面积，防止发生过载现象。

2.5.2 附件中内应力对缺陷的影响

电缆附件在安装时加热校直工艺非常重要。该工艺是利用现场加热，使电缆绝缘在制造过程中积累的应力通过现场再加热释放出去，减少运行故障。例如，在预制接头中，预制应力锥内的半导电屏蔽管可选得较长。如图 2-46 所示，其两边分别和绝缘搭接 10~15mm，即使绝缘回缩，也只有 10mm 以下，屏蔽作用仍然存在。但是屏蔽管过长也会带来其他问题。

对于高压 XLPE 绝缘电缆的附件安装，一般在加热校直的同时消除 XLPE 内的应力，因为接头中任何一点的回缩都会给接头带来致命的缺陷（气隙），如图 2-47 所示。该气隙内产生局部放电，将会导致接头击穿。

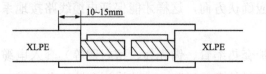
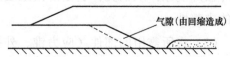

图 2-46　接头连接处的半导电屏蔽处理　　图 2-47　高压电缆接头中的回缩

现场用于消除回缩应力的方法为：用加热带绕包在每相绝缘上，加热，导体温度达到 80~90℃ 时保持 2h，然后做其他处理，再安装接头。这样处理后的电缆可消除 95% 以上的回缩应力，剩余部分对接头的安全没有影响。目前有些厂家在生产设备上增加一种应力消除装置，可以有效地消除制造应力，现场安装时可以不做上述应力消除工作。

2.5.3 附件运行应力对缺陷的影响

2.5.3.1 附件电性能稳定需要的应力

当前使用的 XLPE 绝缘电力电缆，由于其 XLPE 材料独特的绝缘特性，使这种电缆的绝缘强度很高，在一般情况下本体主绝缘击穿的可能性很小。同时，电缆附件也是用绝缘特性很好的绝缘材料制成，绝缘性能不成问题。电缆绝缘本体和附件之间的界面是电缆附件最薄弱的部分，尽管在设计电缆附件时预留了适当的裕度，以保证电缆在使用中不会出现问题，但由于目前国内电力电缆制造工艺水平的差别，使得同一截面电缆的绝缘外径相差非常大。例如，按照规程的规定，240mm² 截面的绝缘线芯直径应为 21mm，而大多数电缆的直径只有 19.2mm 左右，而标称 185mm² 截面的绝缘线芯直径为 19.7mm，因而难免出现认错两种截面的问题。如果电缆附件设计裕度过小，就会出现界面没有紧密配合的问题。

XLPE 电缆附件界面的绝缘强度与界面上受到的握紧力呈指数关系，如图 2-48 所示。

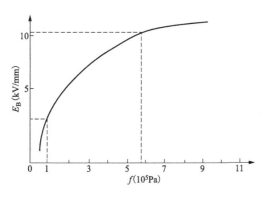

图 2-48 绝缘界面压力与击穿强度关系曲线

由胡克定律可知，橡胶材料在扩张力作用下会产生形变 Δr，这些形变在材料中产生的反抗弹力为：

$$f = Y_g \Delta r = \frac{r_g}{r_1} \int_{r_1}^{r_2} \frac{\xi - r}{r} dr, \ \xi = \sqrt{r^2 + 2br + b^2} \tag{2-40}$$

式中：Y_g 表示橡胶的弹性模量；r 表示绝缘外半径到预制件扩张后内半径之间任一点；r_1 表示电缆主绝缘打磨完成后的外半径；r_2 表示预制橡胶件外半径；b 表示过盈量。

界面正是在反抗弹力的作用下保持电性能稳定的。根据试验结果，当界面压力达到 98kPa 时，它的击穿场强达到 3kV/mm 以上；如果界面压力达到 500～588kPa，它的击穿强度达到 11kV/mm。一般界面的工作场强取击穿场强的 1/10～1/15，即 0.2kV/mm 以下，甚至更低一些。如热缩附件、沥青环氧、聚氨酯附件，它们的界面压力就小一些，必须设计较长的界面。而像预制件、冷缩附件、接插附件可以取到 0.2kV/mm。这也就是常看到的国外进口附件，如 110kV 和 220kV 预制附件绝缘露出一般在 200mm 左右（对接头盒、GIS 终端等）、热缩附件绝缘露出大于 200mm 以上的原因。

2.5.3.2 绝缘界面机械力特性

所有附件都可能出现电缆绝缘层和附加绝缘层之间的复合边界问题（附加绝缘是应力锥或接头绝缘部分）。界面是附件最薄弱的部分，如果电缆附件的结构设计不同，它将使绝缘界面有不同的性能，在接头中不同位置的机械力分布可参考图 2-49 所示。

应力锥的扩张也必须对材料施加很大的机械力才能实现，反过来，收缩后的应力锥紧握在电缆绝缘上，并影响到电缆附件的使用寿命。图 2-50 所示为用试验模型通过试验确定的应力锥扩张量极限。冷缩型附件中硅橡胶应力锥的扩张量应为

15%～35%，才能保证界面工作场强大于或等于气隙最大设计工作场强（0.2kV/mm）。从图 2-50 可知，设计电缆附件时必须提供额外的绝缘裕度，约为 25%。因为应力锥扩张时造成界面的强度下降，场强已经达到 0.75kV/mm，距最大设计工作场强 0.2kV/mm 有近 3 倍的裕度。

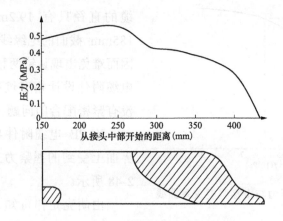

图 2-49　在接头中不同位置的机械力分布

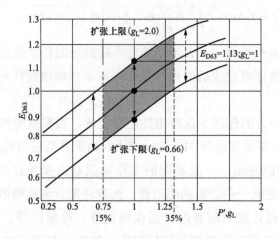

图 2-50　应力锥扩张范围

2.5.4　附件中配料及工艺性能的影响

在电缆附件安装中，对附件性能影响最大的有润滑绝缘油脂、打磨砂纸。涂抹绝缘油脂或不涂抹油脂，击穿场强可能发生很大的变化。如图 2-51 所示，在应力锥上不涂抹油脂和涂抹油脂时，当压力变化时，其界面的绝缘强度随着变化。研究表明，界面的寿命和状态之间的关系和有无油脂有关，图 2-52 是当绝缘界面涂抹或不涂抹油脂时由样品试验获得的界面寿命指数。这个样品界面的相对粗糙度为 1，这样的样品使用寿命是 40 多年。

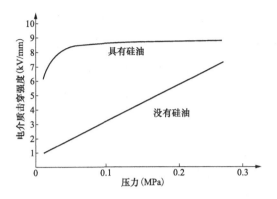

图 2-51　界面有无油脂时绝缘强度随压力变化曲线

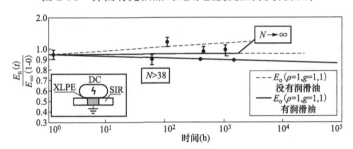

图 2-52　界面涂抹油脂和不涂抹油脂时获得的界面寿命指数

表面粗糙度对绝缘表面的故障也产生较大的影响。图 2-53 所示为界面绝缘击穿电压和粗糙度的关系曲线，图 2-54 所示为界面和在相同的材料无界面之间的关系。当界面粗糙度小于 $5\mu m$ 时，模拟样品的测试结果证明击穿电压变化不大，而且随着界面粗糙度的增加，击穿电压会同时下降，且界面的压力增加会提高边界面的绝缘

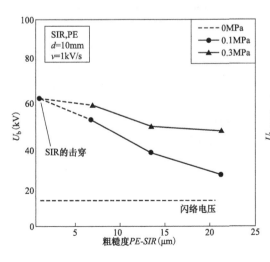

图 2-53　硅橡胶和 XLPE 界面击穿电压
与粗糙度的关系曲线

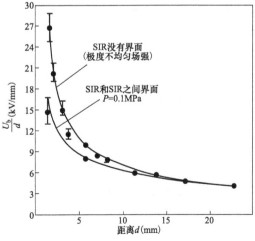

图 2-54　有界面和无界面硅橡胶的
击穿强度变化

击穿电压。此外，相同材料存在界面将使绝缘界面的特性发生明显的变化，但对较长界面，击穿电压由材料特性决定，例如，当界面长度大于 15mm 时，绝缘界面的击穿特性下降，但开始趋于一个较低水平的稳定值。最后，通过试验研究，材料界面击穿强度（交流电压、冲击电压下）与相对界面粗糙度 Tz、相对界面压力 P_F 存在如图 2-55～图 2-58 所示的关系。

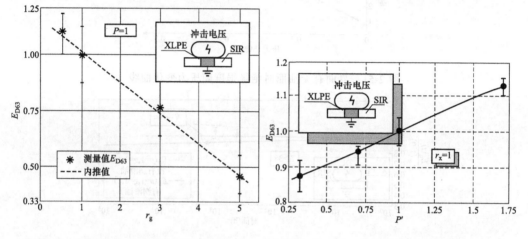

图 2-55　在一定压力下，冲击电压和相对　　　图 2-56　在一定粗糙度时，界面压力与
　　　　　粗糙度之间关系　　　　　　　　　　　　　　冲击电压之间关系

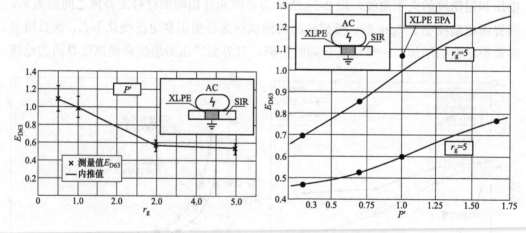

图 2-57　压力一定时，交流击穿强度与　　　图 2-58　一定粗糙度时，交流击穿强度与
　　　　　相对粗糙度之间关系　　　　　　　　　　　界面压力之间关系

3 缺陷理论

3.1 电缆等值电路

如图 3-1 所示电缆为轴对称结构。选一圆柱面，因对称关系，以圆柱侧面上一点为半径的圆周上各点的电场强度均相等，根据高斯定理：

$$\oint E\mathrm{d}S = E\oint \mathrm{d}S = E2\pi r = \frac{\tau}{\varepsilon} \tag{3-1}$$

$$E = \frac{\tau}{2\pi\varepsilon r} \tag{3-2}$$

式中：r 为绝缘中任意一点到电缆中心的间距；τ 为线电荷密度；ε 为介电常数。

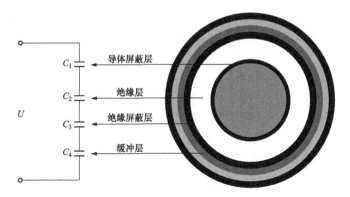

图 3-1 电缆等值电路

其电场分布如图 3-2 所示，则相电压 U 和场强的关系为：

$$U = \int_{R_\mathrm{C}}^{R} E\mathrm{d}r = \int_{R_\mathrm{C}}^{R} \frac{\tau}{2\pi\varepsilon r}\mathrm{d}r \tag{3-3}$$

$$\tau = \frac{2\pi\varepsilon U}{\ln\dfrac{R}{R_\mathrm{C}}} \tag{3-4}$$

将式（3-4）代入式（3-2）得到：

$$E = \frac{U}{r\ln\dfrac{R}{R_\mathrm{C}}} \tag{3-5}$$

从式（3-5）可以看出，圆形单芯电缆绝缘层中的电场分布和 r 成反比。 在导体表面 r 为最小值，$r=R_C$，这时电场强度最大，即：

$$E_{max} = \frac{U_0}{R_C \ln \frac{R}{R_C}}$$ (3-6)

在绝缘外表面 r 为最大值，$r=R$，这时电场强度最小，即：

$$E_{min} = \frac{U_0}{R \ln \frac{R}{R_C}}$$ (3-7)

单芯电缆绝缘层中的平均电场强度为：

$$E_{av} = \frac{U_0}{R - R_C}$$ (3-8)

平均电场强度与最大电场强度之比称为该绝缘层的利用系数 η，即：

$$\eta = \frac{E_{av}}{E_{max}} = \frac{R_C}{R - R_C} \ln \frac{R}{R_C}$$ (3-9)

利用系数越大，电场分布越均匀，绝缘材料利用得越充分。

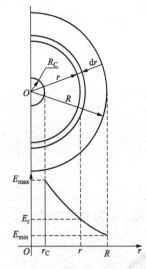

图 3-2 电缆中的电场分布

3.2 缺陷电场分析

对于正常电缆，由于电缆结构的特性，其电场均可按单芯电缆处理，可以采用轴对称的圆柱体结构对电场进行计算。设电缆导体屏蔽层外半径为 R_C，绝缘外表面半径为 R，当电缆承受交流或脉冲电压 U 时，距离导体中心任一点（r）的电场强度为：

$$E = \frac{U}{r \ln \frac{R}{R_C}}$$ (3-10)

从式（3-10）可以知道，电场强度最大处是在导体屏蔽表面上，即 $r=R_C$。图 3-2 是对应于电缆结构的正常电场分布。如果电缆结构存在缺陷，电场强度及分布将发生极大的变化。根据 XLPE 绝缘电缆结构可知，电缆中的电力线是均匀辐射形，等位线是内密外稀的同心圆，靠近导体的电力线密集，电位线间距越小，电场强度越大，电场强度沿径向分布是不均匀的。同一半径处的场强是相等的。XLPE 绝缘电缆的交流短时击穿场强是很高的，一般每毫米为几十千伏。当电场恶化时，也就是绝缘中有杂质存在，使电场发生畸变。实际上，在制造过程中绝缘有缺陷是不可避免的，最严重的缺陷是半导电屏蔽的节疤、遗漏，绝缘内的杂质、空穴，以及绝缘屏蔽凸进绝缘内部的结构等，如图 3-3 为绝缘中缺陷示意图。这些缺陷处的场强远远大于 XLPE 本身所固有的击穿场强，根据拉莫尔（Larmor）提出的经验计算公式可粗略得知，一个假设为椭圆状的缺陷处最大场强 E_{max} 对平均场强 E 之比为

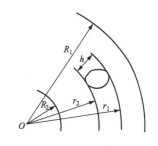

图 3-3 绝缘中杂质示意图

$$k = \frac{E_{max}}{E} = \frac{2\left(\frac{2h}{r}-1\right)^{1.5}}{\sqrt{\frac{2h}{r}}\ln\left(\frac{4h}{r}+2\sqrt{\frac{h}{r}\left(\frac{4h}{r}-2\right)-1}-2\sqrt{\frac{2h}{r}-1}\right)} \qquad (3\text{-}11)$$

式中：h 为椭圆节疤的高度；r 为椭圆尖端的半径。

通过计算得出不同 h/r 时的 k 值与 E_{max} 值（设运行场强为 3kV/mm），如表 3-1 所示。可以看出，节疤的尖端半径越小，产生的电场畸变越严重，而最大场强远远高于 XLPE 本身的固有击穿场强。这就是运行时节疤处必定会形成电树枝的原因。

表 3-1 　　　　　　　　　节疤处 k 值和最大场强 E_{max}

h/r	2	5	10	50	100
k	5.8	9.5	15	49	85
E_{max}（kV/mm）	435	735	1125	3675	6375

以 8.7/10kV 3×150mm² XLPE 绝缘电缆为例，若 R_2（导体屏蔽外半径）=8.7mm，R_1（绝缘外半径）=13.2mm，r_1（杂质上端半径）=12.65mm，r_2（杂质下端半径）12.59mm，则对于图 3-11 所示的节疤，当 h/r 为 2、5、10、50、100 时，其 E_{max} 值如表 3-2 所示。

表 3-2 　　　　　　　　　　缺陷存在时电缆各处电场强度

h/r	2	5	10	50	100
E_{max1}（kV/mm）	4.78	11.95	23.9	119.5	239
E_{max2}（kV/mm）	3.16	7.9	15.8	79	159
E_{max3}（kV/mm）	3.32	8.3	16.6	83	166

代入已知数据计算得：

$$E_{max1}=2.39\text{kV/mm}$$

$$E_{max2}=1.58\text{kV/mm}$$

$$E_{\text{max3}}=1.66\text{kV/mm}$$

由此可见，不论杂质在哪个位置，在如此高的场强作用下，必然引发电树枝。试验室中培养电树枝时，在 105kV/mm 场强下，30min 后树枝长度就达到 170μm。

对 XLPE 绝缘电缆电场影响较大的还有介电常数。电缆中电场分布与导体中心的距离及介质的介电常数有关。已知半导电屏蔽层的介电常数 ε 为 12，由于介电常数差别较大，使得导体屏蔽层上的尖角电场畸变更为严重，杂质的介电常数一般比导体屏蔽的介电常数都小，电场集中在杂质上，首先将杂质击穿，引起电场进一步畸变而引发树枝。而导体屏蔽边沿的尖角，使电场在绝缘中产生畸变，直接引发电树枝。因此，通常在导体屏蔽层上对电缆绝缘破坏的程度依次为尖角、节疤、杂质、气孔。

3.3 击穿发展过程

固体介质的击穿常见有电击穿、热击穿和电化学击穿三种形式，其击穿电场强度与电压作用时间的关系如图 3-4 所示。固体电介质击穿后，出现烧焦或熔化的通道及裂缝等，即使去掉外施电压，也不像气体、液体电介质那样能自己恢复绝缘性能（指气体或液体绝缘在电弧作用下还没发生强烈的化学变化之前）。

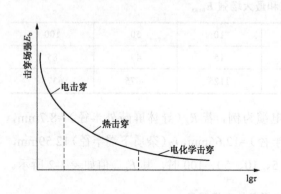

图 3-4　固体电解质击穿强度与电压作用时间关系

如果电压作用时间很短，固体介质的击穿往往是电击穿，击穿电压当然也较高。随着电压作用时间的增长，击穿电压将下降，如果在加电压后数小时才引起击穿，则热击穿往往起主要作用。不过，二者有时很难分清，例如在工频交流耐压试验中，试品被击穿时，常常是电和热双重作用的结果。电压作用时间长达数十小时甚至几年才发生击穿时，大多属于电化学击穿的范畴。许多有机绝缘材料短时间电气强度很高，但它们耐局部放电的性能往往很差，以致长时间电气强度很低，这一点必须予以重视。

处于均匀电场中的固体介质，其击穿电压往往较高，且随介质厚度的增加近似地成线性增大；若在不均匀电场中，介质厚度的增加将使电场更不均匀，于是击穿电压不再随厚度的增加而线性上升。当厚度增加使散热困难到可能引起热击穿时，增加厚度的意义就更小。常用的固体介质一般都含有杂质和气隙，这时即使处于均匀电场中，介质内部电场分布也是不均匀的，最大电场强度集中在气隙处，使击穿电压下降。

3.3.1 电击穿

固体电介质电击穿的理论是以在介质中发生碰撞电离为基础的。它不包括由边缘效应、介质劣化等因素引起的击穿。固体电介质中存在少量处于导电能量状态的电子（传导电子），它在电场加速下将与晶格点上的原子碰撞，但因固体介质中的原子相互联系十分紧密，所以必须考虑传导电子与晶格碰撞。由碰撞电离引起击穿有下述两种解释：①固体击穿理论是考虑单位时间传导电子从电场中获得的能量与单位时间内由于碰撞而失去的能量之间，因不平衡而引起击穿；②传导电子由电场作用得到了可使晶格原子电离的能量，产生了电子崩，当电子崩发展到足够强时，引起固体电介质击穿。电击穿的特点为：电压作用时间短、击穿电压高、电介质温度不高；击穿场强与电场均匀程度有密切关系，而几乎与周围环境温度无关。

以 XLPE 电缆内部存在尖端的情况来模拟其击穿过程，如图 3-5～图 3-7 所示为连续升压、逐级升压和振荡波电压形式下材料的击穿特性。可以看出，在连续升压情况下，击穿电压随频率的升高先下降，然后在 170Hz 附近开始随频率的升高而升高，在 240Hz 处出现最大值；逐级升压就不同，频率对击穿影响较小，随着频率升高，击穿电压在 80Hz 附近出现最大值 17kV 之后随频率升高而下降、可见升压方式对击穿电压影响很大。对于振荡波电压，从图 3-7 可以看到，随着频率升高，击穿电压先升高而后降低，在 170Hz 附近出现最大值，约为 24kV。

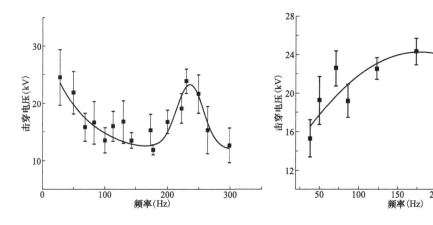

图 3-5 连续升压下击穿电压和频率的关系　　图 3-6 逐级升压下击穿电压和频率关系

3.3.2 热击穿

固体电介质热击穿的概念是：电介质在电场作用下，固体介质分子在极化、电导过程中产生介质损耗，引起发热，使介质温度升高，温度升高引发介质损耗增加。

因此，如果介质中产生的热量比散发的热量大时，介质温度将不断上升，进而引起介质分解、炭化，使其绝缘特性完全丧失即发生热击穿。同时，热量传递给周围固体介质分子，这些分子受热加快运动，但这种运动是杂乱无章的，在电场作用下分子运动开始有序，使电子移动加快向一处运动，以至于加快材料的击穿。若在电介质所能耐受的温度下建立了平衡，则不会发生热击穿。

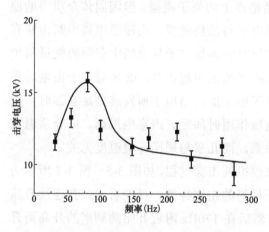

图 3-7　震荡波电压下频率与击穿电压关系

热击穿的特点是：击穿电压随周围媒质温度增加而降低；材料厚度增加，由于散热条件变坏而击穿场强降低；电源频率越高，介质损耗越大，击穿电压降低；击穿一般发生于材料最难以向周围媒质散热的部分，例如材料的中心，而击穿处有烧坏或熔化的痕迹。

在热的作用下，绝缘材料会发生各种性能变化，图 3-8 和图 3-9 就是材料在热的作用下介质损耗频谱的变化情况。从图 3-10 可以看到，XLPE 的介质损耗随着热老化温度的增加在相同频率下其最大值向高温方向移动，在 135℃下介质损耗大于 105℃，说明温度对老化后材料介质损耗有明显影响，温度越高，介质损耗增加越快。并且，随着电老化时间的增加，XLPE 介质损耗值明显呈递增趋势，在 1Hz 以下的低频部分尤为明显。

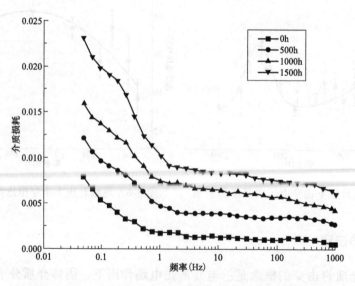

图 3-8　XLPE 在 105℃下老化不同时间的介质损耗频谱对比

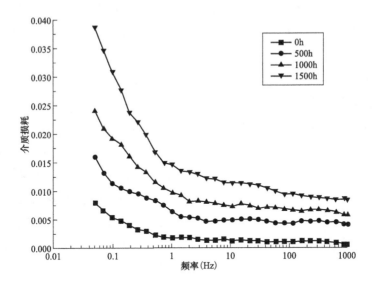

图 3-9　XLPE 在 135℃下老化不同时间的介质损耗频谱对比

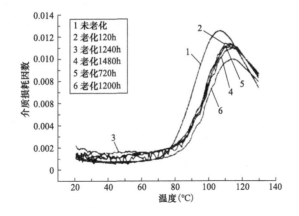

图 3-10　XLPE 经过不同时间老化介质损耗频谱

3.3.3　电化学击穿

在电场作用下，由于电极和电介质接触处的气隙或介质中的微孔中有空气和水分子，这些微孔处电场畸变严重，气隙或微孔首先击穿，将其中的水分子、气体分子电离，形成臭氧 O_3^-、碱性 OH^-、二氧化氮 NO_2。这些极具腐蚀性的不稳定离子很快与周围固体介质分子发生化学反应，致使其性能发生变化，增大了局部的电导或介质损耗，从而降低了介质的绝缘性能。在足够长时间的作用下，绝缘性能完全丧失，便发生了电化学击穿。

固体介质的电击穿、热击穿和电化学击穿往往同时存在。影响固体介质击穿的主要因素有电压种类（交流、直流、冲击）、电压作用时间、周围电场的均匀程度、累积效应、温度、受潮和机械负荷等。图 3-11 表明了常用固体介质在较长期电压作用下击穿场强的下降情况。其中，聚四氟乙烯可以耐受很高的温度，短时击穿场强也高，但是由于耐受局部放电的性能比较差，在长期的局部放电作用下绝缘性能会迅速劣化。在长期工作电压下，击穿电压仅为工频（1min）耐压时的几分之一。这说明，由于局部放电对介质的损害而出现了电化学击穿。

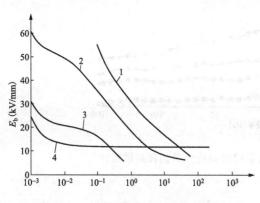

图 3-11　常用固体材料在较长电压

作用下，击穿场强变化情况

1—聚乙烯；2—聚四氟乙烯；3—黄蜡布；4—有机玻璃云母

介质的击穿电压常大于其工频击穿电压，而且其直流击穿电压常比工频击穿电压（幅值）要高得多。其原因是直流电压下固体介质的损耗小，并且局部放电也较弱。相反，高频电压会使局部放电加强，介质损耗增大，引起严重发热，容易导致介质发生热击穿；另外，局部放电引起的绝缘劣化容易过早引发介质内部电化学击穿。

3.3.4　树枝击穿

聚合物电缆绝缘的短时击穿和长期老化都源于它的电树枝化。从实际运行经验出发，归纳的 XLPE 电缆老化原因和老化形态认为，局部放电、水树枝、电树枝的发生是影响电缆及其附件绝缘性能降低的主要原因，且频度较高。树枝化是导致电力设备尤其是中高压电缆绝缘破坏的主要原因之一。

自发现 XLPE 绝缘水树枝老化以来，目前按水树枝产生的起点可分成三种类型：①内导型水树枝，是以电缆半导电包带屏蔽层作为起点的水树枝。在屏蔽层是挤出结构的情况下，半导体屏蔽层和绝缘界面有毛刺等的结构不均匀部分容易产生水树枝；②蝴蝶型水树枝，是以绝缘中的杂质和气隙作为起点的一种水树枝；③外导型水树枝，是以电缆中的绝缘屏蔽层作为起点的一种水树枝，主要是水进入护套，渗透绝缘屏蔽层引起水树枝。

XLPE 电缆的水树枝老化现象主要可归纳为以下几点：①同时存在水和电场时才会发生水树枝，即使在较低的电场强度下也会发生水树枝；②水树枝是直径为 0.1μm 至几微米、充满水的气隙集合；③绝缘中存在的杂质、气孔以及绝缘表面上外半导电层的不均匀形成的局部高电场部位是发生水树枝的起点；④在交流电场下比在直流电场下容易产生水树枝，交流电频率越高，水树枝发展速度越快；⑤温度高时容易发生水树枝。

水树枝尖端形成在高电场处，该电场促使水树枝的延伸，并逐步向电树枝转移，最后形成大面积的贯穿整个绝缘体的电树枝，从而使绝缘击穿。但整个发展过程有一定的随机性，有些水树枝向电树枝的发展很快，一旦生成水树枝，其在生长过程中会随着尖部场强的不断集中而转化为电树枝，电树枝则可能使电缆绝缘层在短期内被击穿；有些水树枝向电树枝的发展很缓慢，一般需要 3 年以上才会发生由于水树枝原因而造成的电击穿故障。因此，水树枝对电缆绝缘缺陷的早期诊断具有重要意义。

假设电缆的导体屏蔽层半径为 R_1，绝缘外层半径为 R_2，根据正常（无绝缘缺陷）电缆的绝缘电阻和介质损耗的关系，可得：

$$G_{\text{normal}} = \frac{2\pi\gamma_{\text{normal}}}{\ln\dfrac{R_2}{R_1}} \tag{3-12}$$

式中：G_{normal}、γ_{normal} 为多层绝缘对应的等效参数。

如果老化后的漏电导为：

$$G_{\text{aging}} = \frac{2\pi\gamma_{\text{aging}}}{\ln\dfrac{R_2}{R_1}} = \frac{I_{\max}}{U_{\max}} \tag{3-13}$$

水树枝老化部分绝缘占比为 α，正常绝缘占比为 $1-\alpha$，则有：

$$\left.\begin{aligned}
G_{\text{aging}} &= \frac{2\pi\gamma_{\text{water}}}{\ln\dfrac{R_2}{R_1}} + \frac{(1-\alpha)2\pi\gamma_{\text{narmal}}}{\ln\dfrac{R_2}{R_1}} \\[2mm]
\gamma_{\text{aging}} &= \alpha\gamma_{\text{water}} + (1-\alpha)\gamma_{\text{normal}} \\[2mm]
\alpha &= \frac{\gamma_{\text{aging}} - \gamma_{\text{normal}}}{\gamma_{\text{water}} - \gamma_{\text{normal}}}
\end{aligned}\right\} \tag{3-14}$$

老化后的绝缘等效电容为：

$$C_{\text{aging}} = \frac{2\pi\varepsilon_0[\alpha\varepsilon_{\text{water}} + (1-\alpha)\varepsilon_{\text{normal}}]}{\ln\dfrac{R_2}{R_1}} \tag{3-15}$$

可见，单位电容老化后电容量随着水树枝所占比例的变化而变化。同时，电树枝老化等效漏电导为线性参数，可取电树枝老化后绝缘的等效网络为线性等效漏电导与等效线性电容的并联。只需要将式（3-12）～式（3-15）中的 γ_{normal} 和 $\varepsilon_{\text{normal}} = \varepsilon_0\varepsilon_{\text{mormal}}$ 换成 γ_C 和 $\varepsilon_c = \varepsilon_0\varepsilon_{rc}$，并乘以比例系数 α 和 $1-\alpha$，组成线性参数的网络元件。当电缆本身受到外伤或附件组装不善时，就可能出现起因于局部放电的树枝老化，最终导致绝缘老化击穿。在运行电压下，局部放电能够存在于电树枝、孔隙、裂纹、杂质以及剥离的界面上。当绝缘中存在微孔或绝缘层与内、外半导电屏蔽层间有空隙时，将由于局部放电侵蚀绝缘而使绝缘性能降低。

在不均匀电场中，强烈的局部放电常使固体介质受到损伤。因为固体介质不能自行恢复因局部放电等因素造成的损伤，而且被损伤部位的绝缘薄弱，在电压作用下进一步受到放电损伤。如此不断积累，最终使介质击穿。材料受潮或开裂等都将使绝缘介质的击穿电压显著下降。

对图 3-12 所示的实际击穿现象进行分析发现，击穿的分支通道形状和稠密程度随频率的升高而变化，低频下较为稀疏，高频下较为稠密。低于 170Hz 时，分支数量随频率的升高而增大，但频率高于 170Hz 之后，分支数量基本不变化。为了进一步研究击穿通道分支数量随频率的变化规律，用分形技术来研究通道分支图像。

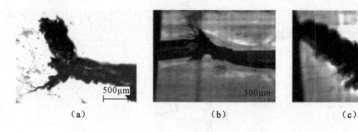

图 3-12　击穿通道分支数量微观照片

（a）28.5Hz；（b）82Hz；（c）300Hz

分形理论一般采用分形维数 D 来描述物理空间结构的破碎度，它是一种自相似的、无标度的几何结构。电解质的击穿通道通常狭窄，其分支复杂，有一定的随机性和自相似性。采用分形理论可以对绝缘材料中的击穿现象进行分析。分形维度能很好地表征放电通道的发展方向和稠密度。

根据理论，采用覆盖法求取二维图形的分形维数，求取在不同测量标度 r 下被电树枝占据的单位图形数量 $N(r)$：

$$N(r) = \alpha r^{-D} \tag{3-16}$$

对式（3-16）两边取对数获得维度：

$$D = \frac{\lg N(r)}{\lg \left(\dfrac{1}{r}\right)} \tag{3-17}$$

具体的做法就是在不同的测量标度 r 下，求取树枝图形占据单位图形的数量 $N(r)$，然后在双对数坐标图中做出 r 和 $N(r)$ 的关系曲线。如果做出的曲线为一条直线，则该直线斜率的绝对值即为电树枝的二维分形数。

从图 3-13 可知，当频率低于 50Hz 时，分形维数不随频率变化，之后随频率升高而增大，在 170Hz 附近分形维数达到 1.3 左右，之后保持不变。这说明频率不仅对击穿电压有很大影响，对击穿通道的形状结构也有很大影响。逐级升压和振荡波也有类似情况,从而说明 XLPE 电缆绝缘中尖端缺陷的击穿过程中树枝的产生和发展有密切关系。

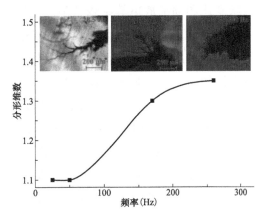

图 3-13　在连续升压条件下击穿通道与频率的关系

3.3.5　电缆接头缺陷击穿

电缆的接头是绝缘缺陷的多发处，电缆接头绝缘缺陷的诊断是电缆检测的重要内容。电缆接头除了有电缆本体的机械损伤、绝缘损伤、绝缘受潮、绝缘老化变质、过电压、电缆过热故障之外，还有电缆接头的特殊结构引起的、沿应力锥绝缘界面的放电和附加绝缘层的层间沿面放电。图 3-14～图 3-16 是电缆接头及接头击穿的示意图和实物图。

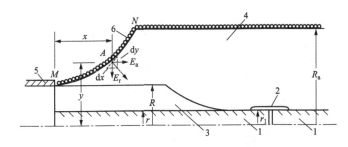

图 3-14　电缆中间接头结构

1—导体；2—连接管；3—电缆绝缘；4—附件绝缘；5—绝缘屏蔽；6—接头应力锥屏蔽

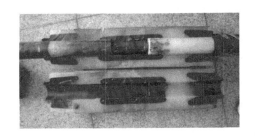

图 3-15　接头屏蔽管附近电缆绝缘界面击穿

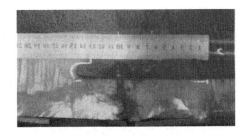

图 3-16　附加绝缘击穿

对于图 3-14 所示的电缆接头，若按沿 MN 各处轴向场强 E_a 保持恒定的原则来设计，单位长度的电位移通量相等，则 $E_r = \dfrac{k}{2\pi y}$，$\dfrac{\mathrm{d}y}{\mathrm{d}x} = \dfrac{E_a}{E_r}$，$U = E_r \ln \dfrac{y}{r}$。由于该公式确定的关系受施工工艺和现场环境（温度和湿度等）的影响不能完全被保证，必然会造成电磁场分布的不均匀，从而在结构不均匀处产生局部强场畸变，容易诱发树枝状老化和局部放电等绝缘缺陷。电缆接头故障一般都出现在电缆绝缘屏蔽切断口处，因为这里是电场应力最集中的部位。导致电缆接头故障的原因有应力锥本体制造缺陷、绝缘界面填充剂问题、密封不良等原因。大量电缆接头故障后解体发现，既有沿径向的放电痕迹（图 3-16 所示），也有沿轴向绝缘层间的爬电痕迹（图 3-17 所示）。电缆接头绝缘层的沿面爬电是一种常见的缺陷类型，原因在于沿面放电电压值与界面状况密切相关，在一定的界面压力下（一般 $P \geqslant 50$kPa），可以近似认为界面是由 XLPE 和硅橡胶形成的固体界面，两种介质的介电常数差别较小，而复合介质的工频电压是按照介电常数分布的，界面电场分布比较均匀，使得界面沿面放电电压值比较高。当接头进水后，界面被极性导电物质湿润后，界面电场分布严重畸变，界面电阻下降，产生大量的导电粒子，激发界面中的沿面放电，使得放电电压值大幅下降。同时试验证明，在界面上施加较大压力和涂抹硅脂（或油脂）后，一方面压力使得界面接触更加紧密，限制了导电粒子激发沿面放电；另一方面硅脂分子的极性起到提高移动势能的作用，阻碍了导电粒子沿面放电的可能，使得沿面放电电压大幅提高。

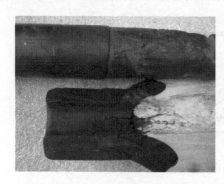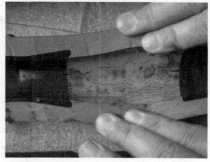

图 3-17　接头应力锥沿面击穿和爬电

　　预制型电缆中间接头中多层固体复合介质绝缘结构中，此处能否出现沿面放电的检测方法包括：①检查接头密封结构是否出现破坏；②检查预制接头中应力锥和电缆的过盈配合值，看它是否具有足够的握紧力；③检查预制件中各个部件是否粘结良好，如果半导电部件和绝缘件之间的粘合面出现开裂，复合界面的绝缘强度一定会下降；④检查复合界面上是否留有硅脂或绝缘油脂，因为微量的硅脂或油脂是保证绝缘界面中微小痕迹被填充的必要条件。

　　虽然电缆接头（中间接头和终端头）是电缆故障的多发区段，但因为其位置是固定的，只需要诊断绝缘缺陷的类型和严重程度，就能反映整条线路的状态。

3.3.6　电缆金属套和外护套缺陷

　　110～500kV 电缆为单芯电缆，单芯电缆每相之间在非品字形紧密连接的情况下，由于相间距离不对称，交变电场在三相金属屏蔽层上感应的电动势不能抵消。金属屏蔽层感应电动势的大小与电缆长度、线芯负荷电流成正比，与电缆排列的中心距离、金属屏蔽层的平均直径有关。根据 GB 50217—2018《电力工程电缆设计规程》的规定，单芯电缆线路的金属套只能有一点接地，金属套任一点的感应电压不应超过 50～300V（未采取安全措施时，不大于 50V；如采取了有效措施时，不得大于 300V），并应对地绝缘。

由于皱纹铝套或金属屏蔽层有一端不接地，当雷电流或过电压波沿线芯流动时，电缆铝套或金属屏蔽层不接地端会出现很高的冲击电压；当系统发生短路时，短路电流流经线芯时，电缆铝套或金属屏蔽层不接地端也会出现较高的工频感应电压，当电缆外护层绝缘不能承受这种过电压的作用而损坏时（有时电缆敷设施工对电缆外护套的破坏比这种损坏要严重得多），将导致出现多点接地，形成环流。因此，在采用一端互联接地时，必须采取措施限制护层上的过电压，安装时应根据线路的不同情况，按照经济合理的原则在铝套或金属屏蔽层的一定位置采用特殊的连接和接地方式，并同时装设护层保护器，以防止电缆护层绝缘被击穿。高压电缆线路安装时，为了减小单芯电缆线路对邻近辅助电缆及通信电缆的感应电压，应尽量采用金属套分段绝缘或交叉互联接线。对于电缆长度不长的情况下，可采用单点接地的方式。为保护电缆护层绝缘，在不接地的一端应加装护层保护器。为防止金属屏蔽一端接地时开路端的过电压击穿外护套，开路端也应装设护层保护器。保护器在正常运行条件下呈现较高的电阻，当护套出现冲击过电压时，保护器呈现较小的电阻，这时作用在金属护层上的电压就是保护器的残压。

3.3.7　空间电荷引起的击穿

绝缘材料中一旦存在缺陷，局部的电场强度增强，就会产生电子注入到绝缘材料中形成空间电荷，在足够大的交变电场条件下，电子会由于电场的周期性变化而被注入和抽出。注入的电子在绝缘中会加速，从而导致局部放电和局部击穿。在缺陷尖端处注入的电子沉积在尖端附近，随着电子浓度增加，产生围绕尖端的电子云。在低频下，电子有足够的时间迁移，电子将进入 XLPE 深处，均匀地扩散开来。随着频率的升高，电压变化速率加快，此时电子注入和抽出速度加快。注入电子不能进入绝缘深处，沉积在缺陷尖端处，使附近场大幅度提高，产生更多的局部放电，使击穿电压随频率升高而下降。试验证明，高频时电子碰撞电离的方向发生明显的分枝。随着频率的进一步升高，击穿分枝维数保持不变，击穿通道结构不再发生变化，也不再有额外的能量提供给分枝通道。

假设初始的击穿通道是由于重复放电过程积累的能量导致，那么引发放电通道的时间可认为取决于传递给聚合物足够能量 C_t 的时间，其计算公式为

$$ft_1[G_n - G_m] = C_t \tag{3-18}$$

式中：G_n 是注入电子迁移的能量；G_m 是产生电子雪崩的能量；f 是电场周期的数量；C_t 是与材料相关的常数；t_1 是升压所用的时间。

从式（3-18）可以看出，对于聚合物，C_t 是常数，频率升高将导致升压时间 t 的下降，进而导致较低的击穿电压。

此外，频率升高也有可能导致能量损耗增大，这个能量损耗可以表示为：

$$P = 2\pi f E^2 \varepsilon_0 \varepsilon_r \tan \delta \tag{3-19}$$

式中：P 是能量损耗；E 是外加电场强度；f 是频率；ε_r 是材料介电常数；ε_0 是真空中介电常数；$\tan\delta$ 是介质损耗因数。

损耗能量以热的形式传递给聚合物，将产生局部高电导率和电场，进而产生弱点和热点。由于 XLPE 的热导率较小，而电极之间的距离较远，冷却条件差，热点和弱点的发展一方面可能导致局部热击穿，另一方面会加速能量损耗，XLPE 绝缘的击穿可能由于热量吸收和温度升高的原因而下降。电荷注入与抽出是电树枝引发的首要过程，采用电树枝抑制剂改性的 XLPE 电缆料和电荷发射屏蔽层也是不错的选择。

3.3.8 缺陷应力分析

3.3.8.1 树枝生长特性和结构关系

不同电树枝结构对应不同的生长机理，因此在生长特性上有明显差异，如图 3-18 所示。图 3-20 给出了一组实测结果，其中曲线 a 和 c 分别对应于图 3-19（a）和图 3-19（d）的电树枝，曲线 d 对应于图 3-19（b）的双结构电树枝。曲线 b 为一半枝状和一半丛林状混合型电树枝，对应图 3-19（d）丛林状树枝，e 和 f 分别对应于一种枝状—藤枝状和枝状—松枝状双结构电树枝，如图 3-19（c）所示。这三种电树枝生长曲线所对应的电树枝结构如图 3-20 所示。可以看出树枝状电树枝只存在一种发展阶段，丛林状为两个发展阶段，而双结构电树枝则具有鲜明的三个生长阶段。

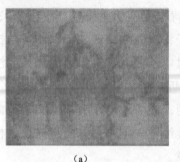

（a）   （b）

图 3-18　电树枝的发展特性

（a）丛林状树枝；（b）独枝状树枝

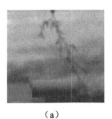
（a）

（b）

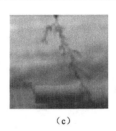
（c）

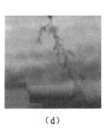
（d）

图 3-19 电树枝生长图

（a）50Hz 21min；（b）50Hz 160min；（c）1kHz 145min；（d）50Hz 840min

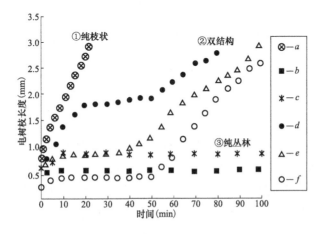

图 3-20 本征电树枝生长随时间关系

3.3.8.2 绝缘残存应力

一般分析认为，XLPE 绝缘材料球晶分层现象和应力挤压（拉伸）作用会在材料的球晶边沿无定型区形成连续的弱区，构成电荷"陷阱"，产生残存应力。树枝通道就是沿着这些无定型区发展的，随空间电荷注入这个弱区，引发局部电场畸变和材料微击穿，树枝迅速向前延伸，图 3-21 所示为试样中存在不均匀结晶结构的偏振光照片。根据制备试样时的试样热变形情况，这种球晶分层很可能垂直于外施电场方向，并可以解释许多藤枝状电树枝沿垂直于电场方向、甚至向略为背离外电场方向发展的实验事实，电树枝管状裂纹向前延伸的必要条件是静电能 W_{es} 加上可能存在的存储于树枝沟道中的电机械能 W_{em} 必须克服塑性变形能 W_{fp} 和表面能 W_{fs}，它们的值可由下式近似给定：

$$W_{fp} = \pi r^2 L\alpha\sigma_\gamma \qquad (3-20)$$

$$W_{fp} = \pi r L\alpha\gamma \qquad (3-21)$$

式中：γ 是表面张力；α 是修正因子；σ_γ 是屈服应力；L 是电树枝空腔圆柱体的长度；r 是电树枝空腔圆柱体的半径。

当材料内部存在静态机械应力时，W_{fp} 减少为：

$$W'_{fp} = W_{fp} - \frac{\sigma e \pi r^2 L}{2} \qquad (3\text{-}22)$$

式中：σ 是机械应力；e 是张力水平；W_{fp} 为塑性变形能。

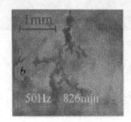  

图 3-21　试样中存在不均匀结晶的偏振光照片

式（3-22）表明残存机械应力使材料的塑性变形能 W_{fp} 沿应力方向减小，电树枝沿应力延伸方向发展。

3.3.8.3　高压 XLPE 电缆绝缘中的微孔

众所周知，PE 的热膨胀系数是常用聚合物介质中最大的，为定量分析 XLPE 电缆绝缘中的微孔状况，可做如下简单计算。设电缆绝缘外径为 $2R$，内径为 $2r$，XLPE 的线膨胀系数为 α；假定电缆绝缘不会沿电缆长度方向收缩，且绝缘内半径尺寸不变，则当电缆绝缘外层交联固化后体积固定，内层绝缘固化收缩导致的微孔体积含量Δt 为：

$$\Delta V = l\alpha\Delta t\pi\{(R^2 - r^2) - [R^2(1 - \alpha\Delta t)^2 - r^2]\} = l\pi R^2 \alpha^2 \Delta t^2 (2 - \alpha\Delta t) \qquad (3\text{-}23)$$

式中：l 为电缆长度；Δt 为冷却温度差值，$\alpha \cdot \Delta t \ll 1$。

故上式可以简化为：

$$\Delta V \approx 2l\pi(R\alpha\Delta t)^2 \qquad (3\text{-}24)$$

以某电缆厂生产的 YJV110kV XLPE 电缆绝缘为例，内半导电屏蔽层外径 r=11.3mm，绝缘外径 R=29.8mm。XLPE 电缆绝缘的线膨胀系数 α 为（10～20）×10^{-5}/K，在此取 α=15×10^{-5}/K；取绝缘挤出温度为 160℃，冷却后温度为室温 20℃，则可得单位体积电缆绝缘中的微孔总体积ΔV 的百分含量为：

$$\eta = \frac{\Delta V}{V} \times 100\% = \frac{2l\pi V(R\alpha\Delta t)^2}{l\pi(R^2 - r^2)} = \frac{2(R\alpha\Delta t)^2}{R^2 - r^2} = 0.103\%$$

假定微孔的平均尺寸为半径 b=1μm 的圆球，微孔的体积就是 $\Delta V=4\pi b^3/3$，在单位体积（V=1cm^3）电缆绝缘中的微孔数 n 为：

$$\frac{n}{V} = \frac{\eta V}{\Delta V} = \frac{2l\pi(R\alpha\Delta t)^2}{l\pi(R^2 - r^2)\Delta V} = \frac{2l\pi V(R\alpha\Delta t)^2}{l\pi(R^2 - r^2)\frac{4}{3}\pi b^3}$$

$$= \frac{3 \times (2.98 \times 15 \times 10^{-5} \times 140)^2}{2\pi \times (1 \times 10^{-4})^3 (2.98^2 - 1.13^2)} \approx 2.46 \times 10^8 (\text{个}/\text{cm}^3)$$

从计算可以看出，理论上电缆绝缘中的缺陷微孔是很多的，但实际上要少很多，这表明微孔是高压电缆绝缘的主要缺陷。此外，由于电缆绝缘挤出后是由外向里逐渐冷却的，微孔和不均匀结晶的残余应力集中在工作场强最大的部位。电缆电压越高、绝缘厚度越大，这种现象越严重。

3.3.8.4　绝缘中的不均匀结晶

PE 为结晶相与无定型相两相共存的高分子化合物，结晶相密度高于无定型相。高压 PE 室温结晶度达 55%～70%，无定型物一般在 20% 及以上。结晶区密度为 1.05，无定型部分密度为 0.84～0.85。高聚物中的球晶尺寸通常可达几十微米甚至毫米数量级。由于 PE 结晶度随温度变化，在电缆加工、运行过程中的温度变化会造成两相相互转移，导致在两相边界产生内应力，最后生成微观到宏观的微孔。

由于结晶相与无定型相在密度、纯度等方面的差异，导致二者电绝缘性能的差异，其中体积电阻率 ρ_v 的对数 $\lg\rho_v$ 几乎与结晶度 f 呈线性关系，即：

$$\lg\rho_v = f\lg\rho_{vc} + (1-f)\lg\rho_{va} \tag{3-25}$$

式中：ρ_{vc} 是晶区体积电阻值；ρ_{va} 为非晶区的体积电阻值。

据此推知 $\rho_{vc} > \rho_{va}$，因此在晶区与无定型区并联部分，电流将主要流经③区，如图 3-20 所示。在串联部分，因晶体密度（1.05）大于无定型区密度（0.84～0.85），应有 $\varepsilon_c > \varepsilon_a$。另据 $E_a\varepsilon_a = E_c\varepsilon_c$，必有 $E_a > E_c$，因此图 2-20 中①区比②区更易于被击穿而引发电树枝。造成 $\rho_{vc} > \rho_{va}$ 的另一个原因是结晶的排渣效应，使高聚物中的杂质聚集在无定型区，电流在晶界无定型区流动时会在由微孔、杂质构成的陷阱中产生空间电荷，因此，电树枝容易沿含有微孔和杂质的晶界弱区发展。

综上可知，XLPE 电缆绝缘微孔的惊人含量，结合在电缆内侧的不均匀结晶分析，显而易见，在大球晶表面的微孔、杂质非常容易呈网状、线性分布，也就不难理解藤枝状电树枝的快速扩展现象。同时也充分表明，应力、不均匀结晶和微孔高度集中导致电缆内侧绝缘状态严重恶化是电树枝横向扩展的三大因素。值得注意的是，220kV 以上的超厚绝缘 XLPE 电缆不均匀结晶、残存应力和微孔集中现象将比想象得更加严重，必须予以充分重视。由于电缆绝缘生产过程的残存应力、不均匀结晶和微孔集中现象均与绝缘厚度密切相关，采用适当降低超高压 XLPE 电缆绝缘厚度的方法应为首选措施；其次，采用再处理退火工艺消除残存应力和不均匀结晶现象对于电缆绝缘是非常有益的。由于微孔氧化在电树枝发展过程中有重要作用，采用惰性气体填充微孔是一个很好的措施，这就是干法交联采用氮气作为传热媒介的原因。

3.4　缺　陷　生　长

目前，研究绝缘材料老化发展的模型主要是唯象及物理模型。唯象模型是基于对寿命试验结果的现象观察，寻求符合这些结果的合适模型。物理模型是研究材料的老化机理、分析试验材料的物理化学特征的主要手段，把模型参数与热力学量及材料的微观结构特征联系起来就能彻底了解材料的特性。

在单应力或多应力作用下，绝缘材料呈现出来的老化现象可分为阈值和非阈值模型两种。在室温下，交联聚乙烯的电老化寿命曲线趋于水平，存在电场阈值 E_t。电场低于此值，不发生电老化。因此，如果没有其他应力，则绝缘的寿命趋于无穷。但是，有一些材料如低密度聚乙烯和乙丙橡胶等，不管试验时间多长，其寿命曲线不存在 E_t。这两种材料分别称为阈值和非阈值材料，而对应于这两种材料提出的老化模型分别称为曲线和直线模型。

3.4.1 直线模型

直线模型也称非阈值模型，即该老化模型在半对数或双对数坐标图上得到一条直线。

1. 单因子老化模型

人们普遍认为绝缘材料热老化形式是氧化，氧化能使聚合物链断裂，消耗增塑剂以及聚合物解聚而使绝缘变脆。由于这些过程都是化学反应，遵循化学反应速率定律，因此可用速率关系把绝缘劣化与时间和温度结合起来。戴金（Dakin）采用阿累尼乌斯（Arrhennius）方程，提出了热老化模型：

$$L = A\exp\left(\frac{B}{T}\right) \text{或} \ln L = \ln A + \frac{B}{T} \tag{3-26}$$

式中：L 为绝缘材料的击穿时间，即寿命；T 为绝对温度；A、B 为常数，通过试验确定。

常用的单因子电老化模型有反幂及指数模型，分别由式（3-27）、式（3-28）表示：

$$L = kE^{-n} \tag{3-27}$$
$$L = a\exp(-bE) \tag{3-28}$$

式中：E 为电场强度；k、n、a、b 为常数，通过试验确定。

2. 多因子老化模型

如果绝缘材料同时受温度和电场作用，则其失效时间比两种应力单独作用时的失效时间要短得多，可见老化并不是热和电老化的代数迭加。在大多数情况下，多种应力同时作用产生了新的老化机理。多因子寿命模型必须考虑应力因子之间的相互作用。为了描述热—电联合老化，常用的唯象模型有西蒙尼（Simoni）、朗姆（Ramu）和法洛（Fallou）模型。

（1）西蒙尼模型。西蒙尼把老化总量 F 描述为用于评价老化性能 p 的函数，即 $F(p)$。p 与失效有关，老化总量的变化速率即老化速率 $g = \dfrac{\mathrm{d}F(p)}{\mathrm{d}t}$。随着老化的进行，$p$ 不断下降，达到某限定值 pL 时发生失效，这时老化经历的时间就是寿命：

$$L = \frac{F(p)}{g} \tag{3-29}$$

老化速率须与施加应力有关，对于热—电老化：

$$g = A\exp\left(-\frac{B}{T}\right)\exp\left[\left(a + \frac{b}{T}\right)f(E)\right] \tag{3-30}$$

式中：$f(E)$ 为电场对热场影响的函数，其他为常数。

该老化速率方程表示了电场对热老化的影响，即考虑电—热联合作用的协同效应。西蒙尼建议：

$$f(E) = \ln\left(\frac{E}{E_0}\right) \tag{3-31}$$

式中：E_0 为参考电场，低于此值可不考虑电老化。

在此函数的基础上，西蒙尼推导出热—电老化的寿命模型（称为模型 1），它和电老化的反幂模型兼容。

$$L(T,E) = L_0\exp\left[-B\Delta\left(\frac{1}{T}\right)\left(\frac{E}{E_0}\right)^{-N}\right] \quad (E \geqslant E_0) \tag{3-32}$$

式中：L_0 为 $T = T_0$，$E = E_0$ 时的寿命；$N = n - B\Delta(1/T)$，n 为常数；$\Delta(1/T) = (1/T) - (1/T_0)$。

作为另一种可供选择，西蒙尼提出 $f(E) = E - E_0$，相应的寿命和电老化的指数模型是兼容的，称为模型 2：

$$L = \frac{1}{A}\exp\left(\frac{B}{T}\right)\exp\left[-\left(a + \frac{b}{T}\right)(E - E_0)\right] \quad (E \geqslant E_0) \tag{3-33}$$

（2）朗姆模型。朗姆模型由经典单应力老化速率的乘积得到，它有反幂函数的规律，常数与温度有关，用来解释协同效应，可表示为：

$$L(T,E) = c(T)E^{-n(T)}\exp\left[-B\Delta\left(\frac{1}{T}\right)\right] \tag{3-34}$$

式中：$c(T) = \exp\left[c_1 - c_2\Delta\left(\frac{1}{T}\right)\right]$；$n(T) = n_1 - n_2\Delta\left(\frac{1}{T}\right)$；$c_1$，$c_2$，$n_1$，$n_2$ 为常数。

朗姆模型可简化为：

$$L(T,E) = cE^{-\left[n_1 + n_2\Delta\left(\frac{1}{T}\right)\right]}\exp\left[-B\Delta\left(\frac{1}{T}\right)\right] \tag{3-35}$$

即：

$$\ln L(T,E) = c_1 - B\Delta\left(\frac{1}{T}\right) - \left[n_1 - n_2\Delta\left(\frac{1}{T}\right)\right]\ln E \tag{3-36}$$

在恒定温度下，寿命—电场的双对数图是一条直线。斜率是 $|n_1 - n_2\Delta(1/T)|$，

和击穿时间（寿命）轴的交点是〔$c_1-B\Delta$（$1/T$）〕。在恒定电场下，寿命—温度的双对数图也是一条直线，斜率是$|B-n_2\ln E|$，和寿命轴的交点是（$c_1-n_1\ln E$）。如果在式（3-33）中包含参考电场 E_0，且令 $E=E_0$、$T=T_0$ 时 $L=L_0$，则可以消除 c，则朗姆模型和西蒙尼模型 1 一致。

（3）法洛模型。法洛提出了基于电老化指数模型的半经验性老化模型：

$$L = \exp\left[A(E) + \frac{B(E)}{T} \right] \tag{3-37}$$

式中：$A（E）=A_1+A_2E$，$B（E）=B_1+B_2E$，通过试验确定。

这个模型没有考虑电老化阈值的存在，代入常数可写成：

$$L = \exp(A_1)\exp\left(\frac{B_2}{T}\right)\exp\left[-\left(A_2+\frac{B_1}{T}\right)E\right] \tag{3-38}$$

法洛模型基本上和西蒙尼模型 2 一致。

3.4.2　曲线模型

XLPE 材料在单应力或多应力作用下，当施加应力低于某个阈值时，材料的电气寿命将趋于无穷。其寿命模型称为曲线模型或阈值模型。

1. 单因子老化模型

（1）热老化模型。在阿累尼乌斯模型的基础上，除以一个无量纲的项 D_T，使老化温度由高向低趋于阈值时，寿命趋于无穷，此时 D_T 的最简表达式为 $D_T=T/T_{t0}-1$，相应的热老化模型为：

$$L_T = L_0 \frac{\exp(-BT)}{\dfrac{T}{T_{t0}}-1} \tag{3-39}$$

式中：L_0 为室温下的寿命；T_{t0} 为阈值温度。

（2）电老化模型。采用类似的方法并设 E_{t0} 为电场阈值，可得到阈值指数模型：

$$L_E = \frac{L_0 \exp[-h(E-E_0)]}{\dfrac{E-E_0}{E_{t0}-E_0}-1} \tag{3-40}$$

式中：h 为普朗克常数。

2. 多因子老化模型

同样原理推导出多因子老化模型的计算公式为：

$$L = L_0 \frac{\exp(-hE-BT+bE'T)}{\dfrac{E}{E_{t0}}+\dfrac{T}{T_{t0}}-1} \tag{3-41}$$

式中：b 为多因子常数；$E'_{t0}=E_{t0}-E_{t0}$；$E'=E-E_0$。

3.4.3 通用老化模型

实际上，所有材料都可认为是阈值材料，即都具有阈值，只是阈值高低有所不同。当施加的应力超过阈值时，为非阈值材料；当至少一种应力低于阈值时，则为阈值材料。基于这种认识，建立了适用于所有材料的通用唯象模型：

$$L = \frac{L_0 \exp(-hE - BT + bET)}{\left[\dfrac{E}{E_{t0}} + \dfrac{T}{T_{t0}} - k_C \left(\dfrac{E}{E_{t0}} + \dfrac{T}{T_{t0}} \right) - 1 \right]^{-ET}} \tag{3-42}$$

式中：k_C 为常数。

唯象模型只描述材料的行为而不解释其物理机理。物理模型则用来分析试验材料的化学物理特征并研究老化机理，实际意义更大。

1. 基于局部放电的模型

巴德尔（Bahder）等人认为，空隙中的局部放电使电子穿入电介质，引起通道腐蚀。这些通道达到临界长度时，导致击穿，但局部放电在场强 E 高于某个起始电场 E_1 时才发生。老化过程是热激活的，可用活化能 E_h 来描述，令 f 为电场频率，T 为绝对温度，A、b、k 为常数，则寿命 t 的模型可表示为：

$$t = \frac{Af}{E - E_t} \exp\left[\frac{E_{th} - b(E - E_t)}{kT} \right] \tag{3-43}$$

该模型认为电老化是由局部放电引起的，但事实上检测不到局部放电时也会发生电老化，因此该模型有一定的局限性。

2. 基于电荷注入的模型

关于电荷注入老化机理研究，日本人田中（Tanaka）提出了把电树枝起始时间和电场联系起来的基于场发射的寿命模型，假设它们累积的能量超过某个临界值 C 时，注入到绝缘中或抽取的电荷对电树枝起始有贡献。故考虑能量限定值 W_t，对应于电场阈值 E_t，低于此值，注入的电子不能使绝缘劣化，电树枝不生长。如电树枝的生长时间相对于电树枝形成时间可忽略，或者绝缘失效判据是电树枝起始而不是击穿，则电树枝形成时间 t_i 近似等于寿命 t，能量作为电场函数的表达式。由 Fowler-Nordheim 等提出下列计算公式：

$$t = C' \left[\exp\left(\frac{-BH^{\frac{3}{2}}}{E} \right) - \exp\left(\frac{-BH^{\frac{3}{2}}}{E_t} \right) \right]^{-1} \tag{3-44}$$

式中：$C'=C/A$，C 为电荷积累的能量；H 为电极的有效功函数。

3. 基于电树枝生长模型

电树枝生长是老化的最后阶段，必须仔细监测电树枝的起始和生长。在老化研究和诊断中，把局部放电和电树枝生长联系起来的模型起着重要作用。基于电树枝形成和生长的物理机理以及电树枝的分形结构的老化模型，若只考虑电树枝生长时间，则为：

$$X = k_0(E - E_t)^{h_1 1/d} \qquad (3\text{-}45)$$

式中：X 为电树枝通道的穿透深度（即树长）；d 为树的分维；t 为电树枝生长时间；k_0 为常数。

在通道中流动的电荷 Q_m 和穿透深度 X_m 的关系为：

$$Q_m = k_2\left[\exp(k_1 X_m) - 1\right] \qquad (3\text{-}46)$$

式中：k_1 和 k_2 为常数。

因此，电树枝生长时间和电荷量的关系为：

$$t = \frac{\left[\dfrac{1}{k_1}\ln\left(\dfrac{Q}{k_2}\right) + 1\right]^{-1}}{k_3(E - E_t)^n} \qquad (3\text{-}47)$$

式中：Q 为流动的电荷；n、k_3 为常数。

该模型的优点是老化诊断和寿命预测可以通过一些参量来进行。虽然该模型提供了一些对电树枝物理过程的解释，但还不能看作一个完全的物理模型，因为在实际的绝缘系统中存在多处电树枝，这些模型参数的估计只具有平均意义，寿命预测的可靠性也会受到影响。从这个理论可以清楚地看到，该模型在弱场区具有直线形特性，并趋于某个阈值。

电 缆 试 验 室

4.1 试 验 室 环 境

4.1.1 环境要求

试验室一般建设在海拔不超过 1000m 的环境中，环境温度应保持在室温 25℃左右。室温高会影响设备的使用，对试品也不利；室温太低会对电气设备中的绝缘油产生影响，造成击穿事故。如果海拔超过 1000m，需要对所用设备的外绝缘进行爬电距离的调整。同时，为了试验被试品，试验室的内部空间也要进行调整，以保证绝缘距离。绝缘距离的调整按照 GB/T 311.2—2013《绝缘配合　第 2 部分 使用导则》和 GB/T 311.6—2005《高电压测量标准空气间隙》中相关条款的计算公式进行。

国家标准规定试验室的环境湿度不超过 80%，所以试验室的环境湿度一般为 30%～60%。若湿度超标，试验室需进行通风处理或者通过自由的干燥循环设备进行处理。特种试验室应净化、恒温恒湿，这种试验室是将一定空间范围内空气中的微尘粒子数量、有害空气浓度、细菌颗粒等污染物排除，并将室内温湿度、洁净度、室内压力、气流速度与气流分布、噪声振动及照明、静电控制等控制在某一需求范围内。此外，特种试验室要求试验室的门应具有风淋装置，员工应穿戴防静电服，试验桌应接地等。

4.1.2 试验室的安全距离及装置

（1）试验中的高压引线及试验设备的带电部分至遮栏（含屏蔽遮栏）的距离必须大于表 4-1 和表 4-2 中的数值。

（2）当交流试验电压（有效值）或直流试验电压（最大值）高于 1000kV，冲击试验电压（峰值）高于 2000kV 时，由于放电的不规律性，有可能出现异常放电，所有人员应留在能防止异常放电危及人身安全的区域或安全距离以外，如控制室、观察室或屏蔽遮栏外。若不切断电源，则严禁进入试验区内。屏蔽遮栏应由金属制成，可靠接地，其高度不低于 2m。

表 4-1 交流和直流电压试验安全距离

试验电压（kV）	安全距离（m）
50	1.2
100	1.5
200	3
500	5
750	7
1000	10

注 试验电压交流为有效值，直流为最大值。

表 4-2 冲击电压试验（峰值）安全距离

试验电压（kV）	操作冲击下安全距离（m）	雷电冲击下安全距离（m）
250	3	2
500	5	3
1000	7	5
1500	10	7
2000	15	9

注 适用于海拔不高于 1000m 的地区。

（3）在同一试验室内同时进行不同的高压试验时，各试区间必须按各自的安全距离用遮栏隔开，同时设置明显的标示牌，留有安全通道。

（4）接地：

1）高压试验设备、试品和动力配电装置所用的携带型接地线应用多股编织裸铜线或外覆透明绝缘层的铜质软绞线或铜带制成。高压试验设备和试品上所用的接地线，其截面积不得小于 25mm²。携带型接地线应用专门的线夹固定在导体上，严禁用缠绕法进行接地短路。接地线与接地体的连接应用螺栓连接在固定的接地点上，接地线应尽可能地短，接线状况应明显可见，接地线严禁接在水管、暖气片和低压电气回路的中性点上。

2）装设接地线必须先接接地端、后接导体端，必须接触良好，拆除接地线的顺序与此相反。

3）高压试验接地方式应保证测量准确度和人身设备安全。应该接地的高压试验设备和试品外壳必须良好接地。进行高压试验时，试验设备邻近的其他仪器设备应有防止感应电压的措施，短接并可靠接地。

（5）为防止高压试验时电磁场影响和地电位升高引起反击，试验室应有相应的安全技术措施，对重要的仪器和弱电设备应装设防止放电反击和感应电压的保护装置或其他安全措施。

（6）SF$_6$ 气体绝缘高压试验设备及试品应密封良好，在试验现场应按规定安装通风装置和防护设施。

4.1.3 接地参数及接地结构

试验室的接地电阻按照 GB/T 17949.1—2000《接地系统的土壤电阻率、接地阻抗和地面电位测量导则 第1部分 常规测量》的规定进行测量，接地电阻的值按照 DL 560—1995《电业安全工作规程（高压试验室部分）》的规定设定接地电阻值，电阻值不超过 0.5Ω。在实际工作中，对于 10～1000kV 电压等级、容量 10kVA 以上的高压试验变压器，要求其一点接地，接地电阻应为 0.3～0.5Ω。此时，试验变压器等高压部分需用围栏围起来，并用门开关和脚踏零位开关进行连锁，操作人员在围栏外进行操作。

接地结构的关键点如下：

（1）现行各电力规范、国家标准对电气设备接地、建筑物框架接地均给出推荐方法，甚至强制使用"等电位联合接地"，即：利用电气设备所在建筑物的混凝土框架立柱内部的主钢筋作为自然接地体和主接地装置。GB/T 50169—2016《电气装置安装工程接地装置施工及验收规范》第 3.2 条接地装置的选择中明确要求"各种接地装置应利用直接埋入地中或水中的自然接地体。"其中规定"可以利用的自然接地体如下：与大地有可靠连接的建筑物的金属结构（梁、柱等）及设计规定的混凝土结构内部的钢筋。"

（2）考虑到局部放电测量试验设备的特殊性，需要独立接地，其中配电线路使用的是系统的中性线兼做接零接地保护线，中性点在变压器和总配电室接地。试验室内的无晕试验设备的地线可以使用主厂房的框架自然接地，达到独立接地的效果，而不会和供配电系统的"地"混合起来，但前提是主厂房的框架接地电阻值能满足局部放电测量试验设备的接地要求，否则，应单独设立试验设备的接地点。

（3）由于建筑物的混凝土框架接地装置都是和厂房楼顶的避雷带、避雷针相连接的，因此，在雷雨天气时，应特别注意不要让试验设备投入运行。因为雷电天气时，屋顶的避雷设施接闪了雷电能量，在沿框架立柱内的主钢筋导入大地的过程中，导致消弧试验设备的地电位抬高，造成试验设备的损坏。

（4）大楼框架内的主钢筋虽然形成了一个鼠笼状的框架联合体，但有可能没有焊接，只是简单地用铁扎丝绑扎好，随即浇筑混凝土（很多建筑工程均忽略了这一施工细节）。如果是这种情况，则会因为硅酸盐水泥中的水分导致主钢筋与辅助钢筋、框架横梁与框架立柱中的钢筋之间电气连接点锈蚀，因此联合接地装置不能靠单一的框架立柱内的主钢筋进行接地。GB/T 50169—2016《电气装置安装工程接地装置施工及验收规范》中第 3.3.4 条规定："接地干线应在不同的两点及以上与接地网相连接，自然接地体应在不同的两点及以上与接地干线或接地网相连接。

（5）为了接地装置的牢固可靠和安全保险起见，应当在室外绿化带内再设置一组辅助接地装置，通过断开检测卡与试验室总接地装置的连接，以防框架接地失效或发生接地开路或自然接地装置不再适合局部放电设备的可靠接地时，能有一组备用的接地装置可以使用。（说明：这组接地装置只是起到辅助接地的作用，对于降低接地电阻并无多大效果，因为试验室外窗户下的绿化带紧挨着建筑物的自然接地体，起不到外延地网的作用，但在实施完毕后，还是必须断开它单独测量一下接地电阻，做好记录并存档。）

一般自然接地体（如建筑结构体）不能满足接地电阻要求时，可采用人工接地体。人工接地体可采用下述方法：垂直埋入钢管、角钢或圆钢等。垂直接地体一般均采用打入的方法埋入地下。角钢接地体一般为 40mm×40mm 或 50mm×50mm、长 2.5m 以上。端部稍尖以便打入土中。管形接地体一般采用直径 50mm、管壁厚度不小于 3.5mm、长度大于 2.5m 的钢管，一端打扁或削成尖形。一般应当有多根打入地中，并相互焊接成网状才能满足接地电阻值小于 0.5Ω 的要求。接地体端部应露出地面 10～20cm 以便连接（焊接）接地线。禁止在地下用裸铝导体作为接地体，但可用钢管或粗铜线作为接地体。

4.1.4 户内试验室屏蔽结构

4.1.4.1 已被采用的屏蔽、接地及附属结构

（1）现有 220～500kV 电缆产品的屏蔽室可分两类：一类为钢板整体焊接型；另一类为两边薄钢板（厚度 1mm）中间夹泡沫或石棉形成的成型板材拼接试验室，其在拼缝处采用宽边金属嵌条（加铜网衬垫）及螺栓从两边夹紧固定，进而使内外钢板连成整体。实测表明该缝道衰减比钢板焊缝低 15dB 以上。

（2）大门屏蔽结构主要为门框内藏充气皮囊，外覆弹性铍青铜片。充气时，气囊将铍青铜片鼓出与门页表面对应位置上的铜带接触；或再以机械机构（楔、销、液压装置等）达到门与门框的紧密接触。

（3）屏蔽室接地方式包括：①单根铜棒深接地方式，这种接地的效果是接地极面积较小，电流比较集中，如果土壤水分在电流作用下产生移动，接地电阻就会升高；②钢筋网接地形式，这种钢筋网接地可能还与建筑物连在一起，以致所有工作接地、保护接地、防雷接地、建筑物钢筋都连在一起，接地电阻轻易就达到 1Ω 或更低。在地下水很深的沙石地层上建设的试验室屏蔽结构，特别是建在山坡上的屏蔽室，其接地电阻远高于 1Ω。

（4）根据现场情况，屏蔽室供电电源一般有三种取电方式：①二线制，通过独

立屏蔽隔离变压器供电；②独立的三相变压器供电；③采用共享工厂主变压器，从低压侧母线上取电。但是这些电源输送电缆都统一放在车间电缆沟中。

（5）在屏蔽室地下，将所有管线排除干净，并铺有绝缘隔离层；若绝缘隔层下存在管线，但不进行隔离，使得屏蔽层实际屏蔽效果不良，甚至有不采取绝缘隔离层等措施的。

（6）其他有关控制室设置，包括电缆管路、吊装设备、试品电缆盘移动轨道及轨道车、照明、通风、报警、安全回路以及装潢等，都要有特殊的处置方法。

表 4-3 和表 4-4 所示为国外和国内试验室屏蔽结构。

表 4-3   国外电缆试验室屏蔽结构

序号	高压试验室	试验室尺寸（m）	屏蔽效能（dB）	结　构
1	加拿大魁北克水电局	86×67×51	72	三层钢板，内层 3.3m×0.8m×1mm（厚）打孔，焊点间距 0.8m
2	法国电力公司雷纳第	65×65×45	80	双层镀锌钢板，内层 45cm×470cm×0.3mm（厚），焊点间距 1m
3	瑞典 ASEA 公司	55×32×35	60 以上	ϕ1mm 电镀铜线编成 25.4mm 网格，嵌入墙内
4	英国 REYROU 公司	48.5×33.4×32		双层钢板结构，内层用铜导线连接成完整的屏蔽体
5	德国西门子公司柏林开关厂	42×33×25	72	铜板屏蔽
6	日本日新公司	43×34.5×26.6	75	内层 0.35mm 厚皱纹钢板，焊接点间距 10cm，外层 100mm 网孔，6mm 直径的焊接铁网两层，钢板与铁网相距 840mm
7	日本小牧公司	40×40×26.5	75	0.5mm 厚钢板两层，相距约 600mm，相互绝缘
8	中国国家高电压计量站	50×40×30	1MHz 以下 78	一层 0.75mm 钢板，地面两层钢板网
9	荷兰 DELFT 大学	50×40×14	80	两层镀锌钢板，一层铁网
10	日本昭和公司	40×40×26.5	75	内层 0.35mm，皱纹钢板，焊接点间距 10cm；外层为 100mm 网孔，6mm 直径的焊接铁网两层

表 4-4   国内厂家及研究机构主要试验室屏蔽结构

序号	公司名称	大厅尺寸（m）	屏蔽效率（dB）	基本结构
1	长缆 500kV 超高压试验大厅	36×42×23.8	＞95	墙面、天棚：内层 0.4mm 厚镀铝锌彩钢板，焊接点间距＜50cm；外层为 0.5mm 厚镀铝锌彩钢板，焊接点间距＜50cm。地面：为 10mm×15mm 网孔、直径为 3mm 焊接钢板网单层

续表

序号	公司名称	大厅尺寸（m）	屏蔽效率（dB）	基本结构
2	安靠试验大厅一	42×33×28	75，600kV 下局部放电背景不超过 5pC	内层 1mm 钢板点焊、外部 1.2mm 镀锌钢板
	安靠试验大厅二	42×33×28	没有屏蔽效能	内层 1mm 钢板点焊、外部 1.3mm 镀锌钢板
	安靠试验大厅三	72×36×38	75，600kV 下局部放电背景不超过 5pC	内层 1mm 钢板点焊、外部 1.4mm 镀锌钢板
3	长园电力技术有限公司	37.5×25.4×26.2	75 以上	1）钢结构、六面屏蔽；2）顶面、墙面的内层：1.0mm 镀锌钢板，整个屏蔽层表面为一个平面，板与板之间的接缝处采用测压工艺，无焊接点；3）地面电磁屏蔽体采用厚 1.2mm 镀锌钢板、设置在标高 -0.3m 的钢筋混凝土层下，与墙面采用厚 2mm 镀锌钢板焊接转接
4	青岛汉缆股份有限公司	40×30×25	屏蔽效果大于 120 分贝	内层 8mm，钢板，螺栓压条连接间距 5cm；外层为 5mm 皱纹铁板，焊接一层
5	特变电工山东鲁能泰山电缆有限公司	52×36×26.7	80	采用 1.2mm 厚板材，并增加龙骨，实现所有焊缝满焊；控制室观察窗采用单层铜网屏蔽；通风截止波导窗采用焊接浸渍锡蜂窝式结构；整体背景噪声值空载下达到 0.28pC；冲击接地电阻控制为 0.32Ω
6	江苏上上电缆集团	30×48×20	20kHz～1MHz 时大于 60dB	六面均采用 δ=0.65mm 厚高强度彩色镀铝锌板；竖缝夹屏蔽导电衬拼合，螺钉/电阻点焊连接，横向端面接缝采用 CO_2 气体保护焊，满焊
7	宁波东方电缆股份有限公司	31.5×22×19	屏蔽效能＞77 dB	由钢构组成屋架，内部 2mm 镀锌冷轧钢板，满焊；外墙彩钢板装潢；底部采用 8～10mm 的 PP 板焊成整体槽，将屏蔽大厅与大地隔离
8	亨通高压海缆有限公司	62×50×36.2m	1）整体钢结构建筑和大地绝缘电阻大于 0.5Ω；2）建成后屏蔽电磁波指标≥55dB，大厅内试验局部放电背景干扰≤1.2pC	1）内墙板 0.5mm Q90 型压型彩钢板；2）外墙板 75mm 后岩棉保温板，外板 0.6mm 氟碳涂层彩钢板，内板 0.5mm 彩钢板；3）内外墙板之间 2 层 0.05mm 厚铝箔；4）屋顶顶板 0.5mm 厚 Q90 型压型彩钢板，上层 0.6mm360 型氟碳涂层压型彩钢板，两层板之间铺 2 层 100mm 厚玻璃保温板；5）整体钢框架结构，屋顶网架承重体系

序号	公司名称	大厅尺寸（m）	屏蔽效率（dB）	基本结构
9	中天科技海缆有限公司	50×30×24	83dB	六面屏蔽体由镀锌冷轧钢板焊接而成，墙面单板净尺寸为 1.386m×2.696m，镀锌冷轧钢板的厚度为 2mm，经过工厂剪切、折边、焊接、打磨、整型后，整体拼装焊接而成
10	新远东电缆有限公司	30×24×20	屏蔽效果： 1）频率 10～100kHz 的磁场：60～100dB； 2）频率＞100kHz 的磁场：＞100dB； 3）频率 1kHz～1GkHz 的磁场：＞110dB； 4）频率 50MHz～1GHz 的平面波：110dB。 屏蔽大厅内任意位置测量其噪声（放电量）水平低于 1.0pC	屏蔽大厅为金属全屏蔽结构。对地绝缘电阻至少 50MΩ 以上，屏蔽室四周放置有足够厚度（＞15mm）的 PP 塑料绝缘板，底部放置多层厚为 0.16mm 的 PE 绝缘膜和具有足够厚度且柔软拼焊的 PP 塑料绝缘板；采用 3 根直径≥25mm 的铜棒制作接地极，打入地下适宜的深度，使接地极的接地电阻小于 1Ω
11	中国电力科学研究院（北京）	48×33×24	大于 50	25mm×9mm×2mm 钢板网，外墙装饰压型钢板，屋顶压型钢板
12	中国电力科学研究院（武汉）	40×30×20	大于 70	彩钢板，铜网

4.1.4.2 屏蔽不良造成局部放电干扰

由于板材之间的接缝会导致屏蔽罩导通率下降，使屏蔽效率降低，造成局部放电背景加大。屏蔽室建造要注意低于截止频率的辐射，其衰减只取决于缝隙的长度直径比，例如长度直径比为 3 时可获得 100dB 的衰减。在需要穿孔时，可利用厚屏蔽罩上面小孔的波导特性；另一种实现较高长度直径比的方法是附加一个小型金属屏蔽物，如一个大小合适的衬垫。多孔薄型屏蔽层的例子很多，比如薄金属片上的通风孔等，当各孔间距较近时，必须要仔细考虑它对局部放电的干扰能力。

1. 接缝和接点对局部放电的影响

电焊、铜焊或锡焊是薄片之间进行永久性固定的常用方式，接合部位金属表面必须清理干净，以使接合处能完全用导电的金属填满，防止漏磁通形成干扰。不建议用螺钉或铆钉进行固定，因为紧固件之间接合处的低阻接触状态不容易长久保持。导电衬垫的作用是减少接缝或接合处的槽、孔或缝隙，使射频（RF，Radio Frequency）辐射不会散发出去。电磁干扰（Electro Magnetic Interference，EMI）衬垫是一种导电介质，用于填补屏蔽罩内的空隙并提供连续低阻抗接点。通常 EMI 衬垫可在两个导体之间提供一种灵活的连接，使一个导体上的电流传至另一导体。

2. 导电垫片对局部放电的影响

为确保衬垫和垫片之间产生较高导电率，一方面要保证垫片表面平滑、干净并经过必要处理以具有良好的导电性，这些表面在接合之前必须先遮住。此外，屏蔽衬垫材料对这种垫片具有持续良好的粘合性也非常重要。导电衬垫的可压缩特性可以弥补垫片的任何不规则情况。所有衬垫都有一个有效工作最小接触电阻，可以加大对衬垫的压缩力度以降低多个衬垫的接触电阻，当然这将增加密封强度，会使屏蔽罩变得更为弯曲。大多数衬垫在压缩至原来厚度的 30%～70%时效果比较好。因此，在建议的最小接触面范围内，凹点之间的压力应足以确保衬垫和垫片之间具有良好的导电性。

另一方面，对衬垫的压力不应大到使衬垫处于非正常压缩状态，这样将会导致衬垫接触失效，并可能产生电磁泄漏。与垫片分离的要求对于将衬垫压缩控制在制造商建议范围内非常重要，这种设计需要确保垫片具有足够的硬度，以免在垫片紧固件之间产生较大弯曲。在某些情况下，可能需要另外一些紧固件以防止外壳结构弯曲。

压缩性也是转动接合处（如在门或插板等位置）的一个重要特性。若衬垫易于压缩，那么屏蔽性能会随着门的每次转动而下降，此时衬垫需要更高的压缩力才能达到与新衬垫相同的屏蔽性能。在大多数情况下这不太可能做得到，因此需要一个长期的 EMI 解决方案。

如果屏蔽罩或垫片由涂有导电层的塑料制成，则添加一个 EMI 衬垫不会产生太多问题，但是设计人员必须考虑很多衬垫在导电表面上都会有磨损，通常金属衬垫的镀层表面更易磨损。随着时间增长，这种磨损会降低衬垫接合处的屏蔽效率。

如果屏蔽罩或垫片结构是金属的，那么在喷涂抛光材料之前可加一个衬垫把垫片表面包住，只需用导电膜和卷带即可。若在接合垫片的两边都使用卷带，则可用机械固件对 EMI 衬垫进行紧固，例如带有塑料铆钉或压敏粘结剂（PSA）的 C 型衬垫。衬垫安装在垫片的一边，以完成对 EMI 的屏蔽。

3. 衬垫及附件对局部放电的影响

目前可用的屏蔽材料和衬垫产品非常多，包括铍铜接头、金属网线（带弹性内芯或不带）、嵌入橡胶中的金属网和定向线、导电橡胶以及具有金属镀层的聚氨酯泡沫衬垫等。目前许多衬垫带有粘胶或在衬垫上面就有固定装置，如挤压插入、管脚插入或倒钩装置等。这类衬垫可做成多种形状，厚度大于 0.5mm，也可减少厚度以满足 UL 燃烧及环境密封标准。新型衬垫即环境/EMI 混合衬垫可以无需再使用单独的密封材料就能保证使用期间的绝缘性能。

4.1.4.3 核算屏蔽效率

法拉第笼是一个由金属或良导体形成的笼子，导体的外壳对其内部起到"保护"作用，使其内部不受外部电场的影响。通过计算屏蔽室内的磁场强度，就能确定屏蔽试验室的抗干扰能力。

理想的屏蔽材料能形成一个可以覆盖试验厅墙壁、屋顶及地面的连续金属罩，几种常用作屏蔽材料的金属性能如表 4-5 所示。实际上，电磁屏蔽不可能是连续且完全封闭的。边缘连在一起的金属板（如门和窗）必须有较低阻抗的接触点，才能使屏蔽室内感应出的非常小的表面电流不通过各个屏蔽材料的接触点而改变方向。如果电流改变方向，说明电磁场在屏蔽层上产生了不连续性，流入的电流在局部放电测量线路中产生了干扰。这种干扰掩盖了微弱的局部放电信号，且使试验中的高压绝缘缺陷不能被识别，从而影响了试验的效果。

屏蔽效能的计算公式为：

$$S = 20\lg\left(\frac{E_1}{E_2}\right) \text{dB} \tag{4-1}$$

式中：E_1 为没有屏蔽时的场强；E_2 为有屏蔽时的场强。

通常，屏蔽效果分为：0～10dB 为几乎没有屏蔽作用；30～60dB 为中等屏蔽作用，可用于一般工业或商业用电子设备；60～90dB 屏蔽效果较高，可用于航天及军工用仪器设备屏蔽；90dB 以上的屏蔽材料具有最佳的屏蔽效果，适用于要求苛刻的高精度、高灵敏度产品。

金属屏蔽效率（SE）的评估计算公式为：

$$SE = SE_R + SE_A + SE_B \tag{4-2}$$

式中：SE_A 为电磁屏蔽材料吸收损耗，dB；SE_R 为电磁屏蔽体材料单次反射损耗，dB；SE_B 为在电磁屏蔽体材料多次反射损耗校正因子，dB，适用于薄屏蔽罩内存在多个反射的情况。

一个简单的屏蔽罩会使所产生的电磁场强度降至最初的 1/10，即 SE 等于 20dB；而有些场合可能会要求将场强降至为最初的 1/100000，即 SE 要等于 100dB。吸收损耗是指电磁波穿过屏蔽罩时能量损耗的数量，吸收损耗的计算公式为：

$$\left.\begin{aligned} SE_A &= 1.314\frac{f\sigma\mu t}{2} \\ SE_R &= 168 + 10\lg\frac{\sigma}{\mu} \end{aligned}\right\} \tag{4-3}$$

式中：f 为频率（MHz）；μ 为磁导率，钢材取 200；σ 为电导率，钢材取 0.17；t 为屏蔽罩厚度。

由式（4-3）可知，对于银、铜、铝等良导体，σ 很大，SE_R 值也大，即高频电磁场的屏蔽作用主要取决于表面反射损耗，且金属的 σ 越大，屏蔽的效果越好；而对于高导磁材料，μ 值大，则 SE_A 值大。这表明当屏蔽材料衰减的是低频电磁场时，吸收损耗将起到主要作用，表 4-5 为常用金属屏蔽材料的性能。因此，凡作为低频屏蔽的电导层必须具有良好的电导率和磁导率，并且要有足够的厚度。

屏蔽用板材厚度的计算公式为：

$$t = S - 168 - 10\lg\frac{\sigma/\mu f}{1.31(f\mu\sigma)^{0.5}} \tag{4-4}$$

式中：t 为材料的厚度，cm；S 为屏蔽效能，dB。

表 4-5　　　　　　　　　　常用金属屏蔽材料的性能

材料	相对铜的电导率（$\sigma_{CU}=5.8\times10^7\Omega/m$）	磁导率（$f=150Hz$）	吸收损耗（$f=150Hz$）
银	1.05	1	52
铜	1	1	51
金	0.07	1	42
铝	0.61	1	40
锌	0.29	1	28
黄铜	0.26	1	26
镉	0.23	1	24
镍	0.20	1	23
磷青铜	0.18	1	122
铁	0.17	1000	650
45 号钢	0.1	1000	500
铍镁合金	0.03	80000	2500
不锈钢	0.02	1000	220

根据 CNACL 201—1999《试验室认可准则》对于电磁兼容的补充要求，屏蔽室的屏蔽效能应达到如下要求：

$f=0.014\sim1MHz$ 时，屏蔽效能 $S>60dB$；$f=1\sim1000MHz$ 时，$S>90dB$。如果试验大厅屏蔽的频率范围为 500kHz～100MHz，其 500kHz 对应的波长为 600m，100MHz 对应波长为 3m。底板可采用双层钢板网，网孔 9mm×25mm，下层采用 1.5mm 厚度钢板网，上层采用 3mm 厚钢板网。高压大厅四周的墙体采用的钢板厚度为 0.65mm，板间搭接不小于 120mm，外层墙体仅作为辅助屏蔽用。

反射损耗（近场）的大小取决于电磁波产生源的性质以及与波源的距离。对于杆状或直线形发射天线而言，离波源越近波阻越高，随着与波源距离的增加而下降，但平面波阻抗则无变化（空气波阻抗 $Z_0=120\pi\approx377\Omega$）。相反，如果波源是一个小型线圈，则此时将以磁场为主，离波源越近波阻越低。波阻抗随着与波源距离的增加而增加，但当距离超过波长的 1/6 时，波阻抗不再变化，恒定在 377Ω 处。反射损耗随波阻抗与屏蔽阻抗的比率而变化，因此它不仅取决于波的类型，还取决于屏蔽罩与波源之间的距离。这种情况适用于小型带屏蔽的设备。

近场反射损耗可按下式计算：

$$SE_R(电) = 321.8 - 20\lg r - 30\lg f - 10\lg\frac{\mu}{\sigma} \tag{4-5}$$

$$SE_R(磁) = 14.6 + 20\lg r + 10\lg f + 10\lg\frac{\mu}{\sigma} \tag{4-6}$$

式中：r 为波源与屏蔽之间的距离。

式（4-2）最后一项是校正因子，其计算公式为：

$$SE_B = 20\lg\left[-\exp\left(\frac{-2t}{\sigma}\right)\right] \tag{4-7}$$

式（4-7）仅适用于近磁场环境并且吸收损耗小于 10dB 的情况。由于屏蔽物吸收效率不高，其内部的再反射会使穿过屏蔽层另一面的能量增加，所以校正因子是个负数，表示屏蔽效率的下降情况。

屏蔽效率是屏蔽区内部与外部电场或磁场强度之比。屏蔽效率越高，背景干扰越低。当然，屏蔽效率越高，高压试验厅的成本就越高。每种屏蔽效果都界定有容许的局部放电值，电力变压器为几百皮库，交联聚乙烯电缆不到 1 个皮库。高压电力变压器的背景干扰不应超过几十皮库，而测试交联聚乙烯电缆时背景干扰应降到 0.1pC 以下。

4.1.4.4 供电电缆和控制电缆及接地系统对屏蔽结构的干扰

设计良好的电磁屏蔽能有效减少局部放电测量线路中产生的干扰。然而，供电电缆和控制电缆或试验室地表也能传导干扰。电力电缆和控制电缆带有工频电流和含有叠加的高频信号也能产生传导干扰，如果 10kV 电缆或水管要进入试验室，应在试验室墙上或地下穿入 1 根不小于 15m 长的钢管，两端及中间每隔 5m 与接地网连接，由于要求高压试验厅一点接地，所以部分接地应与屏蔽体接地隔离。测量电缆和供电电缆分设在电缆沟的金属电缆槽中，金属电缆槽与试验大厅屏蔽体多点连接，在屏蔽区和非屏蔽区交界处的电缆沟空隙用铝箔制作屏蔽。

在工业环境中，零星的电流在土壤上层、供电变压器不同的接地点间及安装在试验室附近区域内的负载上都会形成循环电流。高压试验厅的屏蔽金属罩为这些零星的电流提供了一个低阻抗通道。接通与断开这种电流会在局部放电测量线路中产生瞬间干扰。

在同一物体上，由单一正弦电压波测出的局部放电量要低于用畸变电压波产生的放电量的值。然而，经常使用的具有晶闸管的调控设备在系统中会产生较高的畸变电流与电压。畸变的电源电压影响测试电压波形，并且使被测物体上出现的局部放电量变大。

4.1.4.5 滤除外界传导进屏蔽结构的干扰

设计且安装良好的屏蔽室可以把外部磁场产生的干扰降到可以忽略不计的数量。无晕高压试验设备可以给屏蔽试验室提供没有局部放电的试验电压。这时，主要的干扰是由供电、控制及接地系统引起的。一个抗干扰水平要求较高的试验室，会使试验厅设计者们注意到另一种进入到测试回路中的干扰来源。这种干扰是由供电、控制及测量电缆传入屏蔽室内的。接入已屏蔽高压试验厅的所有线路都要求装上特殊的滤波器来衰减传导进入的干扰信号。滤波器的复杂程度和花费取决于所需的衰减性和必须流过该滤波器的工频电流。一般电源在进入屏蔽试验室时，应串联到一个由隔离变压器及带通滤波器组成的滤波回路上，将高于和低于 50Hz 信号全部过滤。但是设备需要工作，滤波系统容量要和负载相配合。同样，接地线上也应采用隔离滤波的方法，多采用 π 型滤波器，其中串联在接地线上的电抗器的导线应该满足设备短路时短路电流的要求。其他传输信号和控制电缆上的隔离滤波设备也应按照上述原理考虑。

4.1.4.6 电源对屏蔽结构的干扰

如果试验室从一个变电站（一台 1000kVA、10kV/380V 变压器）供电，而局部放电试验区域也从其 380V 侧取一路供电，那么并联在其上的其他设备，如用做启动触发元件的晶闸管，将在电源回路中产生干扰杂波并传播到屏蔽大厅的试验回路。从各种工艺装备上产生的干扰也可能通过变压器初、次级杂散电容从初级耦合到（10kV）初级回路。杂散电容很小，耦合阻抗 $1/\omega C$ 很大，因此耦合到初级（10kV）侧的干扰就相当小。如果采用单独初级（10kV）供电时，电源干扰相对较低。运用隔离变压器供电也是抗干扰措施之一，同时，该变压器输出的电缆还须用穿钢管（或严格铠装）的方式将电缆送到屏蔽试验区，该电缆还不能与其他动力电缆置于同一沟槽内，以免沿途受外界干扰。

4.1.4.7 地屏下绝缘隔离层对屏蔽结构的干扰

为了使测试回路及接地不受地下表层中各种杂散干扰和接地浮动电位体影响，除接地铜杆深接地外，还要设置绝缘隔离层（槽）。按 IEEE 或 MIL 标准要求，地下绝缘槽其绝缘电阻仅需 1000Ω 以上便可，但实践中，该层材料采用 PE 薄膜、PVC 板材和聚丙烯（Polypropylene，PP）组成的板材发生了演变，应监测 PP 板焊缝瑕疵，绝缘电阻的合格指标应为 1000MΩ（即地槽内灌的水与地槽外周围大地之间的绝缘电阻）。如果绝缘电阻值低了，表明焊缝有缺陷，多年后会劣化导致绝缘电阻近于零。解决方法是将大面积 PP 板表面水膜层热吹分割并测量绝缘电阻，然后分区找出焊缝缺陷点，及时修复。

4.1.4.8 屏蔽结构本身的干扰测试

由于试验室容许局部放电值非常低,通常情况下,测试标准允许的 pC 值为 1pC、2pC,最多 5pC。尽管被测试电缆线路的几何尺寸很大,背景干扰也应小于 1pC。例如,装在支撑物上额定电压为 500kV 电缆终端的套管可以高达 10m,像天线一样接收信号,即使不大的电磁干扰信号也能在这种天线中产生强大的响应。高压试验室的电磁屏蔽应有较高的效率,抗干扰能力应超出 100dB,而且必须用局部放电测量仪器的频率上限才能进行背景干扰的测试。屏蔽室的测试结果应符合国家标准和国际标准的要求。

(1)屏蔽室出入口的测试。屏蔽室有允许大型和重型高压电缆盘进出的门。应在试验室开门和关门时,测量屏蔽室的背景干扰水平,关门后背景干扰应不大于合同要求或相关标准要求值。

(2)屏蔽室内的空气通风管道屏蔽效果测试。一般屏蔽室对于通风管道配备有蜂窝状的电磁屏蔽阻挡体,从而不会产生背景干扰。但如果安装不合理,也会出现干扰。应在特殊的屏蔽材料封堵通风口和不封堵两种情况下,测量屏蔽室背景干扰水平。在不封堵的情况下,背景干扰水平应不大于标准值。

(3)用待测的电力电缆测量出背景噪声值。用耦合电容器并联到电缆终端上,局部放电测量设备的频率范围约 20Hz～300kHz。在试验室需要测试不同型号、长度、额定电压及导体截面电缆情况下,测出的背景噪声均小于 1pC,有时噪声可以小于 0.2pC。后一个值(0.2pC)一般是配有最先进局部放电测量仪器和良好屏蔽室所能达到的噪声极限。

4.1.5 户外场地配置和设备

电缆试验室一般由户内试验室和户外试验场两部分组成。户外试验场地主要用于电缆系统预鉴定试验,预鉴定试验场地主要包括电缆线路上可能出现的所有电缆敷设状态,以模拟电缆系统在运行状态下的特性。图 4-1 所示为一般预鉴定试验场地中电缆系统的布置情况。

户外试验场地设备基本配置如下:

(1)系统温度测量精度:±1℃;

(2)工频试验变压器或工频串联谐振试验变压器长期稳定运行;

(3)分压器精度:1%;

(4)加热采用斜开口加热变压器,多台串联使用,电压 0～380V,功率 47.5kVA;

(5)电缆隧道尺寸:220kV 模拟隧道 15.5m×2.6m×2m(500kV 模拟隧道 19.5m×2.6m×2.2m),墙体厚度应保证内部温度不受外环境温度影响;

(6)穿管长度:30m。

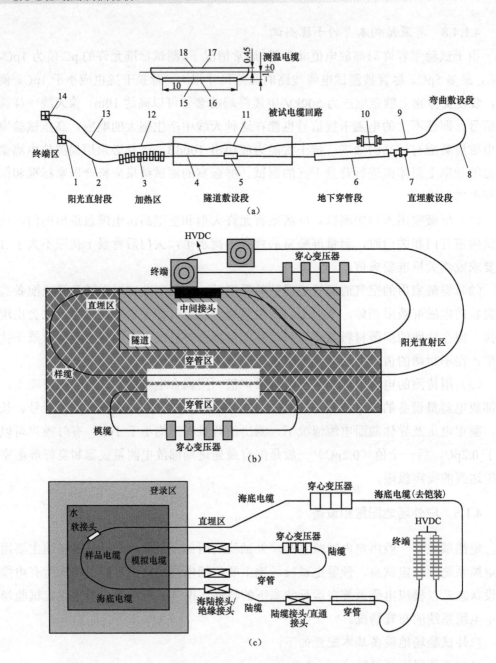

图 4-1　预鉴定试验场示意图

（a）陆地电缆预鉴定试验系统；（b）陆地电缆直流预鉴定试验系统；

（c）海底电缆+陆地电缆直流预鉴定试验系统

1—终端；2—电缆；3—穿心式升流器；4—隧道内电缆；5—接头；6—穿管；7—直埋接头；

8—弯曲电缆；9—电缆；10—GIS 终端；11—蛇形敷设电缆；12—电缆；13—电缆；

14—终端；15—短路排；16—测温传感器；17—测温平行电缆；18—测温传感器

4.2 试验室设备

4.2.1 主要设备基本原理

电缆性能试验室的试验设备较多,试验人员应该全部掌握这些设备的特性和参数,才能更好地使用。

试验室用设备的选择应满足以下要求:

(1)依据 GB/T 3048—2018《电线电缆电性能试验方法》及相关标准中关于电线电缆电性能试验方法的规定。

(2)尽量采用最新技术、设备及计算机集成测控系统。几乎所有的设备均可实现计算机的自动测控、实时数据处理、试验报告计算机打印等功能。

(3)设备多采用"一机多用",提高利用率。如试验变压器既可做电缆的交流耐压试验也可做局部放电测量的试验电源;最好选用可移动设备,以提高试验室空间的使用效率。

(4)根据试验室的结构形式和电源等来选择设备。

(5)需要考虑绝缘距离和试品的距离关系,例如进行 500kV 电缆试验时,空间绝缘距离至少 5m,220kV 绝缘距离要 3m 以上等。如果要保证局部放电试验结果,试验室墙体需要做特殊处理。

(6)设备结构的选择主要根据技术水平和标准发展而定。目前,由于电缆的特殊性质,试验长距离电缆(整盘)时,电缆电容电流不能忽视。为了减少试验设备的体积,多采用串联谐振试验设备,但是这样的设备试验电流输出有限,当进行预鉴定试验时,电缆线路的长度已经达到 150m 左右,电容电流随着电压的升高而加大,必须采用并联电抗器的方法。

为了提高热效率,试验变压器多采用油浸式,外部采用大量的散热器进行散热,并且这样的设备具有可恢复的部分绝缘性质,有利于长期使用。

以下是几种常用的电缆试验用设备原理分析。

4.2.1.1 耐压试验设备

电缆耐压试验装置包括试验变压器、数控操作台、调压器、保护电阻、分压器和数字高压表等。电缆交流耐压试验一般采用试验变压器即可进行,也可为电缆局部放电的测量提供试验电源,但要采用无晕试验变压器。试验变压器的容量应保证在试验时提供必要的额定电流,在被试品击穿时应保证能耐受系统短路电流。通常根据电容电流($I=U\omega C$)的要求按下式计算试验变压器的容量:

$$P = \omega C U^2 \times 10^{-3} \tag{4-8}$$

式中：C 为被试品的电容和附加电容，pF；U 为试验电压，kV；ω 为电源角频率，$2\pi f$。

以 35kV 电力电缆为例，考虑到 35kV 电力电缆型式试验电压应为 104kV/4h，故变压器电压等级选为 150kV。并考虑试品电缆的长度大于 10 m，电力电缆每米的电容为 50～100pF，根据式（4-8）计算得到 $314 \times 1000 \times 10^{-12} \times 104^2 \times 10^6 = 3.396$（kVA）。考虑一定的余度，故试验变压器的容量选定为 5kVA。最终可以选定市场上一款 YDQ（W）–5/150 充气式工频试验变压器，同时考虑局部放电试验要求，选择无局部放电超轻型高压试验变压器即可。

对于具有 500kV 及以下电压等级试验要求的试验室，设备的选用也应遵循上述原则。但是，高压电缆的电容量更大，一般电缆单位长度电容为 100～200pF，要完成 150m 长的电缆模拟线路试验，设备容量应为 $314 \times 200 \times 10^{-12} \times 150 \times 580^2 \times 10^6 = 3.169$（MVA），故应该选取 4MVA 以上的设备。这样大的工频电压，其设备体积将是巨大的。

1. 变频谐振变压器工作原理

目前，一般采用串联谐振变压器产生电压，串联谐振变压器的基本原理是：在 RLC 电路中（如图 4-2 所示），$U_C = \dfrac{1}{\omega C_x}$，$U_L = I\omega L$，$U_R = IR$，$U = U_C + U_L + U_R$，当 LRC 串联回路中的感抗与试品容抗相等时，电感中的磁场能量与试品电容中的电场能量相互补偿，试品所需的无功功率全部由电抗器供给，电源只提供回路的有功损耗。电源电压与谐振回路电流同相位，电感上的电压降与电容上的压降大小相等，相位相反。由图 4-2 可知，当 $\omega L = 1/\omega C$ 时，回路的谐振频率 $f = \dfrac{1}{2\pi\sqrt{LC}}$，也就是说，电路发生串联谐振，电源提供很小的励磁电压，试品上就能得到很高的电压。

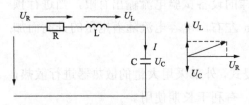

图 4-2　变频串联谐振耐压试验装置的原理

谐振高压发生器电路如图 4-3 所示。

变频串联谐振耐压试验装置是由串联谐振变压器、变频谐振电源和操作台组成。它的特点是利用串联谐振原理在回路中产生高电压，一般频率为 20～300Hz。试验时，尽量选择试验频率大于 35Hz，为的是接近使用频率，从而更好地模拟现场运行状态。串联

当电源频率 f、电感 L 及被试设备电容 C 满足 $f = \dfrac{1}{2\pi\sqrt{LC}}$ 时，回路处于串联谐振状态。此时，回路中电流为 $I = U_{Lx}/R$，被试设备电压为 $U_{Cx} = \dfrac{1}{\omega C_{Cx}}$，输出电压与励磁电压之比为试验回路的品质因数，即 $Q = \dfrac{U_{Cx}}{U_{Lx}} = \dfrac{\omega L}{R} = \dfrac{1}{\omega CR}$。由于试验回路中电阻

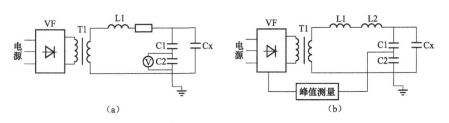

图 4-3 串联谐振高压发生器电路

（a）原理电路；（b）实用电路

VF—变频控制器；L1—高压电抗器；Cx—试品；C1，C2—高压分压器高、低压臂；

T1—励磁变压器

R 很小，故试验回路品质因数很大，一般正常时可达 50 以上，即输出电压是励磁电压的 50 倍，好的试验设备品质因数可以达到几百。因此，用较低容量的试验变压器就能得到较高的试验电压。另外，由于试验回路处于谐振状态，回路本身具有良好的滤波作用，电源波形中的谐波分量在设备两端大幅减小，从而输出良好的正弦波形。当试品放电或击穿时，即回路中等值电容被短路，谐振条件被破坏，电压明显下降，恢复电压上升缓慢，试品上不发生暂态过电压，且电源供给的短路电流受到电抗的限制而减少，从而限制被试设备的损坏程度。

变频串联谐振耐压装置进行耐压试验的注意事项如下：

（1）试验频率的调整。对于试验装置与被试品构成的回路，其谐振频率是确定的，可能会出现被试品频率不能满足试品所要求的频率。由 $\omega L = 1/\omega C$ 可知，为满足频率要求，有调节电感和改变电容量两个办法。但由于可调电感的设备价格较高，为此选择用并联电容器的办法，如图 4-4（a）所示。但是，电缆线路的电容较大，不可能再增加电容，而应增加电感，所以采用并联电感的方法，如图 4-4（b）所示。

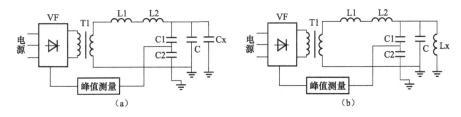

图 4-4 被试回路不能满足要求时的谐振电路

（a）并联电容器；（b）并联电抗器

在施工现场，并联电容器有耦合电容器、开关的断口电容器等。在选用并联电容器时，必须考虑并联电容器能够承受试验电压的考验，电容量的大小必须使试验电压频率能够满足规程规定。并联电抗器还应满足电压要求，由于电抗器的通流容量根据内阻决定，应选用具有一定裕度的电抗器。例如对变压器耐压试验，试验频率一般要求为工频，即 45～60Hz。根据串联谐振条件 $LC=1/\omega$，因为 $L=2\times131=262$（H），所以 C 约为 27000～48000pF。根据介损试验数据，变压器高对低的电容量一般要小于 27000pF，显然不能满足谐振条件。一般变压器 220kV 中性点套管耐压试验时，对地的电容量 $C_x=18000$pF，试验电压为 72kV，实际选用 110kV 耦合电容器（$C_1=10000$pF）。这样，$C=C_1+C_x=28000$pF，$f=58.8$Hz，在规定范围内。考虑到高压引线对地的杂散电容的影响，实际测量值要比计算值略低。现场试验数据为 $f=55.6$Hz，与计算值相符。又如，电缆耐压试验的频率一般为 30～75Hz。由于不同长度、不同截面电缆的电容量不同，需根据实际情况计算。通过并联电容器和改变电感的串并联，使频率符合要求。如 YJLW03-64/110–1×400mm^2 电缆的长度为 440m，单芯电容量为 65nF，计算得到 $f=2\times(65\times10\times131)=53$（Hz），在规定范围内。若是遇到短电缆，在电容量不够时，可并联电容器。

（2）提高试验的稳定性。在应用中发现，当电压升到接近试验电压时，电压上升速度太快并伴有较大的电压波动，甚至导致电压保护动作，这对设备安全是不利的。但如果电压保护值设定过大，就不能很好地起到保护被试设备免受过电压的作用。根据 RLC 电路的通用频率特性曲线（见图 4-5），改变这种情况的方法有以下两种：

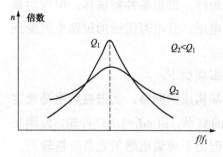

图 4-5 RLC 电路频率特性

1）选择偏离谐振频率进行试验。为减少试验变压器的容量，在选择 Q 值时，Q 值尽量要大。但当 Q 值较大时，如果偏离谐振频率最大点，Q 值变化相对较缓。所以，可以在试验变压器容量允许的条件下选择偏离谐振频率进行升压，以实现降低电压上升速度的目的。

2）调整回路的品质因数。由 $Q=\dfrac{U_{Cx}}{U_{Lx}}=\dfrac{\omega L}{R}=\dfrac{1}{\omega CR}$ 可知，为减少 Q 值，必须增加回路电阻。所以为达到试验电压，励磁变压器的输出容量也要增加。因此应用这种方法时，必须在容量许可的条件下进行。

（3）对接地电阻的要求。谐振设备系统中的所有部件包括被试部件的接地应全部挤于一点后再接地，根据电路理论（见图 4-4），该系统中所有的接地实际上都有电阻存在，这些电阻都将计入总电阻中，从而改变谐振频率。如果首先用金属接地线将所有设备接地，导线的电阻可以忽略不计，这样才能达到理论计算要求。同时，总接地点连接的线要与接地体可靠连接，接地体电阻小于 4Ω。

调感式串联谐振试验系统与普通升压变压器试验系统相比，在高电压、长电缆、大截面的 XLPE 电缆耐压试验方面具有以下显著优点：①输出电流波形好。试验回路仅让基波电流顺利通过，对其他谐波电流相当于噪声，输出电流基本上是 Q 倍谐振信号的正弦波；②自保护性能好。仅当串联谐振回路满足谐振条件时，系统就会输出高压，而被试品电缆一旦发生击穿，相当于电容被短路，回路失谐，高压立即降落；③由于电抗器的电抗限制短路电流，保护试验装置不会遭受过电压与大电流的冲击，所以不需要在串联谐振试验装置中加球隙或电阻保护，也不需要采用其他保护方式。

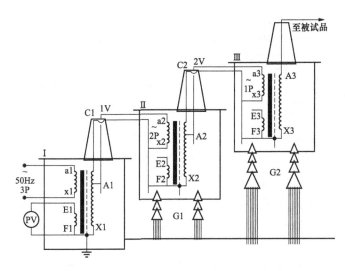

图 4-6　串级试验变压器

2. 串联工频

串联工频变压器是采用几台变压器串联形成高电压。一般采用自耦式变压器串级方法，上一级变压器励磁电流由前面一级变压器供给。如图 4-6 所示，每一级变压器的容量不相同，整套设备的总容量为各变压器之和：

$$P_{\mathrm{S}} = U_1 I_1 + 2U_2 I_2 + \cdots + n U_{\mathrm{n}} I_{\mathrm{n}} = \frac{n(n+1)}{2} W \tag{4-9}$$

试验装置利用率为：$\eta = \dfrac{2}{n+1}$

级数增加，利用率下降，一般 $\eta \leqslant 3 \sim 4$。

4.2.1.2　精密介质损耗测量仪

智能型抗干扰精密介质损耗测量仪采用高压西林电桥原理，内置西林电桥、变频电源、试验变压器及标准电容器。采用变频抗干扰和傅里叶变化数字信号处理技术，全自动智能化测量。该测量仪可自动识别电容型、电感型和电阻型试品，对电容型试品可直接显示试品电容 C 和损耗角正切 $\tan\delta$。采用异频测量技术，解决了 50Hz 工频的干扰，数控变频电源实现测量电压 $0.5 \sim 10\text{kV}$ 的连续设定；所有量程输入电阻均小于 2Ω，消除了测量电缆杂散电容的影响；具有自动校准功能，减小仪器本身引起的误差；仪器具有断电保护、高压短路保护等多级软、硬件保护，操作安全可靠。测试原理如图 4-7 所示。工作过程为：接通电源后，主要电路通电，接通内高压电源开关，变频电源通电，启动测量后，高压设定值送至变频电源，变频电源用 PID 算法将输出调至设定值，根据接线的设置，测量电路自动选择输入并切换量程，测量电路进行 32 次测量，经排序后选择一个中间值计算最终结果。测量结束后，测量电路发出降压指令，变频电源将输出降为零。

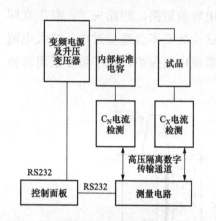

图 4-7　精密介质损耗测量仪工作原理

4.2.1.3　冲击电压发生器

1. 工作原理

冲击电压发生器主要用于电力设备等试品进行雷电冲击电压全波、雷电冲击电压截波和操作冲击电压波的冲击电压试验，以检验绝缘性能。100～10000kV 系列各种容量成套冲击电压（电流）试验装置主要由发生器本体、截波、分压器、四组件控制台（控制台分为微机型和普通型）、数字化波形记录系统等组成。

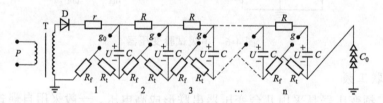

图 4-8　冲击电压发生器

冲击电压发生器通常采用 Marx 回路，如图 4-8 所示。图中 C 为级电容，它们由充电电阻 R 并联起来，通过整流回路 T-D-r 充电到 U。此时，因保护电阻 r 一般比 R 约大 10 倍，它不仅保护了整流设备，而且还能保证各级电容充电比较均匀。在第 1 级中 g_0 为点火球隙，由点火脉冲启动；其他各级中 g 为中间球隙，它们在 g_0 启动后逐个动作。这些球隙在回路中起控制开关的作用，当它们都动作后，所有级电容 C 通过各级的波头电阻 R_f 串联起来，并向负荷电容 C_0 充电。此时，串联后的总电容为 C/n，总电压为 nU，n 为发生器回路的级数。由于 C_0 很小，很快就充满电，随后它将与级电容 C 一起通过各级的波尾电阻 R_t 放电。这样，在负荷电容 C_0 上形成很高电压的短暂脉冲波形的冲击电压。在此短暂的期间内，因充电电阻 R 远大于 R_f 和 R_t，因而它们起着各级之间隔离电阻的作用。冲击电压发生器利用多级电容器并联充电、串联放电来产生所需的电压，其波形由改变 R_f 和 R_t 的阻值来进行调整，幅值由充电电压 U 来调节，极性可通过倒换硅堆 D 的两极来改变。

等值电路计算

$$U_2(t) = U_2 \left(e^{\frac{-t}{\tau_1}} - e^{\frac{-t}{\tau_2}} \right) \qquad (4\text{-}10)$$

冲击电压发生器动作时的等值电路如图 4-9 所示。图中 C_1 为主电容，又称冲击电容，它相当于各级串联后的总电容；C_2 为负荷电容，即 $C_2=C_0$，它包括调波电容、试品电容、测量设备（分压器）电容及联线等寄生电容；G 代表控制放电的球隙；R_f 和 R_t 分别为波头电阻和波尾电阻，它们相当于各级 r_f 和 r_t 的总和，即 $R_f=nr_f$、$R_t=nr_t$；U_1 为充电电压，它相当于各级串联后的总电压，即 $U_1=nU$；U_2 为输出电压，即所需的冲击电压。此等值电路相当于单级冲击电压发生器的电路。根据电路分析，输出电压 $U_2(t)$ 为双指数函数，

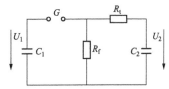

图 4-9　冲击电压发生器等值电路

即式（4-10）。当 $\tau_1 > \tau_2$ 时，冲击电压波形参数可按式（4-11）做近似估计：

半峰值时间为：

$$\tau_2 \approx 0.69 R_t (C_1 + C_2) \qquad (4\text{-}11)$$

输出效率为冲击电压发生器输出电压幅值 U_{2m} 与充电电压 nU 之比，即

$$\eta = \frac{U_{2m}}{nU} \times 100\% \qquad (4\text{-}12)$$

对于雷电冲击波，η 一般约为 80%；对操作冲击波，η 有时仅为 60%。冲击电压波形参数 τ_1（τ_{cr}）、τ_2 及发生器效率 η 与回路结构和参数有关，均需通过实际调试进行调整和确定。标准雷电截波是标准雷电冲击波经过 2～5μs 截断的波形。

2. 参数选择

冲击电压发生器参数为：标称电压±300～4800kV；级电压±150～1200kV；级电容量 0.325～1.0μF；冲击能量 7.31～480kJ，详见表 4-6 中常规冲击电压发生器参数。

表 4-6　　　　　　　　　　常规冲击电压发生器参数

电压 （kV）	脉冲电容 （μF）	极间电容 （μF）	冲击能量 （kJ）	极间电压 （kV）	级数
300	0.1625	0.325	7.31	150	2
450	0.1083	0.325	10.97	3	1881
600	0.08125	0.325	14.63	4	2301
750	0.065	0.325	18.28	5	2721
900	0.0542	0.325	21.95	6	3141
1050	0.0464	0.325	25.58	7	3561
1200	0.0406	0.325	29.23	8	3981

（1）额定电压选择。根据试品的击穿和闪络电压均要高于耐受电压的要求，冲击电压发生器的绝缘裕度系数取 1.3 倍。长期工作时，冲击电压发生器的绝缘老化系数取 1.1，同时考虑发生器的效率为 85%，可以计算出冲击电压发生器的标称电压应不低于：

$$U_1 = \frac{U_{n \cdot max} \times 1.3 \times 1.1}{85\%} \tag{4-13}$$

（2）冲击电容选择。考虑到试品电容 $C_{s \cdot max}$、冲击电压发生器的对地杂散电容和高压引线及球隙电容 C_z、电容分压器的电容 C_f，总负荷电容为：

$$C_2 = C_{s \cdot max} + C_z + C_f \tag{4-14}$$

如果冲击电容为负荷电容的 10 倍来估算，则冲击电容为：

$$C_1 = 10C_2 \tag{4-15}$$

（3）串级电容器的选择。冲击电压发生器上有 n 个电容器（额定电压 U_m，电容 C，电容器高度 l），在瞬间串联进行放电，使冲击电压发生器的标称电压达到 nU_m 并不低于 U_1，每级由 2 个电容器并联，使冲击总电容达到：

$$C_1 = \frac{mC}{n} > 10C_2 \tag{4-16}$$

不至于使效率很低。发生器的高度基本为 $n \times l$。

（4）标称能量为：

$$W_n = \frac{C_1 U_1^2}{2} \tag{4-17}$$

式中：U_1 为标称电压；C_1 为冲击电容。

（5）波头电阻和阻尼电阻计算。根据已知的试品电容和负荷总电容，波前时间为：

$$T_f = \frac{3.24 R_f C_1 C_2}{C_1 + C_2} = 1.2(\mu s) \tag{4-18}$$

求出 R_f，每级 $r_f = R_f/8$。考虑回路电感影响时，应采用下式计算：

$$T_f = \frac{3.33 R_f C_1 C_2}{C_1 + C_2} = 1.2(\mu s) \tag{4-19}$$

半峰时间计算为：

$$T_t = 0.693 R_t (C_1 + C_2) = 50(\mu s) \tag{4-20}$$

求 R_t 和每级 r_t。

（6）冲击电压发生器效率为：

$$\eta = \frac{C_1}{C_1 + C_2} \tag{4-21}$$

如果此值比估计值（85%）要高，则所选的电容器是合适的。

（7）充电电阻和保护电阻。根据要求 $C（R+r_f）\geqslant（10\sim20）Cr_t$，则可获得充电电阻 $R\geqslant20r_t-r_f$，保护电阻 r 取为充电电阻 R 的 50 倍。

（8）充电时间估算。被压电路整流将造成估算充电时间的困难，只能先按照简单的整流电路计算，最后估算整体被压电路的充电时间。简单整流电路的充电时间为：

$$t_c = 15（r + nR)nC \tag{4-22}$$

考虑到电容 C 的另一侧为 r_t 和 r_f，它们远小于充电电阻 R。此外，应考虑被压电路的第一个回路中的电阻 r_0 的作用。充电至 0.9 倍电压时的充电时间为

$$t_c = 15\left(r_0 + r\frac{nR}{2}\right)nC \tag{4-23}$$

实际上，充电回路中 C_0 可使充电时间增加一些。

（9）发生器中整流硅堆选择。考虑到缩短充电时间，充电变压器经常要提高 10% 左右的电压，因此，硅堆的反峰电压等于 $U_n+1.1U_n$，硅堆的额定电流以平均电流计算。实际电流是脉动的，充电之初平均电流较大。按照变压器的输出电流来选择硅堆电流，计算公式为：

$$I_n = \frac{S}{U_n / \sqrt{2}} \tag{4-24}$$

（10）发生器中变压器选择。根据充电功率 $P = \frac{2.5nCU_C^2}{t_C}$，同时考虑加大安全系数到 3.0，则被压电路的回路容量为：

$$S = \frac{3.0 \times 2W_n}{t_c}，\quad 变压器电压 = \frac{1.1 \times U_n}{\sqrt{2}} \tag{4-25}$$

4.2.1.4 振荡波局部放电测试系统

振荡波测试系统（Oscillating Wave Test System，OWTS）是一种离线状态检测的手段，测量时需要大量的时间，是 10kV 电缆状态检修的重要手段。它可应用在新电缆投运前、电缆更换接头后，以及日常的定期跟踪测量、检测、评估电缆主绝缘状况及附件的安装工艺等。此外，若出现局部放电，应评估局部放电水平，最好定位局部放电故障点。但是经过实践经验验证，振荡波试验信号对于测量电缆接头绝缘层中的缺陷是有效的，其他故障所产生的局部放电正在研究中。

OWTS 的测试原理如图 4-10 所示。局部放电测试时，首先用高压源对被测电缆进行充电，然后闭合开关加压。系统内部和被测电缆共同构成一个 LC 振荡回路，从而产生了一个阻尼较低的正弦振荡电压。根据被测电缆电容的不同，电压的频率会在几十到几百赫兹的范围内变化，所以说，测试电压的频率接近于工频频率。采样单元会在振荡过程中完整地记录收集到的数据，系统一次加压便可以采集到大量数据；数据通过人工或系统自动进行数据分析；振荡电压加在被测电缆上的时间极

短（几百毫秒），因此不会对电缆造成损害，如图 4-11 所示；电压幅值衰减过程中，测定局部放电起始电压（PDIV）[见图 4-12（a）]、局部放电终止电压（PDEV）及局部放电水平等参数；根据谱图可以明显区分干扰信号 [见图 4-12（b）]。

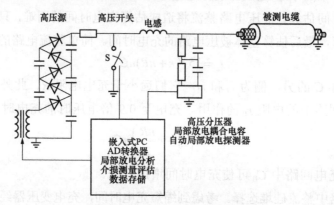

图 4-10　振荡波原理测量回路

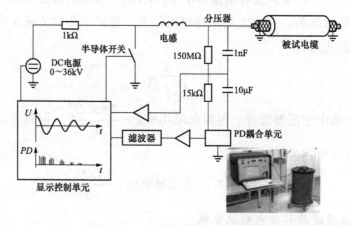

图 4-11　OWTS 实际电路和实物

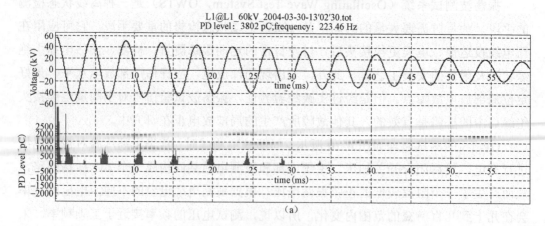

图 4-12　OWTS 测试图谱（一）

（a）具有局部放电的 OWTS 测试图

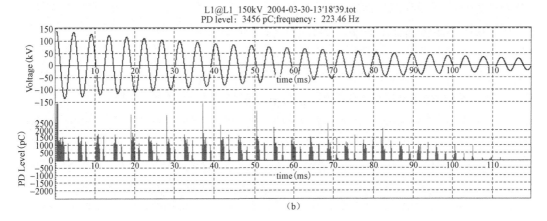

图 4-12　OWTS 测试图谱（二）

（b）具有干扰信号的 OWTS 测试图

4.2.1.5　分压器

分压器分为纯电阻分压器、电容分压器和阻容分压器三种。在实际工作中，由于有杂散电容的干扰，为了得到较高精度的电压，多采用阻容分压器。

单端匹配电容分压器（见图 4-13）的分压比为：

$$\left.\begin{array}{c} K=\dfrac{U_1}{U_2}=\dfrac{\dfrac{1}{\omega C_1}+\dfrac{1}{\omega C_2}}{\omega C_2}=\dfrac{C_1+C_2}{C_1}\approx\dfrac{C_2}{C_1}\\[4mm] C_2>C_1\\ R_3=Z \end{array}\right\} \tag{4-26}$$

双端匹配电容分压器（见图 4-14）的分压比为：

$$\left.\begin{array}{c} K=\dfrac{C_1+C_2+C_3+C_4}{C_1}=2\left(1+\dfrac{C_2}{C_1}\right)\\[3mm] R_3=R_4=Z\\ C_1+C_2=C_3+C_4 \end{array}\right\} \tag{4-27}$$

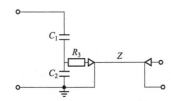 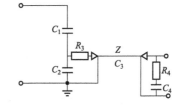

图 4-13　电容分压器示意图（单端匹配）　　图 4-14　电容分压器示意图（双端匹配）

单端阻尼电容分压器（见图 4-15）的分压比为：

$$K=\dfrac{C_1+C_2}{C_1}=1+\dfrac{C_2}{C_1} \tag{4-28}$$

$$R_2 + R_3 = Z$$

双端匹配阻尼电容分压器（见图 4-16）分压比为：

$$K = \frac{C_1 + C_2 + C_3 + C_4}{C_1} = 2\left(1 + \frac{C_2}{C_1}\right)$$

$$R_3 = R_4 = Z$$

$$C_1 + C_2 = C_3 + C_4 \tag{4-29}$$

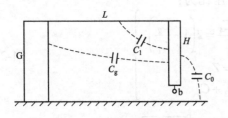

图 4-15 阻尼电容分压器示意图（单端匹配）　图 4-16 阻尼电容分压器示意图（双端匹配）

分压器注意事项如下：

（1）分压器高压臂与周围接地或带电物体之间存在杂散电容，因此从高压臂下端 b 点看进去是这些杂散电容与高压臂本体电容综合起来的等效电容，如图 4-17 所示。考虑到周围物体的这种影响，在分压比的计算中不能直接用高压臂本体各电容元件串联的电容值 C_{1N}，而应采用上述等效电容的实测值作为高压臂电容 C_1。实测时，周围接地物体的影响将使 $C_1 < C_{1N}$，带电物体的影响将使 $C_1 > C_{1N}$，两者综合影响的结果取决于实际布置情况。

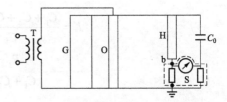

图 4-17 杂散电容示意图　　　　　图 4-18 测量高压臂电容接线

（2）测量高压臂电容 C_1（即等效电容）的接线如图 4-18 所示。测量时，分压器周围的坏境布置应与实际使用时相同，冲击电压发生器应与测量系统相连，发生器的高压端到接地点由原充电电阻及波头、波尾电阻连通（注意测量电源容量。当试验变压器容量不足时，可拆除阻值较小的波头、波尾电阻），这样可使发生器的电位分布基本上与实际使用时一致。试品也应按其所处的位置接入回路。分压器的低压臂应解除，并把高压臂下端连接点 b 接到电桥桥体。按此接线测得的电容值是高压臂等效电容的实测值，即计算分压比需采用的高压臂电容 C_1。

（3）分压器低压臂电容 C_2 和电缆终端电容 C_4 一般较大，因而低压臂杂散电容、仪器入口电容的影响可以忽略。测量电缆较短时，电缆电容 C_3 也可忽略不计。否则，按所有这些电容并联的计算值或实测值作为低压臂的总电容计算分压比。

（4）分压器测量系统高、低压臂等电容的测量应采用测量误差不超过 $\pm0.5\%$（尽可能采用 $\pm0.1\%$）的三点式电容电桥。实测前需以标准电容器校验电桥的测量误差，并应符合上述要求。在电桥量程许可的情况下，高、低压臂等电容的测量尽量采用同一台电桥。

（5）分压器高、低压臂等电容与频率有一定关系。测量这些电容时的频率原则上应尽可能与被测电压的频率相接近。考虑到电桥的实际使用情况，若工频（50Hz）电桥测量误差较小，则以此测量结果为准，以其他高频（1kHz 及以上）电桥测量误差稍大的结果作校核；若高频电桥能获得较准确的结果，则应以此计算冲击分压比。

（6）测量分压器高压臂电容时，试验电压通常为 10～20kV，测量低压臂电容时采用低电压。为了检验在更高电压下电晕等可能产生的影响，测量时试验电压可按标准电容器等试验设备的额定工作电压为限值，采用数十万至百万伏。此时，由于试验电压较高，冲击电压发生器及试品等应从测量回路中解除。

（7）分压器高、低压臂等电容在温度升高时可能有不同的变化，此时需要在分压器工作的温度范围内作温度校正曲线。分压器高、低压臂等电容元件采用相同材料时，温度及频率等的影响可以避免。

（8）对于长距离电缆线路进行耐压试验要注意电缆线路远端的容升问题，因此，在实际试验时应该设置两个分压器：一个在试验设备端，另一个在电缆线路远端。测量数据以远端分压器数据为准，这样可以避免容升对电缆绝缘的危害。

4.2.2 设备电源及接地要求

4.2.2.1 设备电源

高压试验室所用的电源一般为高压工频 10kV 电源进线，而且主要使用于串联谐振变压器或工频变压器的电源。由于电缆试品为电容负荷，有时可以采用补偿的办法来减小流经变压器高压绕组中的电流，一般采用并联电感线圈的方法，如不计负荷中的有效电流分量，所需要的试验变压器容量可以按下式计算：

$$P_S = \left(\omega C \times 10^{-12} - \frac{1}{\omega L} \right) U^2 \times 10^3 \ (kVA) \tag{4-30}$$

式中：U 为试验电压，kV；C 为试品电容，pF；L 为补偿线圈电感，H；ω 为试验电压角频率。

对于 500～750kV 及以上电压等级的电气设备试验，常采用几个变压器串联的方法，如 4.2.1.1 内容所述。电容试品负荷电流的有效值为：

$$I=\omega CU\times10^{-9} \tag{4-31}$$

其功率为：

$$P=\omega CU^2\times10^{-9} \tag{4-32}$$

电缆的电容一般为 150～400pF/m，使式（4-30）和式（4-32）相等就能算出相关的电源参数。

4.2.2.2　谐波引起的测试电压波形的变形

试验室要解决的一个实际问题是保持试验电压的单一波形。通常情况下，高压试验室建在电缆生产场地附近。它们由同一个变电站供电，有时甚至由同一个变压器供电。大型机器和其他非线性负载的晶闸管使电流变形从而使供电电压的波形变形。这种变形被转移到试验电压上，从而破坏局部放电测量。固体绝缘内气泡的局部放电强度随测试电压的升高而增大。高频谐波的增加使电压曲线变得更陡，从而产生较高的局部放电强度。原则上，高压试验室应由不同的电力变压器供电以减小此问题带来的影响。

4.2.2.3　试验室接地原理

按照 MIL 等标准要求，作为屏蔽室接地用的接地线应采用单根导体，接地电阻 $R_0 \leqslant 1\Omega$，使测试回路中的干扰波电流有效泄流。实测的 R_0 仅仅是直流接地电阻值，实际上还有谐波、杂波的高频感抗为 ωL，即

$$Z=R_0+\omega L \tag{4-33}$$

接地电阻低是十分重要的。在工业生产环境中，上层土壤传导接地电流特别容易引起工频电流和谐波电流叠加。由于工厂区的地下表层内（5～10m）会有各种"共模"干扰电流流过，这种电流由晶闸管负载造成，如高压汞灯的整流器、变频器等。应该注意，三次和九次谐波电流在同一相位内流过三相导线。这些谐波电流像流过一个普通导体一样流过三相导线（电流通过接地线，也通过与接地导体平行的接地系统流回供电处）。在较高频率下，接地导体阻抗一般高于接地回路的阻抗。例如，具有单位电感的接地线长度为 300m，在第三次谐波时的电抗为 $X_0 = 2\pi\times3\times50\times300 \approx 94.2\,(\Omega)$，而在第九次谐波时 X_0 接近 282.6Ω。接地系统一般有较低的阻抗，而且瞬间电弧焊机电弧，接触器断开处的火花，电牵引、电机车的火花和涌流产生的干扰电流易于流过上层土壤。埋在地下的任何金属物都能提供有较低阻抗的路径，且"聚集"接地电流。例如，高压试验厅的钢结构及任何金属电缆屏蔽或埋于地下的管子都聚集较高的谐波电流。为阻止这些谐波电流流进电磁屏蔽内，必须把电磁屏蔽与局部地线及与局部地线相连的结构元件分离开。所以接地体不能用钢筋网，而应用单根铜杆（管），而且要穿过地下浅表层至少 10m 以下的深层。这种接地棒称为根接地棒，若考虑到长期可靠性，可再打第二根根接地棒作备用。根接地棒并联的接地电阻值按 IEEE SDT142—1972 推荐的公式计算：

单根接地棒接地时：

$$R = \frac{\rho}{2\pi L} \ln \frac{4L}{r} \tag{4-34}$$

多根接地棒并联使用时：

$$R = \frac{\rho}{2\pi L} \ln \frac{4L}{r} + \ln \frac{4L}{S} - 2 + \frac{S}{2L} - \frac{2/S}{16L^2} + \frac{4/S}{512L^4} - \cdots \tag{4-35}$$

式中：ρ 为土壤电阻系数，$\Omega \cdot cm$；L 为铜棒长度，cm；r 为铜棒半径，cm；S 为铜棒间距，cm。

对于常用直径小于 40mm、2 根相距 2m 的铜棒，按经验公式计算及实测 2 根并联的接地电阻都得到接地电阻约为 $0.7R_0$（R_0 为单根时接地电阻值）。

4.2.2.4 接地的要求与实施

高压电力装置的脉冲试验在试验室墙壁和地板间产生瞬间电流。这种电流在脉冲发生器、分压器和被测试物接地点间产生了瞬间电位差。个别接地点间的瞬间电位差产生一个强大干扰。因此，高压试验室中的设备、大厅、辅助设备都应有良好的接地装置。这其中有工作接地和保护接地两种接地方式。工作接地是指为了保护设备及试验系统（测量系统）的正常工作和保持系统电位的稳定性而设置的接地，如屏蔽室的接地、分压器接地等。保护接地是指设备金属外壳的接地、悬浮的金属物接地、闲置暂时不用的电容器两级短路接地等。它的作用是设备由于绝缘不良而使金属外壳带电时，可以将其对地电压限制在规定的安全范围内，减少电击的危险和消除感应电产生的触电危险。高压试验大厅在建设时已装有屏蔽层，已经有良好的接地，根据 CNACL 201-7-2019《实验室认可准则》的文件要求，屏蔽试验室的接地电阻不高于 4Ω 就行。采用一层钢板拉网做成屏蔽体时，其接地装置在条件（经济条件、土壤条件）允许的前提下，接地电阻最好不高于 1Ω，接地网接地电阻在最大地电流下电压降不应超过 1.5kV。对于没有装设屏蔽层的高压试验大厅，由于杂散回路的电流流经接地装置而造成接地点的瞬间电位浮动，所以其接地电阻最好小于 0.5Ω。

接地装置有多根垂直接地体（大多是用钢管或角钢）与水平的扁钢焊接而成。它是一个接地网，其中钢管、角钢、扁钢要有一定厚度，有关尺寸可查阅电工手册及相关手册。垂直接地体间隔一般为 2～2.5m，接地体之间的距离可取其长度的 2 倍左右。

4.2.3 设备布置计算

高压试验设备在试验室的摆放应以减少占地面积、最大利用试验室摆放试品为主；与它相连的高压引线、测量装置不应在工作时对周围物体如天花板、墙壁、参观走廊的金属围栏、其他高压设备等发生放电；间隙放电电压与电极的形状有关，各试验设备高压端的电极形状并不一致。为了可靠起见，通常按照最严重的电极形状计算放电电压与间隙距离，从而确定设备与周围物体的距离。对于不对称的电极，例如棒板电极间隙，棒作为正极性电压时，间隙的放电电压最低，故一般均以正极性放电电压作为确定距离的依据。

工频放电电压 U_m 与放电距离 d 的关系可以用下面的公式近似表示：

$$U_m = 0.16 + 0.411d - 0.0225d^2 \quad (\text{MV，峰值，m} \leqslant d \leqslant 9\text{m}) \qquad (4\text{-}36)$$

式（4-36）是归纳各种电极的放电数据得出的，当 d 为 1～2m 时，放电电压略偏高。

直流的正极性棒板间隙击穿电压 U 与放电距离 d 的关系为：

$$U = 0.44d \quad (\text{MV}) \qquad (4\text{-}37)$$

式中：d 为电极间距离，m。

雷电冲击下正极性棒板间隙击穿电压 $U_{50\%}$ 与 d 的关系为：

$$U_{50\%} = 0.537d \quad (\text{MV}) \qquad (4\text{-}38)$$

式中：d 同上。

操作冲击下正极性棒板间隙的临界击穿电压 U_{CFO} 与 d 的关系，很多资料中用下面的经验公式表示：

$$U_{CFO} = \frac{1.35d^{0.33}}{1.31 + \dfrac{2.11}{d}} \quad (\text{MV}) \qquad (4\text{-}39)$$

这样，当 d 增大时，U_{CFO} 也随着增加，不过增加得比较缓慢。这反映了所谓的饱和现象，又不会出现物理意义上的矛盾。不同距离 d 所对应的临界波头时间 t_m 可以由下式得到：

$$t_m = 48d \approx 50d \quad (\mu\text{s}) \qquad (4\text{-}40)$$

由式（4-36）～式（4-39）可知，对应于设备最高电压的放电距离，再乘以 1.1～1.3 的裕度系数，即可确定必要的绝缘距离。或者，根据各种电压下该间隙放电分散性的标准偏差 δ，按照放电概率为 99.9%的距离确定绝缘距离。此外，考虑到设备最高电压，则应以 $\dfrac{U}{1-3\delta} = U_t$ 作为查曲线确定 d 的依据（或由公式计算 d）。这里，雷电冲击的 $\delta_1 = 0.03$；操作冲击的 $\delta = 0.06$，工频放电电压是指平均值，其标准偏差可达 0.06，甚至更大（例如 0.07～0.08），但是目前尚无推荐的标准值。由此可见，对雷电冲击，裕度系数可取小一些；对操作冲击，这个系数应取得大一些。

冲击电压发生器沿高度各点的电压是不同的，应同时检查各点电压对应的距离，再以该点为圆心做圆弧（如图 4-19 中 a、b 及 a'，b' 各点），各圆弧的包络线就是设备绝缘距离的边沿线。有时，为了降低试验室的高度，可将发生器安装在深度为 h 的地坑内，这样试验室高度可以降低 h。其他设备也可以用上述方法求得。

电缆试验室内部由于所试验的电缆样品不一样，布局也有所不同。常规试验室内部主要的设备有工频试验变压器（或串联谐振工频变压器）、交流分压器、冲击电压发生器、电缆水终端、水处理装置、模拟电缆隧道或模拟海洋水池（一般放在户外）、电缆加热穿心变压器以及测量仪器仪表等，如图4-20（a）所示。海底直流电缆的试验设备有所不同，主要有直流发生器（包括极性转换装置）、冲击电压发生器、电缆水终端、水处理装置、模拟电缆隧道或模拟海洋水池（一般放在户外）、电缆加热穿心变压器以及测量仪器仪表等，如图4-20（b）。但是，在有些常规电缆试验室也会布置直流发生器，这要根据需要而定。

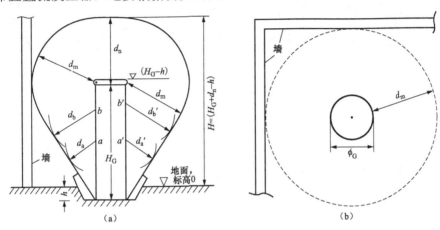

图 4-19 决定冲击电压发生器本体所需绝缘距离的示意图

（a）正面图；（b）顶视图

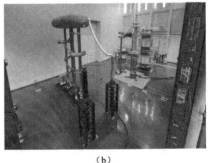

图 4-20 高压试验室设备布置

（a）常规试验室内部；（b）海底直流电缆试验室内部

4.3 样 品 布 置

4.3.1 样品布置

高压试验室除了设备布置外，还应考虑最大的利用空间来摆放被试试品，如图4-21所示。因为高压试验室的内部空间有限，除必要的设备外已经没有太多的地面空间，要在满足试品绝缘距离的前提下尽量多放试品才能提高试验效率。

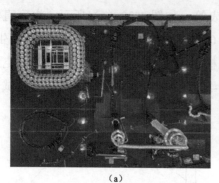 

| （a） | （b） |

图 4-21　试品布置

（a）样品布置俯视图；（b）样品侧向布置图

因为各种电缆的弯曲半径不一样，所以要考虑到电缆的最大弯曲半径，一般型式试验应有两个中间接头、两个 GIS 终端、两个户外终端，再加上相应的电缆（一般每两个附件之间的有效电缆长度最少在 5m 以上）长度应在 40m 以上，考虑到 2m 的弯曲半径，所占面积最少应该是 16m×6m。电缆试验的布置较为简单，如图 4-21（a）所示，需要的场地面积只要考虑终端（或水终端）的相互绝缘距离，占地面积约为 5m×5m。同时，应该考虑所有的试品均要进行耐压试验，线路的终端部分应尽量靠近试验变压器或谐振变压器，围绕电源扇形布置。如果实在不能满足上述要求，应考虑通过导线相连接，这就要求在试验室屋顶有绝缘悬挂点进行跳接。预鉴定试验的电缆线路长度超过 100m，室内试验室已经不能适应，所以预鉴定试验一般都在户外进行。

根据式（4-36）～式（4-40）计算出绝缘距离，并以此距离为半径画圆弧，如图 4-19 所示。对于等电位的两个终端之间距离，可以在保证电缆弯曲半径的前提下尽量靠近，一般它的距离控制在 3～5m 较好。

4.3.2　配套装置

试验室的配套装置有很多，和电缆试验直接相关的主要是水终端和水处理装置，其中水终端是电缆本体试验必备的装置，如图 4-22 所示。在电缆试验中如果采用标准运行终端，不但采购成本高，而且现场安装时间不能满足试验的需要，且只能一次性使用，为此，一般的试验室均采用水终端作为改善电缆终端处电场的基本配置。在水终端中，除了外部采用环氧管作为外绝缘外，终端内部采用纯净水作为主绝缘，应力控制采用金属喇叭口形式，如图 4-22（d）和图 4-23 所示。超高电缆压水终端只是体积比图示大而已，基本原理完全一致。纯净水的电导率一般控制在 0.1～2μS/cm。

由于电阻比较低，在加压过程中水电阻会发热，水中的电解质会分解成离子并产生导电成分。为了控制和维持电阻率，需要将水通过树脂过滤处理，不停地进行处理以达到去除离子目的。同时，应该控制水的温度在20℃以下。

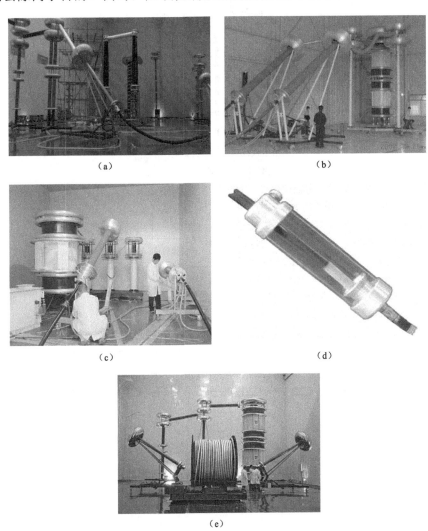

（a）　　　　　　　　　　　　　　　　　（b）

（c）　　　　　　　　　　　　　　　　　（d）

（e）

图 4-22　试品用水终端

（a）高压水终端；（b）超高压水终端；（c）中低压水终端；（d）中低压水终端结构实物；

（e）整盘电缆水终端布局

如图 4-23 所示，考虑到试验时电缆终端装配和更换试品的方便性，水终端的设计采用一种特殊的均压方式，即设置剥切绝缘外的绝缘媒质为水柱结构，利用水的低电阻率实现轴向电位（电场）分布均匀。水终端绝缘表面等值电路如图 4-24 所示，水终端电位分布如图 4-25 所示，改善后的轴向电位分布曲线 a 已经接近于线性分布的曲线 b，如图 4-26 所示。

电力电缆试验及故障分析

由于电缆作为一条加压绝缘水电阻，在水电阻时测定处得较高的绝缘电阻，为了可靠切断水电阻的绝缘电阻，不使放电产生以达到屏蔽的目的，如图 4-23 所示。

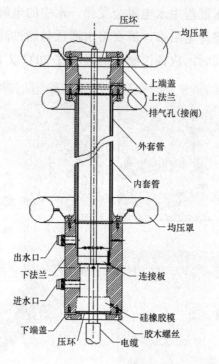

图 4-23　水终端结构图

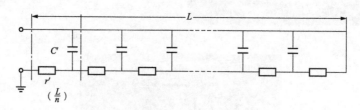

图 4-24　水终端绝缘表面等值电路

L—剥切出绝缘总长度；C'—电缆表面单位长度电容；r'—水柱单位长度电阻

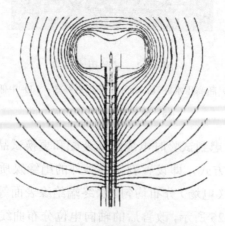

图 4-25　水终端电位分布

外绝缘管的直径和长度将根据电压等级来确定。一般水终端的外形结构如图4-27所示。水处理的逻辑框图如图4-28所示。

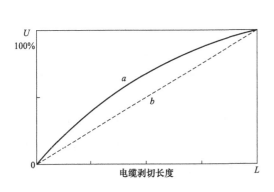

图 4-26　水终端表面点位分布比较

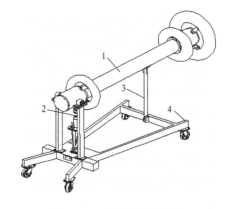

图 4-27　水终端外形结构

1—水终端；2—转向支架；3—支撑支架；4—滚轮

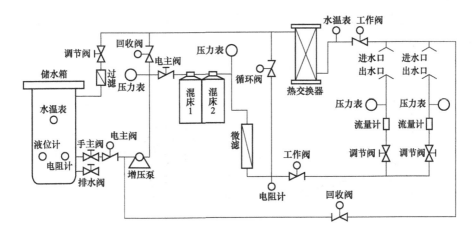

图 4-28　水处理的逻辑框图

4.3.3　试品准备及布置

4.3.3.1　电缆用水终端准备

在试验前，应首先根据水终端的型号剥切电缆长度。表4-7是国内某厂家水终端的剥切电缆长度。

表 4-7　　　　　　　　　　国内某水终端厂家电缆剥切长度

水终端型号	工频额定电压（kV）	标准冲击	操作冲击	到外护套的长度（mm）	绝缘剥切长度（mm）
CTT-150	150	350		1650	1400

续表

水终端型号	工频额定电压（kV）	标准冲击	操作冲击	到外护套的长度（mm）	绝缘剥切长度（mm）
CTT-300	350	800	650	2300	2050
CTT-400	400	950	800	2800	2550
CTT-600	600	1300	1000	3400	3150
CTT-700	700	1600	1200	3900	3650

一般水终端的电缆剥切比常规电缆终端要简单，由于水有比较好的浸润性，剥切完绝缘屏蔽后，电缆绝缘表面不需要抛光，只要保证没有半导体的残存颗粒就能达到要求，详见厂家的使用说明书。但是，绝缘屏蔽端口应该按照正常使用电缆终端的要求完成，如果有毛刺、断面不齐，需要修正光滑。

4.3.3.2　普通终端电缆准备

根据电缆附件制造厂家的说明书进行。

4.3.3.3　电缆布置

根据电压等级，最后安装完成的终端要放置在试验电源周围，使连接导线最短，如图 4-29 所示。

（a）

（b）

图 4-29　电缆终端布置

（a）室内电缆终端布置；（b）户外电缆终端布置

5 电缆试验

5.1 试验标准与试验项目

电缆制造厂生产的产品能否出厂以及用户对产品的验收是产品实现价值的标准。技术标准中规定了性能试验项目、试验方法和试验规则，必须严格遵守才能保证产品达到质量要求。

5.1.1 试验项目与性能的关系

性能要求是根据基本使用功能、使用环境和使用条件的不同而提出的，但是针对每一个具体产品这些原则的定性要求应化解为可判断、可定量、可试验的考核项目才有使用价值，才可能列入技术标准中供各方共同遵守。事实上，一个性能试验项目只能反映某一个性能要求中的一部分，经常几个项目只能反映某一个性能要求。即使如此，技术标准中列出的性能试验项目及指标也只能反应性能要求中必须达到的最低要求，即合格要求。例如，高压电缆的敷设过程中需要弯曲，在弯曲过程中电缆结构的各个部分都将承受弯曲应力。这就要求电缆结构具有较好的柔韧性，各结构之间的弯曲应力不同要求也不一样，有绝缘的抗龟裂、缓冲层的粘附能力、铠装的抗弯曲能力等多个试验项目，但得到的指标都反映电缆弯曲性能。

5.1.2 试验项目的技术要求

技术指标是性能试验项目的量值数据，确定了技术指标就能修改性能试验项目。表达方式一般有下列三种方式：

（1）给定一个标准值，规定结果不得大于或不应小于该标准值。例如：导体电阻不大于，抗拉强度不小于，绝缘电阻不小于，工作电容不小于，固有衰减不大于等。技术指标的特征是测试值较为准确地反映了产品某一性能的真实情况，可作为产品在用户运行系统中的技术参数。

（2）在指定的试验条件下，要求产品按照标准中某一个性能进行试验项目考核，“通过”则表示合格。此类试验项目实际上没有明确的技术指标值，而只要求经受住指定的考核条件，或者考核条件就是技术指标。因为这些考核条件就是确保产品长期安全运行的要求。例如耐电压试验是所有产品都要进行的试验项目，目的是考核产品在工作电压下运行的可靠程度和发现绝缘中的严重缺陷（如杂质、水分、机械外伤）。同时，也可以暴露出制造过程中的工艺缺点。但是，产品的绝缘层如果要求承受过高的试验电压和过长的加压时间是会损伤绝缘层的，因此，耐压试验的电压值和加压时间必须有一个原则：既可能暴露问题又不损伤绝缘。如果通过了，则表示能长期安全运行。根据电力系统中可能产生的电压值变化和长期积累，耐压试验的电压一般规定为产品额定电压的 2～4.5 倍之间，试验电压的耐压时间通常为 5min～4h。110kV 高压交联聚乙烯绝缘电缆的试验电压值为 $2.5U_0$，耐压时间却为 30min。

（3）对于要求应用于某些特殊场合或有特殊要求的产品，例如要求产品具有阻燃、耐火、耐核辐射以及防鼠、防白蚁特性等。一般不在产品标准中列出试验项目，而是另外要按这些特殊要求专门制定试验标准，如电线电缆燃烧试验方法等，对材料进行专项考核，使其既符合产品标准又符合某一专项试验标准。

5.1.3 非电性试验

5.1.3.1 结构尺寸检查

所有的电气装备试验项目都开始于结构检查,电缆结构和尺寸检查项目如表 5-1 所示。

表 5-1　　　　　　　　　电缆结构及尺寸检查项目

试验项目	目的要求	试验内容	备注	试验类型
导体结构	保证导线截面、导电能力、导线电阻及柔软度	单线直径、根数、绞合方向、绞合节径比、导线表面状态	以金属为导体的各类产品	S.T 中间检验
绝缘和护套结构控制	保证产品基本性能	厚度测量、偏差率测量、搭盖度、带材间隙、节径比	绕包式绝缘、挤包式绝缘	S.T 中间检验、挤包式绝缘可在线测量
产品结构组成控制	保证产品基本性能	填芯、垫层、辅助绕包层等所有组成件、长度标示、色标、型号标示	各类产品	S.T 中间检验
成品外径	反应成品工艺质量	外径、圆整度	各种产品	S.T 中间检验
产品表面状态	要求表面平整、光滑美观、无明显缺陷	外观检查	各类产品	R
制造长度与包装	信守订货合同、保护产品装运及存储	外观检查包装长度检查、产品卡或复绕	各类产品	R
绝缘连续性试验	对薄绝缘和无断裂状态	薄层绝缘用火花试验	绝缘线芯	R
导线连续性试验	发现细直径导线再制造过程中是否连续	导线通电试验	细直径安装线缆或单丝	R

注　S 代表抽样试验；T 代表型式试验；R 代表例行试验。

5.1.3.2　电缆的非电性能试验

（1）电缆的机械性能。电缆的机械性能主要来源于安装敷设过程中的收放（弯曲性能和拉力等），以及使用中的多次弯曲、扭转、拖拉、外来机械力的作用、电缆自重和热胀冷缩产生的作用力。保证电缆在这些使用场合具有所要求的机械性能对于维持电缆的使用寿命是很重要的。对于固定敷设的铠装结构电缆，在电缆设计时已经确定其铠装结构以及应对的环境的能力。成品电缆除了检查其材料和结构尺寸外，一般不再进行铠装的机械性能试验。表 5-2 是电缆产品机械性能试验项目。

表 5-2　　　　　　　　　　　　电缆产品的主要机械性能试验项目

试验项目	产品	备　　注
固定敷设用电缆的弯曲试验	电力电缆	主要考核安装敷设中按规定倍数的弯曲半径、弯曲数后的绝缘损坏情况
低温卷曲试验	中、小规格塑料电缆线芯	专用低温绕曲试验装置由一旋转试棒和试样导向桶组成。将试样安放后，放入低温试验箱中，在规定低温下放置 16h，然后均匀旋转试棒，达到所需要的圈数。取出试样，恢复到室温后检查试样，要求无任何裂纹
低温冲击试验	各种聚氯乙烯护套电缆	将试样平放在专用的试验架上，将试验架放进低温箱中，按照规定低温和时间进行冷却，到时间后在低温箱中让重锤（重量按照电缆外径规定）从 100mm 高处自由落下。取出后恢复至室温，切开试样，检查各层应无裂纹

（2）材料非电性试验。为了全面考核电缆产品的长期使用性能，应特别重视电缆的高分子材料性能。除了应重视进行原材料理化性能（按材料标准）外，在所有的产品标准中都规定了对成品电缆中取下的构件，主要是绝缘、护套等进行机械物理性能的试验项目。通用的试验项目是老化前后的绝缘、护套构件的机械性能（抗张强度、断裂伸长率）及变化率。此项试验适用于采用塑料、橡皮和热塑弹性体材料的电缆产品，因此，这些项目是最通用和最基本的试验项目。表 5-3 电缆构件的机械物理性能试验项目。同时，绝缘材料的基本试验方法为：

1）比重：指物质密度与水密度的比值，所谓密度是指单位体积的质量。比重可根据美国 ASTM D792 水中置换法获得。

2）吸水率：测定塑料吸收水分的程度。测法是先将样品烘干后称重，浸入水中 24h 或 48h 后取出再称重，计算重量增加的百分比，即为吸水率。一般吸水率太大的塑料材料，易影响机械强度与尺寸稳定性，如 Nylon 或 PET 即是典型例子。吸水率的测试可采用 ASTM D570 进行测量。

3）透气率：测定塑料膜或塑料板气体穿透的难易程度，可依据 ASTM D1434 方法测得。

4）抗张强度及伸长率（又称抗拉强度）：指将塑料材料拉伸到某一程度（如断裂点）所需力的大小，通常以单位面积上的力来表示，而其拉伸的长度百分比即为伸长率。可依据 ASTM D638 方法测得。

5）弯曲强度：又称折曲强度，主要是测试塑料抗弯曲的能力。可依据 ASTM D790 方法测得，而常以单位面积上的力来表示。

6）弯曲弹性率：将塑料试片弯曲时（测法如弯曲强度），在其弹性范围内单位变形量所产生的弯曲应力，称为试片的弯曲弹性率。一般弹性率越大，表示该塑料材料的刚性越好。测量方法可采用 ASTM D790 进行。

7）冲击强度：指塑料受外力冲击时所能承受的最大能量。ASTM D256 中常使用 lzod 及 Charrpy 冲击测试法，其中又以 lzod 方法最为普遍。

8）硬度：常用 ROCKWELL（洛式硬度）及 SHORE（邵式硬度）测试法来表示，其中 SHORE D 用来测定较硬的塑料，如常用塑料及部分工程塑料，而多数高性能工程塑料或较硬的工程塑料则用 ROCKWELL 来测定。洛氏硬度的测试方法为 ASTM D785 或按 GB/T 3398—2017 的规定，邵氏硬度测试方法为 ASTM D2240。

9）热变形温度测定法：按 ASTM D648 试验方法，其测定方式是试片在一定压力下随着温度变化，当试片弯曲到一定程度时的温度值。热变形温度表示塑料材料在高温且受压力下能否保持不变的外形。若考虑安全系数，短期使用的最高温度应低于热变形温度 10℃ 左右，确保测试时材料不变形。

10）长期耐热温度：依美国保险商实验所标准（Underwriters'Laboratories Inc., UL）的规定，塑料长期耐热温度是指塑料曝露在高温下一定时间后，各种性能降低一半的温度值。如 UL746 规定的长期耐热温度的曝晒时间为 105h，相当于自然界中 11 年日光暴晒。

11）熔融指数（Meltting Index，MI）：一种表示塑料材料加工时流动性的数值。其测试方法是使塑料在一定时间（10min）内一定温度及压力（各种材料标准不同）下，被融化的塑料流体通过直径为 2.1mm 的圆管时所流出的克数。其值越大，表示塑料材料的加工流动性越佳，反之越差。常使用的测试标准为 ASTM D1283。

表 5-3　　　　　　　　　电缆构件的机械物理性能试验项目

试验项目	适用范围	备　注
空气中老化试验	橡皮绝缘和护套	在规定压力和温度的空气中进行老化，判断机械性能的变化。高温老化一般分几个等级进行，工业级一般用 70℃，4h，15℃一个等级，一般有 40℃、55℃、70℃、85℃几个等级，时间都是 4h
氧气中老化试验	橡皮、塑料绝缘和护套	在规定压力和温度的空气中进行老化，判断机械性能的变化
热失重试验	塑料绝缘和护套、漆包线漆膜	在规定的温度下保持规定的时间，求出同一试样在试验前后的重量损失
耐油试验	橡皮、塑料绝缘和护套	将试样浸入规定的油（矿物油、燃料油）中一定时间，判断机械性能的变化率

试验项目	适用范围	备 注
高温压力试验	塑料绝缘和护套	试样在热和机械负荷的同时作用下,一定时间后取出,快速充分冷却后测量压痕深度
吸水试验（重量法）	橡皮、塑料绝缘和护套	试样浸入去离子的水中,放入烘箱,在规定温度下 14 天,取出、冷却、吸干表面水分后称重,求出单位面积吸水量
抗开裂试验	塑料绝缘和护套	考察在高温冲击下的开裂情况。将试样紧密缠绕在一定直径试样棒上并呈螺旋状,两端固定,放入规定温度的烘箱中（如 150℃ ± 3℃/1h）,取出冷却后,观察表面有无裂纹
收缩试验	塑料绝缘	考察塑料绝缘在高温下的收缩率。将试样中央准确标距放在试验架上,放入规定温度的烘箱,放置规定时间。取出冷却后,测量标志距离,求变化率
抗撕裂试验	重型橡套或矿用电缆的橡皮护套	将试样一端沿中心线切一平口,在拉力机上将切口两边夹住,然后拉开切口至断开,读取此过程的最大撕裂力
耐臭氧试验	橡皮绝缘	测量在规定浓度臭氧作用下的龟裂性能。试样应在无扭绞的情况下在试样棒上围绕一整圈,放入 25℃±2℃的烘箱中至规定时间,取出后观察表面
热延伸试验	橡皮、塑料绝缘	测试试样交联情况在热和机械负荷的同时作用下的伸长和永久变形。试样挂在带有直尺的试验架上,放入烘箱,升至规定温度后保持 15min,测量标尺线的距离。立即除去负重,再测量标距。5min 后取出,冷却后再次测量标志线距离,算出伸长率和永久变形
氧化诱导期试验	聚烯烃绝缘和护套	测试试验样品在高温有氧条件下开始发生自动催化氧化还原反应的时间,来判断试样的热稳定性
低温拉伸试验	塑料、橡皮绝缘和护套	测试试样在低温状态下的机械性能。试验装置与试样应照规定温度遇冷处理,试验结果以判断裂伸长率表示
光老化试验	电缆附件外绝缘耐自然老化的加速试验	材料制作成哑铃片,放在专用的光老化箱中。光老化测试波长范围：氙弧灯老化（300～800nm）、紫外灯老化（280～400nm）、碳弧灯老化（300～700nm）、金属卤素灯老化（280～3000nm）
相容性试验	考核附件配套材料之间的相容性	甲基硅橡胶与甲基硅油具有较好相容性,试验时将甲基硅橡胶在 85℃硅油中浸泡 168h 后质量变化率

5.1.4 电性能试验

电力电缆在高电压下应具有优良的绝缘性能,除了表 5-4 的基本电性能外,还必须通过多项型式试验来考核安全裕度（见表 5-5）,以及模拟经过安装敷设（弯曲后）及成品电缆老化后的电性能,以确保电缆长期运行中的安全可靠。

表 5-4   电 缆 基 本 电 性 能

试验项目	试验目的	试验内容	备注	试验类型
导体直流电阻	控制最大电阻值,减小线路损耗和压降	测量直流电阻	所有产品的金属导体	S 或 R
		计算交流电阻	架空线、大截面电缆	T
		计算高频有效电阻	通信电缆	

续表

试验项目	试验目的	试验内容	备注	试验类型
绝缘电阻	保证工作电压下的电绝缘性	测量最小绝缘电阻	各种产品	S.T
耐压例行试验	保证产品安全的最低要求，发现制造过程中的重大缺陷	采用成盘电缆直接加压（干法或浸水），采用火花检验或采用短段浸水加压	所有产品	S.T
工作电容	供线路参数计算用，了解绝缘材料质量及加工工艺水平	导体之间与导体对地之间电容，各线对之间电容的不平衡值	所有电缆	R.S.T
介质损耗因数（tanδ）	限定绝缘层（介质）的发热、损耗	测量在一定电压和频率下的 tanδ 值	油浸绝缘电缆、充油绝缘电缆、挤包绝缘电缆、高频绝缘电缆	R
局部放电试验	检查绝缘中微孔、微小杂质，确保绝缘水平	测量在某一电压下，绝缘层中产生的局部放电量及起始放电电压	中压及以上电压等级、塑料绝缘、橡皮绝缘	R

表 5-5　　　　　　　　　　　　　电缆电性能试验项目

试验品种	试验项目	试验要求	试验目的	试验类型
U_0 为 3.6kV 及以下的聚氯乙烯绝缘电缆，U_0 为 1.8kV 及以下的交联聚乙烯绝缘电缆	室温下绝缘电阻测量（并计算），最高额定温度下绝缘电阻测量	从成品电缆上取出绝缘线芯，浸入室温水中（±20℃）1h 后，施加直流电压（80～500）V/（1～5min）后，按照标准规定的计算公式，求出体积电阻值	保证绝缘层的材料品质，和制造工艺水平	T
	U_0/4h 工频耐压试验	取出绝缘线芯浸入水中 1h 后，加上电压，保持 4h，试样应不击穿	检验绝缘层的安全裕度	
U_0 为 6kV 的聚氯乙烯绝缘电缆，U_0 为 3.6kV 及以上的交联聚乙烯绝缘电缆	U_0/4h 工频耐压试验	取出绝缘线芯浸入水中 1h 后，施加电压，保持 4h，试样应不击穿	检验绝缘层的安全裕度	S
	局部放电试验	在短段电缆试样上进行，施加 1.5U_0，测量的放电量应不大于标准要求的值	检查绝缘中是否存在微孔和杂质，保证绝缘运行安全和使用寿命	T
	弯曲试验后局部放电试验	在室温中，将电缆试样在规定直径的圆柱上以正反 180°方向曲绕在上述圆柱上作为一次，共 3 次，测量在弯曲后测量在某一电压下，绝缘层中产生的局部放电量及起始放电电压	检查电缆在安装敷设中经受弯曲后的电性能	
	热循环试验后进行下列试验：1. 局部放电试验	取经过弯曲和测量过局部放电的电缆试样，导体通过电流（多芯电缆每芯都要通电流），使导线温度稳定在比允许最高温度高 5～10℃时，保持 2h，再在室温下冷却 4h。如此循环 3 次，然后依次进行三相的电性能试验	考验电缆绝缘在热胀冷缩循环后的电性能裕度，冲击电压试验是模拟雷电感应冲击电压	

试验品种	试验项目	试验要求	试验目的	试验类型
U_0 为 6kV 的聚氯乙烯绝缘电缆，U_0 为 3.6kV 及以上的交联聚乙烯绝缘电缆	2. 经弯曲和热循环试验后的 $4U_0$/4h 交流高压试验	可另外准备试样，经弯曲和热循环试验（同上述方法）后，进行 $4U_0$/4h 耐压试验	考验经过弯曲、热循环后电缆绝缘的安全裕度、模拟运行状态中的问题	
	3. tanδ 与电压关系试验，tanδ 与温度关系试验	对于 U_0 为 6~20kV 的电缆应分别测量 $0.5U_0$、U_0、$1.5U_0$、$2U_0$ 交流电压的 tanδ；然后通电流加热电缆，分别在室温和最高温度下测量 tanδ 值，试验电压 2kV。对于 U_0>21kV 电缆，仅需测量在 90℃±2℃ 时的 tanδ。所测的 tanδ 值及其变化值应符合标准规定	介质损耗因数 tanδ 是中高电压绝缘电缆的重要性能参数，对电缆绝缘的发热、热老化影响很大。测量的目的是确保绝缘热老化寿命	

5.2 试验项目分类

电力电缆的试验可分为三类：①在出厂供货之前对电缆及其附件的试验，也可称为产品试验；②电缆及其附件在敷设和安装完毕后对其组成的电缆线路系统的试验；③电缆运行过程中的巡检试验。第一类试验是检验制造质量的试验，主要包括开发试验、抽样试验、例行试验、型式试验、预鉴定试验，如表 5-6 所示。而后两类是检验敷设安装的质量和运行后是否受到意外损伤、绝缘老化、运行负荷过载等的试验。由于这三类试验的性质和目的有所不同，因此不能混淆。

试验内容的主要项目为电性能试验和热性能试验，必要时进行护套机械性能试验及结构尺寸检查。电性能试验包括导体直流电阻测试、绝缘电阻测量、介质损耗因数（tanδ）、电容量测量、绝缘的工频耐压及直流耐压试验、局部放电试验等项目。热性能试验包括热稳定性试验、不同温度下绝缘介质损耗角正切和绝缘电阻变化的测量、载流量测定和快速老化寿命试验等。

表 5-6　　　　　　　各种电缆、附件及系统的主要试验项目

序号	试 验 项 目	开发试验	抽样试验	例行试验	型式试验	预鉴定试验	竣工试验
1	对原材料和制造工艺评估（微孔、杂质和突起物尺寸和数量）	√			√		
2	威布尔参数的确定，主要是形状参数 b、寿命指数 n 的值	√					
3	导体检查		√				
4	结构尺寸检查		√		√		
5	导体电阻和金属屏蔽和（或）金属套电阻测量		√	√			√
6	电缆半导电屏蔽的电阻率试验				√		

续表

序号	试 验 项 目	开发试验	抽样试验	例行试验	型式试验	预鉴定试验	竣工试验
7	绝缘电阻试验						√
8	绝缘老化前后机械性能试验				√		
9	外护套老化前后机械性能试验				√		
10	外护套的热失重试验				√		
11	外护套的高温压力试验				√		
12	外护套的低温试验				√		
13	外护套的热冲击试验				√		
14	非金属外护套的刮磨试验				√		
15	PE 外护套炭黑含量测量				√		
16	半导电屏蔽层与绝缘层界面的微孔与突起试验				√		
17	XLPE 绝缘热延伸试验		√				
18	金属套厚度测量		√				
19	铅套的腐蚀扩展试验				√		
20	绝缘与外护套厚度测量		√				
21	直径测量		√				
22	电容测量		√				
23	$\tan\delta$ 测量				√	√	
24	局部放电试验			√	√		√
25	电压试验			√	√	√	√
26	外护套的电气试验				√		√
27	对包含电缆和附件的电缆系统的检验				√		
28	弯曲试验后，在环境温度下的局部放电试验				√		
29	热循环电压试验				√	√	
30	环境温度下及高温下局部放电试验				√	√	
31	雷电冲击电压试验		√		√	√	
32	雷电冲击电压试验及随后的工频电压试验				√		
33	透水试验		√				
34	接头的外保护层试验				√	√	
35	具有与外护套黏结的纵包金属带或纵包金属箔的电缆部件的试验		√				
36	成品电缆段老化试验				√		
37	燃烧试验				√		
38	结束上述试验后电缆系统的检验					√	
39	电缆护层保护器试验						√

5.3 试 验 类 型

5.3.1 开发试验

开发试验是一种研究性试验，是制造商在新产品研发时进行的试验。开发试验是在设计电缆之前进行的试验，由制造厂自行确定试验内容，一般先在小尺寸的模型电缆上进行，然后再在 1:1 全尺寸电缆上验证。需要进行的项目有：

（1）对原材料和制造工艺作出评估的试验，例如：微孔、杂质和凸起物的最大允许尺寸和数量的测量；

（2）威布尔参数的确定，主要是形状参数 b；

（3）试验确定寿命指数 n 的值。

5.3.2 抽样试验

抽样试验是由制造商按规定的频度在成品电缆或取自成品电缆、或在附件的部件试样上进行的试验。抽样试验也是检验持续生产时间中的偶然失误，需在合同中对每批同型号、同规格的电缆抽取试样进行的试验。因此，用户在订货时应充分利用产品标准中有关抽样试验的条款，要求制造商或委托第三方做抽样试验，以便发现在制造过程中因偶然发生的差错而产生的产品缺陷。

如果取自任一根电缆上的试样，未通过抽样试验中的任何一项，则应从同一批电缆中再取两根试样，对未通过的项目进行试验。假如加试的这两根电缆都通过了试验，则抽取这两根试样的该批其他电缆应认为符合要求。如任一根加试电缆未通过试验，则该批电缆应认为不符合要求。

5.3.3 型式试验

型式试验是为了验证产品能否满足技术规范的全部要求而进行的试验。除非电缆或附件中的材料、制造工艺、结构或设计电场强度发生改变，且这种改变可能会对其性能产生不利影响，否则不必重复进行型式试验。

当产品通过了型式试验，确认其质量符合产品标准，接下来的问题就是该产品的质量能否持续和稳定的符合要求。众所周知，影响电缆质量稳定性有两方面的问题：其一是在制造过程中偶然的失误和中间检查的错漏所造成的偶然性问题；其二是执行工艺规程不正确，所选定的原材料质量有问题或生产设备出故障造成的系统性问题。第一类问题持续时间较短；第二类问题持续的时间较长。对这两类问题应分别采取逐批抽样试验和周期检查。

当具有特定导体截面以及相同额定电压等级和结构的一种或一种以上电缆系统的型式试验通过后，如果满足下列（1）～（6）的所有条件，型式试验对条件规定范围内的其他导体截面、额定电压和结构的电缆系统也认为有效。但是，如果包覆在屏蔽绝缘芯上的材料组合不同于原先已经过型式试验的电缆的材料组合，则可以要求重复进行成品电缆样段的老化试验以检验材料的相容性。

（1）电压等级不高于已试电缆系统的电压等级；

（2）导体截面不大于已试电缆的导体截面；

（3）电缆和附件具有与已试电缆系统相同或相似的结构；

（4）电缆导体屏蔽上计算的标称电场强度值和雷电冲击电场强度值不超过已试电缆系统相应计算值的 10%；

（5）电缆绝缘屏蔽上计算的标称电场强度值和雷电冲击电场强度值不超过已试电缆系统的相应计算值；

（6）电缆附件主绝缘件上和电缆与附件界面上计算的标称电场强度值和雷电冲击电场强度值不超过已试电缆系统相应计算值。

需要说明的是：

（1）结构类似的电缆和附件是指绝缘和半导电屏蔽的类型和制造工艺相同的电缆和附件。由于导体或连接金具的形式或材料的差异，或者由于屏蔽绝缘线芯上或附件主绝缘部件上保护层的差异，这些差异可能对试验结果有显著影响，否则不必重复进行电气型式试验。

（2）在有些情况下，重做型式试验中的一项或几项试验，如弯曲试验、热循环试验和（或）相容性试验，可能是合适的。

（3）不包括附件长度的成品电缆试样长度至少为 10m。附件之间电缆的最短净长应为 5m。附件应在电缆经弯曲试验后安装，每种附件应有一个试样进行试验。

5.3.4　例行试验（出厂试验）

例行试验（出厂试验）是在交付给用户制造长度电缆上进行的、用以验证所有电缆是否符合规定要求的试验。由于试验电压不能太高而只能发现电缆制造过程中由于偶然疏忽而产生的重大缺陷。

5.3.5　预鉴定试验

预鉴定试验是在工业生产基础上生产并供应的电缆系统在使用之前进行的试验，以证明该电缆系统具有满意的长期运行性能。

需要说明的是：

（1）IEC 60840 规定，当电缆导体屏蔽处计算场强大于 8.0kV/mm 和（或）绝缘屏蔽处计算场强大于 4.0kV/mm，该电缆系统应进行预鉴定试验。目前，220kV 及以上的电缆系统要求进行预鉴定试验。

（2）如果一个预鉴定合格的电缆系统使用另一个已通过预鉴定试验的电缆系统进行替换，且另一个电缆系统的绝缘屏蔽上的计算电场强度等于或高于被替换的电缆系统，则现有的预鉴定认可应扩展到该系统或另一个电缆系统的电缆和（或）附件。

（3）预鉴定试验应包含电缆系统线路长 100m，电缆系统中每种附件至少一件，附件之间电缆最短净长应为 10m。

（4）热循环应采用导体电流加热被试回路。从加热开始到加热结束，持续时间应至少 8h，接着是至少 16h 的自然冷却。电缆导体温度 90～95℃、每个加热期内导体温度应维持在规定的温度范围内至少 2h、在整个 8760h 的试验时间内应对被试回路施加 $1.7U_0$ 电压、加热和冷却循环应进行至少 180 次。试验期间电缆系统不能发生击穿。

（5）一年的热循环电压试验结束后，从电缆系统上取下有效长度至少 30m 的电缆试样，在导体温度 90～95℃下进行雷电冲击电压试验，也可以直接在电缆系统上进行。电缆试样或电缆系统应耐受正负极性各 10 次的雷电冲击电压而不发生击穿。

预鉴定试验对电缆系统的考核远比挂网试运行要严格。这是因为挂网运行时加在电缆线路上的电压是额定电压，而预鉴定试验施加的电压是额定电压的 1.7 倍；挂网运行电缆线路的负荷是随机的，达到满负荷时间概率较低，电缆导体温度长期工作在 90℃ 以下，而预鉴定试验电缆导体温度必须达到 90℃～95℃ 之间；在进行预鉴定试验时保守的寿命指数 n 为 7，一年的预鉴定试验相当于在额定电压下运行 46 年。

必须指出，预鉴定试验的关键是应将试品布置成将来实际运行时可能遇到的各种敷设方式，如直埋、隧道、排管、水电厂的竖井或斜井，包括刚性固定、柔性固定以及刚性固定与柔性固定之间的过渡区，要特别注意高压电缆的绝缘较厚，所产生的机械应力大。此外，与型式试验一样，电缆线路上要安装各种附件形成系统，以验证电缆和附件之间的配合问题。试验合格与否的结论是对电缆和附件一起组成的电缆系统而言。如果在实际电缆线路上使用的附件与预鉴定试验附件不一致，或低于该预鉴定电缆系统的电场强度都是不符合产品要求的。

5.3.6 型式试验与例行试验的区别

型式试验用于考核指定产品的设计是否符合有关标准，以及验证产品是否满足设计要求。例行试验则是为了防止产品在生产过程中存在偶然因素引起的不合格所进行的检验，是对批量的每件产品进行的交付试验，以确定其是否符合有关标准中产品交付的要求。型式试验是一种破坏性试验，与例行试验相比，它往往要做诸如寿命试验、耐压试验等，故做过型式试验的产品不能出售。例如，对电缆终端做盐雾试验。考察其表面材料层的抗污秽性能，做了一定时间的盐雾试验后，表面会有不同程度的电蚀痕迹出现，这样的附件不能再安装和运行。

型式试验项目比例行试验项目多，而且更加严格和苛刻，用户对刚出厂的新产品也可以要求制造厂在进行出厂试验时增加一些型式试验项目（一般这些项目是经甲乙双方协商后写进技术协议中）。

在产品标准中需要注意例行试验和型式试验的项目和试验条件。具体的产品标准中都有型式试验的规定，至于例行试验则在中国强制性产品认证细则中或在一些补充规定中有规定。从表 5-6 中可以看到，抽样试验也是出厂试验的项目，这些试验项目对保证电缆产品的质量也十分重要。在制造厂进行型式试验时，通常要求同时进行全部的抽样试验项目，并加以积累；每次型式试验之后应有一个分析评估报告并不断积累，因此型式试验也称为判断和积累性试验。

5.4 电缆试验布局

5.4.1 制样试验室

众所周知，在进行电缆绝缘材料或其他非金属材料机械性能试验时，哑铃片试

样的制备（见图 5-1）将对试验结果产生直接的影响。因此，在 GB/T 2951.1《电缆绝缘和护套材料通用试验方法 第 1 部分：通用试验方法——机械性能试验》中对试样的制备提出了要求，如绝缘内外两侧的半导电层要用机械方法去除而不能用溶剂去除，又如绝缘试样要磨平或削平，应注意在磨平时避免过热（对 PE 绝缘和 PP 绝缘只能削平，不能磨平）。磨平或削平后的试样条的厚

图 5-1 试验样片制作设备布局

度为 0.8～2.0mm，允许的最薄厚度也要在 0.6mm

以上。但是，对于一些特殊的交联聚乙烯绝缘材料的试样，除了严格按照 GB/T 2951.1 的规定制备外，不同的电缆生产工艺对电缆试样要进行特殊的处理。电缆材料拉力试验中哑铃片的制备除了要严格按照国标，还应对不同生产工艺出来的电缆绝缘分别对待，在试验前要对样品有针对性地进行特殊处理才能保证试验数据的准确性。

5.4.2　结构检查试验室

结构检查试验室主要是测量电线电缆结构、包括导体结构、绝缘结构、护套结构等，主要设备有千分尺、游标卡尺、测厚仪、度数显微镜或数字显微投影仪等，可以完成电线电缆绝缘护套厚度测量、绝缘厚度、绝缘中微孔杂质、半导体厚度测量、平层表面光滑度测量等。图 5-2 为结构检查试验室布置。

图 5-2　结构检查试验室布局

5.4.3　性能试验布局

电缆性能测试试验室主要是由电缆电性能测试、其他性能检测组成的平台，主要设备有热延伸装置、电子万能试验机、电阻电桥、直流低电阻测试仪、绝缘材料体积电阻率测试仪、高压试验台、炼胶机、门尼粘度计、邵氏硬度计等可以完成电缆老化、热延伸、电缆绝缘护套粘度测试、恒温水浴槽、绝缘橡胶邵氏硬度试验、电线电缆卷绕扭转试验、绝缘护套样品制备试验、熔融指数测定试验、金属材料机械强度试验、金属材料扭转性能试验、金属导线机械位移测试试验、直流电阻测试试验等。图 5-3 和图 5-4 为性能试验室的常规布置。

5.4.4　老化试验室

老化试验室主要是研究和测量材料在经受环境过程的前后性能变化的情况，老化试验分为温度老化、阳光辐照老化、加载老化等。根据材料在某些特殊条件下可能产生性能的下降而确定老化设备和要求。电缆材料和附件材料的老化试验需要老化箱、老化柜或老化房等设备。图 5-5 为老化试验室布置。

图 5-3　性能试验室布局

图 5-4　材料拉力试验设备布局

图 5-5　老化试验室布局

5.4.5 化学试验室

化学试验室主要由台面、台下的支架和器皿柜组成，操作台上设药品架，台的两端安装水槽。理想的台面应平整、不易碎裂、耐酸碱及溶剂腐蚀、耐热、不易碰碎玻璃器皿等。试验室应有严格的温度和湿度控制，表 5-7 为化学试验室的温度和湿度要求。图 5-6 为化学试验室布置。

表 5-7   化学试验室的温度和湿度要求

试验室	温度（℃）	湿度（%）	要 求
试剂室	10～30	35～80	易燃、易爆，试剂品避免阳光直射；对于有些易燃易爆物，环境不超过 28℃。
样品存放室	10～30	35～80	
天平室	10～30	35～80	天平室以北向为宜，还应远离振源，不能与高温室和有较强电磁干扰的房间相邻。而高精度、微量天平应设在底层
红外室	10～30	35～60	光学仪器要求室温 20℃±5℃，湿度 65%±5%。仪器激发部分的上方要有局部排气罩装置
中心试验室	10～30	35～80	样品处理、试剂配制、滴定分析、清洗器具、书写报告等的综合工作之地，要求配备复印设备、电脑、排风设备来保证实验的顺利进行
留样室	10～25	35～70	

图 5-6 化学性能试验室布局

5.4.6 燃烧试验室

电缆成束燃烧试验适用于 GB/T 18380《电缆和光缆在火焰条件下燃烧试验装置、垂直安装的成束电缆火焰垂直蔓延试验》，用来评价这种条件下抑制火焰垂直蔓延能力，也适用于 IEC 60332-3-10:2000 标准，与电缆的结构方式无关。燃烧试验室的装置一般有点火控制系统、收集塔及排烟装置、燃气流量控制系统、烟雾浓度测量系統、溫度控制系統、沿燃控制系統等。用測量煙霧的透光量占初始透光量的百分數來表示煙密度，透光量的最小百分數來計算最大比光密度，其測量的指標即為煙霧的光密度（OD）和煙霧的比光密度（Ds）。

　　煙密度試驗主要用於電纜或光纜煙密度的測量，按照 GB/T 17651 和 IEC 61034—2005 的規定。燃燒試驗室佈局如圖 5-7 所示。

图 5-7　燃燒試驗室佈局

5.4.7　高壓試驗室

　　高壓試驗室一般都具有不同電壓波形下做耐壓試驗的能力，主要設備有工頻試驗變壓器、串級工頻試驗變壓器、工頻諧振試驗變壓器、串級諧振試驗設備、直流高壓發生器、串級直流高壓發生器、衝擊電壓發生器、衝擊電流發生器等。高壓試驗室的一般要求是接地電阻應小於 0.5Ω、屏蔽良好，內部濕度應小於 80%，每 5 年測量一次接地電阻，同時要有搬運試品的行車或起重裝置。高壓試驗室最小的絕緣距離要求參照第四章的 4.2.3 小節的內容選取。圖 5-8～圖 5-12 是各種高壓試驗室佈局。

图 5-8　工頻高壓試驗設備佈局（一）

图 5-8　工频高压试验设备布局（二）

图 5-9　冲击高压试验设备布局

图 5-10　直流试验设备布局

图 5-11　高压试验室操作间布局

图 5-12　中压电缆试验室布局

5.5　电缆试验所用标准

5.5.1　IEC 和 GB 标准的关系

中国高压电缆产品标准基本等同或等效采用国际电工委员会（IEC）的标准。中国电线电缆行业标准化工作始于 1958 年。电缆行业的标准化工作大体上分为以下几个阶段：1958～1959 年为第一阶段，主要是译编 155 个仿制产品标准和 78 个原材料标准；1960～1980 年为第二阶段，重点是制定和修订产品标准，前后制定 5 次规划，共制定了 96 项 123 个国家和部委标准，修订工作 96 项次。2000 年以前，中国高压电力电缆国家标准有两个，即 GB 12706 和 GB 11017，它们分别等效采用了 IEC 502:1983 和 IEC 840:1988。2000 年后，国内电缆制造技术有了很大进步，使用经验也日益丰富起来，在这期间国际电工委员会标准也进行了相应的修订。所以在 2000 年 12 月根据 TC 213 工作计划，全国电线电缆标准化技术委员会开始审查修订 GB 12706.1～12706.4《额定电压 1kV（U_m=1.2kV）到 35kV（U_m=40.5kV）挤包绝缘电力电缆及附件》和 GB 11017.1～11017.3《额定电压 110kV（U_m=126kV）交联聚乙烯绝缘电力电缆及其附件》。2001 年修订完成并于当年 8 月报批完成，随着电缆制造技术的进一步发展，这些标准后续又进行了全面修订，例如 GB/T 12706—2020 和 GB/T 11017—2014。1999 年，全国电线电缆标准化技术委员会发布了 220kV 交联聚乙烯绝缘电力电缆的标准，即 CSBTS/TC 213—01—1999《额定电压 220kV（U_m=252kV）交联聚乙烯绝缘电力电缆》和 CSBTS/TC 213—02—1999《额定电压 220kV（U_m=252kV）交联聚乙烯电力电缆及附件》，主要参照 IEC 文件 20A/357/NP 制定。当时没有 500kV 电缆，到了 2000 年以后，国内标准机构开始大量采用 IEC 标准内容，例如 IEC 60141.1：1983 等同于 GB 9326—1998《额定电压 330kV 及以下油纸绝缘自容式充油电缆及附件》；IEC 60840：2004 等同于 GB/T 11017—2014《额定电压 110kV（U_m=126kV）交联聚乙烯绝缘电力电缆及附件》，现在的 GB/T 11017—2020 版已经在一些方面超过 IEC 标准的要求；IEC 62067：2001 等同于 GB/T 18890—2002《额定电压 220kV（U_m=252kV）交联聚乙烯绝缘电力电缆及附件》，以及 GB/T 22078.1—2008《额定电压 500 kV（U_m=550kV）交联聚乙烯绝缘电力电缆及其附件》。

5.5.2　IEC 和 GB 标准的参数确定

1. IEC 标准中的参数确定

IEC 电缆标准中的参数是 IEC 技术委员会 TC20 分技术委员会在 1991 年 10 月 11 日召开的主题会议上提出 SC20A、SC20B、SC20C 草案，经征求各国意见，删除各国不统一的部分而最终确定了这个范围电缆的主要技术参数，主要修改内容如下：

（1）删除聚乙烯绝缘电缆的内容，聚氯乙烯绝缘电缆仅保留额定电压最高至 3.6/6（7.2）kV，而额定电压为 6/10（12）及 8.7/15（15.7）kV 的聚氯乙烯绝缘电缆产品不再列入标准。

（2）去除半导电带的导体屏蔽结构，允许采用挤包外半导电层及绕包半导电带的导体屏蔽结构，且挤包半导电层应与绝缘粘合紧密。

（3）绝缘屏蔽允许采用半导电带或挤包半导电层，后者可以是可剥离半导电层。

（4）例行试验及型式试验中局部放电试验电压由 $1.5U_0$ 改为 $1.73U_0$（U_0 为相对

地电压）。对乙丙橡皮电缆及交联聚乙烯电缆的允许放电量由 20pC 改为 10pC。其中，聚氯乙烯绝缘电缆不做局部放电试验。

（5）tanδ 测试温度、恒压循环试验及冲击电压试验温度统一为导体最高温度 +5/+1℃。加热循环时间规定为 8h，保温至少 2h，冷却至少 3h。

（6）增加半导电层电阻率测试，方法按 IEC 60840：2020《Power cables with extruded insulation and their accessories for rated voltages above 30kV（U_m=36kV）up to 150kV（U_m=170kV）-Test methods and requirements》中的规定。

（7）增加纵向水密试验。试验时水位落差 1m，试样长 3m，浸泡 24h 后，再以 8h 为一次循环（每次循环：保温 2h，冷却至少 3h），经 10 次加热循环后，要求试样不滴水。

（8）对非金属外护套材料增加了"如特殊需要，外护套可以含化学添加剂，但不应含有毒物质"的规定。同时，对于毒性材料、毒性分级以及对人畜毒性的规定给出了明确定义。为便于标准的使用与修改，会议决定将 IEC 60502：2009《Power cables with extruded insulation and their accessories for rated voltages from 1kV（U_m= 1.2kV）up to 30kV（U_m=36kV）-Test methods and requirements》分为低压（0.6/1kV）及中压（0.5/1～18/30kV）挤塑绝缘电缆标准两部分。对这两部分和上述修改内容拟出新的技术委员会草案。

2. 额定电压 30～150kV 电缆附件试验标准中的参数确定

IEC60840：2020 试验标准规定了 30～150kV 挤塑绝缘电缆附件的型式试验要求，它是原 IEC 840：2004 的补充和提升。要求部分试验项目在同一附件试样上进行，试验程序如下：

（1）局部放电试验。要求在 $1.5U_0$ 电压下的局部放电量不超过 10pC，测试设备的灵敏度应优于 5pC。

（2）施加恒压负荷循环试验。对于干燥场合敷设的接头及电缆终端，采用与电缆相同的试验条件，即施加 $2U_0$ 电压，电缆导体加热至最高额定温度以上 10～15℃，至少保持 8h，然后至少自然冷却 16h，作为一次循环，经 20 次冷热循环。恒压负荷循环试验结束并冷却至室温，测得的试样局部放电量应符合局部放电试验要求。对潮湿环境下使用的附件，直埋敷设、间断或连续浸水的接头，则要求在浸水 1m 深的条件下经受上述试验。对于有金属套且与电缆金属套封焊的接头，没有必要经受浸水恒压负荷循环试验。

（3）冲击电压紧接工频电压试验。试样加热至最高允许温度以上 10～15℃后，经受正负极性各 10 次冲击电压试验（冲击试验电压与电缆试验相同），然后在冷却过程或至室温后经受 1min、电压为 U_0 的工频电压试验，要求绝缘不击穿，外绝缘不发生闪络。按绝缘配合要求，冲击试验电压可适当降低。此外，当接头外护层有绝缘要求时，应经受直流耐压试验及泄漏电流试验。此项试验不列为上述试验程序中，这个新版本标准中对电缆或附件的部分试验内容允许单独进行该项试验。

3. IEC 60811-1-1：2001《Common test methods for insulating and sheathing materials of electric and optical cables - Part 1-1：Methods for general application；Measurement of thickness and overall dimensions；Tests for determining the mechanical properties；Amendment 1》标准

（1）对试验前的试样处理做了规定。试样应在（23±5）℃下至少保持 3h，以提高试验的重复性。除 IEC 60811-1-1"厚度和外形尺寸测量""机械性能测试"中有关拉力试验另作规定外，此规定适用于 IEC 60811-3-1：2001《电缆和光缆的绝缘和护套材料的通用试验方法 第 3-1 部分：PVC 混合物试验方法、高温压力试验、抗开裂试验》及 IEC 60811-2-1：2001《电缆和光缆的绝缘和护套材料的通用试验方法 第 2-1 部分：弹性体混合物试验方法、耐臭氧试验、热延伸试验、浸矿物油试验》中有关试验项目。

（2）IEC 60811-1-1 中有关拉力试验要求。由于新的绝缘与护套材料（如硅烷交联材料、辐照交联材料、耐高温 PVC、以 EVA 为基的材料以及无卤材料的应用）以及试验设备和试样切制设备的更新，对拉力试验的要求如下：①除非另有规定，老化后或原始试样应在试验前于 23±5℃至少放置 3h。对热塑性材料也应在 23±2℃下至少放置 3h。有争议时，在测量尺寸前，试样应在 70±2℃下处理 24h，以消除制造过程或试品制备时产生的应力。②拉力试验在 23±5℃下进行。对热塑性材料试验有争议时，试验应在 23±2℃下操作。③除聚乙烯及聚丙烯材料，拉力试验的拉伸速度应为 250±50mm/min，有争议时拉伸速度为 25±5min/min。对聚乙烯、聚丙烯及相关材料的拉伸速度为 25±5mm/min，但用于例行试验时可为 250±50mm/min。④抗拉强度的计算方法是最大拉力除以未拉伸时试样的截面。

4. 铜、铝导体接线端子标准参数的确定

TC 20 技术委员会提出的标准草案规定了低压设备用单孔铜、铝导体接线端子的尺寸。接线端子分普通型与限制使用型两种。前者对铜、铝及铜——铝双金属过渡接线端子取相同尺寸；后者长度较短，仅适用于铜接线端子。除端子孔径外，只规定端子各部分的最大尺寸。端子适用导体截面为 10～300mm²。标准所规定的两种型式端子不能满足所有国家对不同接线端子的尺寸要求，因此标准起草单位建议应有几类端子，并规定相应尺寸，以供各国选用。起草者还提出了端子各部分的最大尺寸，但实际上是无法采用的，应规定各部分尺寸的偏差。

5. 电缆标准向 500kV 扩展

1993 年，国际大电网会议（CIGRE）的技术刊物 *Electra No.151 December* 1993 发表了 21 技术委员会第 21.03 工作组的两个文件：《额定电压 150kV 以上至 400kV

挤出绝缘电缆及其附件电性能预鉴定试验和开发性试验推荐标准》和《额定电压
150kV 以上至 400kV 挤包绝缘电缆及其附件电性能型式试验、抽样试验和例行试验
方法推荐标准》。前者对作为最低限度要求的预鉴定和开发试验提出要求和导则；后
者根据当时有效的 IEC 840，尽可能地将其扩展并制定超高压电缆电性能的型式、
抽样和例行试验推荐标准。CIGRE 第 21 技术委员会将这两个文件转交给 IEC 第 20
技术委员会以制定相应的超高压电缆标准。IEC 第 20A 分技术委员会于 1997 年 9
月提出了新工作项目建议书 20A/357/NP 并向各国家委员征求意见。该文件上的电
压等级已经从 400kV 扩展到 500kV，并且不是对电缆或附件单独的试验，而是对电
缆及附件构成的电缆系统进行试验。在征求各国的意见后，IEC 20A 分技术委员会
于 1999 年 1 月 15 日提出委员会初稿 20A/407/CD，并编号为 IEC 62067，命名为《额
定电压 150kV（U_m=170kV）以上至 500kV（U_m=525kV）挤包绝缘电力电缆及其附
件的试验方法和要求》。2000 年 1 月 7 日第 20 技术委员会提出征求意见稿（20/376/
CD），最后于 2000 年 10 月 13 日提出送审稿（20/442/CDV），并于 2002 年正式出
版 IEC 62067。

5.6 电缆标准的差别

5.6.1 IEC 62067 与 IEC 60840 的差别

IEC 62067：2006 虽然是 IEC 840 扩展而来，但是有一些重要的差异。CIGRE
在报告中指出，将 IEC 840 扩展到超高压电缆需要考虑以下事项：

（1）超高压电缆是输电系统的重要组成部分，因此可靠性是最优先考虑的问题；

（2）超高压电缆及附件与 150kV 电缆及附件相比，前者场强要高得多，因此电
缆线路的安全裕度较小；

（3）超高压电缆及附件的绝缘较 150kV 的厚，热机械效应也较严重；

（4）电缆和附件相互间的绝缘配合随着系统电压的增加而变得更为困难；

（5）到 2019 年为止，超高压挤包绝缘的生产经验和运行经验有限。

基于以上原因，CIGRE 工作组不仅要考虑将 IEC 840 扩展到超高压电缆，而且
要研究增加试验项目，特别是需要仔细研究预鉴定项目的内在问题，以及开发性试
验、抽样试验等已经出现的问题。在 IEC 62067 中，非电气型式试验取消了"绝缘
收缩试验"项目。IEC 中国委员会对此提出不同意见，未被采纳的理由是："电缆的
组成部件没有必要做附加的热收缩试验，因为这一性能在对电缆系统所做的型式试
验中已经得到了验证"。众所周知，电缆的绝缘收缩会影响绝缘屏蔽和应力锥之间的
配合。例如，在设计时应考虑绝缘热收缩后，电缆绝缘屏蔽有可能与附件的应力锥

分离而造成击穿。因此，在附件装配后进行该性能试验最为符合实际运行情况。也正因为考虑到超高压电缆及附件之间的配合，在 IEC 62067 中，只有例行和抽样试验可以分别在电缆和附件上进行。型式试验则不可在电缆和附件上分别进行，而强调在电缆和附件组成的电缆系统上进行型式试验和预鉴定试验。但 GB/T 18890—2015《额定电压 220kV（U_m=252kV）交联聚乙烯绝缘电力电缆及其附件　第 1 部分：试验方法和要求》就允许型式试验可分别在电缆或附件上进行，这是不符合 CIGRE 和 IEC 要求的。在 IEC 60840 中第 11 章和第 12 章标题的英文分别为："11.type tests on cables"和"12. type tests on cable systems，cable and accessories"，应该理解为第 11 章是对电缆的型式试验；第 12 章是对电缆系统的型式试验。意思是型式试验可以单独在电缆上做，也可以在电缆装上附件后一起做试验。但在 IEC 62067 中，没有在电缆上的型式试验，而只有在电缆系统上的型式试验和预鉴定试验。第 12 章和第 13 章的英文标题分别为："12.type tests on cable systems，cable and accessories"和"13.Prequalification test of the cable system，cable and accessories"。如果只是对电缆或附件的型式试验，则电缆和附件的英文均应用复数形式。但是电缆系统 Cable system 后面的两个单词——电缆和附件的英文单词分别采用单数和复数形式，在 IEC 62067 在 3.3 节中对电缆系统的定义为："Cable system——a cable system consist of a cable with installed accessories"，所以它们是同位词，如果它们是"系统"的同位词，则电缆和附件的英文单词才用复数形式，说明超高压电缆的型式试验和预鉴定试验必须同时在电缆和与之配套的附件上，也就是说是由它们组成的电缆系统上进行。只有这样才能检验超高压电缆及附件之间的配合是否可靠。IEC 62067 还增加了 IEC 60840 中没有的电气抽样试验——雷电冲击试验，更为重要的是增加了预鉴定试验。

5.6.2　GB 12706 和 IEC 60502 的差别

GB 12706 系列标准包括 GB/T 12706.1、GB/T 12706.2、GB/T 12706.3 和 GB/T 12706.4 它们分别采用了 IEC 60502：2014《额定电压 1kV（U_m=1.2kV）至 30kV（U_m=36kV）挤包绝缘电力电缆及其附件》的 IEC 60502.1：2009、IEC 60502.2：2014、IEC 60502.4：2010 的内容，而 GB/T 12706.3 则采用了 IEC 60840：2011《额定电压大于 30kV（U_m=36kV）至 150kV（U_m=170kV）挤包绝缘电力电缆及其附件　试验方法和要求》。由于 GB/T 311《高压输变电设备的绝缘配合》关于设备额定电压的规定与 IEC 60502 不完全相同，所以 GB/T 12706 对 IEC 标准均采用等效采用的方法，但也不完全对应。主要差别如下：

（1）GB/T 12706.1 额定电压 1kV（U_m=1.2kV）和 3kV（U_m=3.6kV）电缆对应于 IEC 60502-1。

（2）GB/T 12706.2 额定电压 6kV（U_m=7.2kV）和 30kV（U_m=36kV）电缆对应于 IEC 60502-2。

（3）GB/T 12706.3 额定电压 35kV（U_m=40.5kV）电缆，在 IEC 标准中将此电压归入 IEC 60840 中，但在中国国际中未采纳这一规定，而是套用 IEC 60502-2 的规定。例如，例行试验电压按照 IEC 60840 应为 $2.5U_0$=2.5×26=65kV，耐压时间 30min。标准评审中出现反对意见，最终采用 IEC 60502-2 规定的 $3.5U_0$=3.5×26=91kV，耐压时间 5min。认为一般交流耐压是破坏试验，对电缆绝缘有积累效应，电压越高损伤越大，特别是加压时间对电缆的破坏更为严重。例行试验是为了发现在生产中的严重缺陷，这种严重缺陷出现的概率较小，为了发现概率很小的缺陷而使大部分完好的电缆受损是不应该的。但是在最终的 GB/T 12706.3—2020 中采取了原方案，也可以采用两种方法的任意一种。

（4）GB/T 12706.4 额定电压 1kV（U_m=1.2kV）和 35kV（U_m=40.5kV）电缆附件试验要求采用 IEC 60502-4 的额定电压范围（1kV 至 30kV）的试验电压。但是 GB/T 12706.4 的最高电压等级为 35kV，因此，35kV 电缆附件的试验电压仍然套用 IEC 60502-4 的规定。

35kV 电缆由于工作场强较高，电缆绝缘厚度较大，IEC 标准将其作为高压电缆，属于 IEC 60840 的范畴。而我国 35kV 电缆属于配电等级，所以 GB/T 12706 将其作为单独的部分处理，从而保持了中国国家标准和 IEC 标准较好的对应关系。

（5）IEC 60840 规定 U_0/U 为 26/45kV，电缆冲击试验电压为 250kV，而 GB/T 12706 采用了 GB/T 311《高压输电设备的绝缘配合》规定，即额定电压为 26/35kV 电缆的基本绝缘水平为 200kV。这一点差异在我国电缆出口时需要加以说明，形式试验报告应当满足相关标准要求。

（6）型式试验的恒压负荷循环试验在 IEC 60840 中叫做热循环电压试验，要求在整个热循环试验期间内对电缆连续施加 $2U_0$ 的工频电压，而在 GB/T 12706.3 中是不施加电压的。

（7）型式试验项目中的 $4U_0$ 电压 4h 试验是 IEC 60840 所没有的。

（8）按照 IEC 60840，安装后的电缆线路应进行交流电压试验（$1.73U_0$/5min，或者 U_0/24h），或者根据协商进行 $3U_0$/15min 直流耐压试验。

（9）高压电缆的挤包绝缘屏蔽层应与绝缘层紧密结合，美国 AEIC CS7 和法国 NF C33-252 以及德国、挪威等工业国家对这一点均有明确要求。而 GB/T 12706.3 允许采用可剥离的非金属半导电层，这一规定对于电缆产生了不利影响。

（10）GB/T 12706 对电缆内衬层或隔离套以及外护套没有电气性能要求。但是在实际使用中这些参数可以反映电缆外护层是否完好。因此，DL/T 596—2005《电力设备预防性试验规程》规定定期测量电缆内衬层或隔离套以及外护套的绝缘电阻。

在实际工作中，应将 GB/T 12706 与 GB/T 2952 一起使用以弥补不足。

5.6.3 IEC 60840 和 GB 11017 差别

IEC 60840 在 1988 年第一版中涉及的对象主要是电缆，没有考虑电缆附件。1999 年出版的第二版中增加了附件，而且提出将附件安装在电缆上成为一个不可分割的整体这一新概念。这说明第二版开始重视电缆和附件之间的配合，并对电缆和附件作为一个电缆系统的试验方法和要求做了规定。附件与电缆之间的配合涉及机械力（热收缩、热机械力、界面压力）和电气方面（绝缘中的电场强度）的问题。所以 IEC 60840 第二版从开始就提出要对电缆系统进行型式试验，第三版更是明确了这一点。

GB/T 11017 标准由三部分组成，第一部分等效采用 IEC 60840：2011《额定电压大于 30kV（U_m=36kV）至 150kV（U_m=170kV）挤包绝缘电力电缆及其附件——试验方法和要求》，第二部分为电缆产品，第三部分为电缆附件产品。与 GB/T 11017—1989 相比较，新标准的改变在于：

（1）增加了绝缘偏心度要求为 0.12。

（2）绝缘中微孔和杂质的最大尺寸由 0.076mm 和 0.178mm 降为 0.050mm 和 0.125mm，并增加了屏蔽层和绝缘界面的凸起物试验（与 AEIC CS7-1993 一致），如表 5-8 所示。

表 5-8 新版 GB 11017 和老版 GB 11017 区别

项 目		GB/T 11017—1989		GB/T 11017—2020	
		尺寸（μm）	最大允许值（个/10cm³）	尺寸（mm）	最大允许（个/6.4cm³）
绝缘层	微孔	>76 51～76	0 18	>0.05 0.025～0.05	0 30
	杂质	>178 51～178	0 6	>0.125 0.05～0.125	0 10
	半透明物	>1270	0	>0.25	0
半导电体屏蔽	微孔	>76 51～76	0 18	—	—
半导电绝缘屏蔽	微孔	>76 51～127	0 18		
半导电屏蔽层与绝缘层界面	微孔	—		>0.05	0
	凸起	—		>0.125	0
	凹陷	—		>0.125	0

（3）对金属屏蔽、缓冲层、金属套、非金属外护套做了更为具体和便于操作的规定。

（4）增加了金属塑料复合护层电缆的试验导则。因为具有金属塑料复合护层

（即铝塑复合护套）的 XLPE 高压电缆在国外已具有成功的运行经验。在法国国家标准 NF C 33-252-1993 中这类电缆的试验是标准的试验项目；德国开发制造的具有金属塑料复合护层的 400kV 高压电缆已经通过 CESI 的长期寿命试验（预鉴定试验）；在中国杭州、西安、上海、成都等地也有使用的案例。按照原理来说，具有这种护套的电缆最适合于北方水位较低的地区。GB 50217—1994《电力工程电缆设计标准》已将其作为电缆外护层选型之一，并且在 GB 50127—2018 中仍然保留，这克服了 GB/T 11017 没有这种护套试验方法的局限性。

（5）GB/T 11017 的 4.3 节，对于电缆的非金属护套材料的适用温度，仅在条文注中说明"GB/T 12706 中给出的温度，不要求适合本标准"。但是在新版 IEC 60840 中给出了适用的最高导体温度规定，即最高导体温度为 90℃ 的交联电缆只有 ST2 和 ST7 两种护套材料，国标中提及的其他两种材料 ST1 和 ST3 已不适用于 110kV 交联电缆了。

（6）GB/T 11017.3 是关于高压电缆附件的首个标准，它规定了附件产品的基本结构、型号命名、技术要求、试验和验收规则、包装、运输及贮存，同时补充规定了 IEC 60840 所没有的试验项目。此外，在新版的 IEC 60840 中，对附件使用导体连接金具的特性补充了要求，说明连接金具型式试验的重要性，在国内附件运行中因压接管质量不佳导致的接头故障正说明这一点。同时，在 GB/T 11017 第 7.3 节中最后"安装说明书（参照资料和日期）"中的参照资料和日期结合在一起意义不大，IEC 60840 中 Reference，应理解为"编号"。因为，一般附件安装说明书随着产品的结构或性能变化而改进，其安装说明书需要进行修改而有不同的编号和日期。同样，在对电缆系统的型式试验描述中，附件安装工艺是否正确也做了要求。

（7）按照 IEC 60840 要求，安装后的电缆线路应进行交流耐压试验（$1.73U_0$/5min 或 U_0/24h），或者根据协议进行 $3U_0$/15min 直流耐压试验。但在 2007 年以后，随着人们认识到直流试验对 XLPE 绝缘空间电荷的影响，在以后几个修订版中都取消了直流耐压作为交接试验的要求，只保留交流耐压试验。

（8）在 5.6.1 中已经提到 IEC 60840：1999（第二版）中有电缆系统的概念，但是其内容缺少实质性的体现，而在 GB/T 11017 中则明确表明其范围适用于单独的电缆或附件。这样的处理不但在技术上是合理的，也避免了含混不清的问题。这一点在 IEC 60840（第三版）也做出了调整，使该标准的适用范围包括了电缆系统和单独的电缆或附件三种情况。

5.6.4　IEC 62067 和 GB/T 18890 的差别

1. 标准的变化过程

（1）根据超高压 XLPE 绝缘电缆制造和使用的需要，1999 年全国电线电缆标准化委员会开始制定过渡性的标准 CSBTS/TC 213-01《额定电压 220kV（U_m=252kV）交联聚乙烯绝缘电缆》和 CSBTS/TC 213-02《额定电压 220kV 交联聚乙烯绝缘电缆及附件》的标准。在此基础上，于 2000 年开始制定其替代标准 GB/Z 18890，并于 2002 年得到批准执行。GB/T 18890 等效采用了 IEC 62067：2001《额定电压 150kV（U_m=170kV）至 500kV（U_m=550kV）挤包绝缘电缆及附件——试验方法和要求》。该标准分成三个部分，编写类似于 GB/T 11017.1、GB/T 11017.2 和 GB/T 11017.3，延续了 IEC 60840：1990 编写方法和内容。

（2）由于 220kV 电缆电压等级高于 150kV，2000 年我国 220kV 电缆回路虽只有近 100km，但到 2019 年中国境内的 220kV 电缆使用回路总长就超过 7000km。当时 CIGRE 第 21 委员会于 1990 年成立 WG 21-03 工作组，其研究的范围就是"以 IEC 60840（1988）延伸至 400kV 为依据起草电气型式试验、抽样试验和例行试验的推荐试验要求，并提出作为最低要求的预鉴定试验或开发性试验的建议"。

（3）在 WG 21-03 报告中，将 IEC 60840 延伸至 150kV 以上电压等级，需要考虑几个独特的问题：①电缆构成的输电骨干网络，其可靠性需要优先考虑；②系统运行时绝缘内电场强度高于 150kV 以下的电缆，对电缆系统固有的特性极限而言，安全裕度已经变小；③电缆系统绝缘厚度大于 150kV 电缆和附件，出现较大的热机效应，需要考虑；④由于电压等级的提高，电缆和附件的配套变得越来越困难。

（4）IEC 考虑到新标准应覆盖 500kV 电压等级，CIGRE WG21 委员会于 1997 年成立特别委员会工作组，研究将推荐的试验要求延伸至 500kV 电压等级。新的 WG 21-03 技术文件推荐成试验标准并发表于 2000 年 12 月《Electra》No.193，用于 IEC 起草 IEC 62067。同时，新的 IEC 62067：2011 也采用了 CIGRE WG 21-09 关于高压挤包绝缘电缆安装后试验的推荐试验方法和要求。

（5）与 GB/T 11017 相比，GB/T 18890—2015 主要的不同在于后者技术要求的对象是电缆系统，而不是单独的电缆和附件。因此，型式认可的范围也是针对电缆系统。在实践中如何具体鉴别不同的电缆系统就成了使用 GB/T 18890（或 IEC 62067）的关键。如果同一种电缆配不同的电缆附件时，就可能组成不同的电缆系统，应该注意已经通过试验，并拿到试验报告的电缆系统的有效性问题。电力用户除对电缆系统的选择之外，还要考虑备品备件的规范化，以保证系统的安全运行。

2. 试验项目的补充和讨论

（1）国际大电网工作组会议早期工作发现，与交流试验结合在一起的局部放电检测能对试验室试验和现场试验有很大的改进，因为在试验电压的作用下，有缺陷的电缆或附件可能产生放电，但在试验时施加电压的时间很短不会导致缺陷的击穿，所以只有用局部放电检测才能发现这些电缆或附件的缺陷。另外，CIGRE 也有人认为对于超高压电缆系统，如果一味的增加电压去发现问题，对电缆绝缘会产生永久的破坏。所以，不建议使用很高的试验电压，而是增加局部放电检测，降低电缆绝缘或附件中的局部放电量来控制质量，如图 5-13 所示。

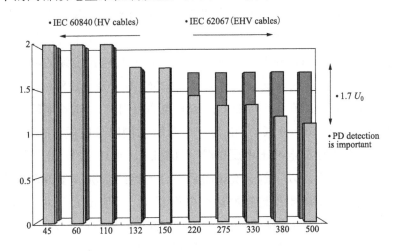

图 5-13　试验电压与使用局部放电之间关系

（2）而在 GB/T 18890—2015 中电缆例行试验的局部放电灵敏度规定为 5pC，与型式试验相同，比 IEC 62067 中规定的局部放电量要求的 10pC 小了 50%，已经达到了世界上发达国家对电缆局部放电的要求，从执行的情况看国内各个电缆和附件厂商都能达到此要求。另外，IEC 62067 和 GB/T 18890 在灵敏度优于或等于 5pC 的条件，$1.5U_0$ 电压下"应无可检测出的放电"作为合格的标准。由于局部放电量是否可测出取决于试验系统的灵敏度，而标准要求的灵敏度优于或等于 5pC，只要低于这一数值都可以认为合格，造成结果不唯一。在试验时，通常灵敏度随环境和时间随机变化，有时可以在 2pC 以下，也可能是 2～5pC。如果放电量大于 2pC，例如 2.1pC，应视为可检出的局部放电，按照标准则判为不合格。如果环境条件发生变化，导致检测系统灵敏度为 3pC，则同一根电缆又可以认为合格了。所以，制造厂一般会采用接近 5pC 的最低灵敏度进行试验。IEC 比利时国家委员会认为超高压电缆不允许有放电，试验灵敏度应优于或等于 2pC。另外，当一个第三方检验机构对不同厂家电缆进行试验时，受到环境影响使灵敏度发生变化，虽然不同厂家的电缆质量一样，但是也可能出现一个合格，而另一个不合格的情况。上述情况说明，由于判据的不唯一性，可能造成试验的混乱，并伤害到厂家的利益。

（3）对于 XLPE 电缆的绝缘收缩试验，GB/T 11017 和 GB/T 12706 都作为型式试验项目，但在 GB/T 18890—2015 中和 IEC 62067 中则不要求。国际电工委员会认为通过了电缆系统的预鉴定试验和型式试验后，可以认为 XLPE 绝缘收缩对于电缆及附件的匹配问题已获得解决，因而没有必要再做该试验。也就是说如果所选的电缆及附件不是组成系统的部分，就必须进行这样的试验。

（4）对于 GB/T 18890—2015 而言，预鉴定试验的目的是证明电缆系统长期性能可靠。一旦电缆系统通过了预鉴定试验，制造方就具有了供应构成该电缆系统的合格资质。如上所述，反过来就不一定成立。一般预鉴定试验要求的试样电缆长度在 100m 左右，且电缆附件每种至少一个。用这些组成电缆系统，并按照使用的各种敷设环境（直埋、隧道、排管、竖井、斜井等，并且包括电缆的刚性固定和柔性固定，蛇形敷设等）进行敷设安装。由于 IEC 62067 和 GB/T 18890 对应的电缆电压等级较高，所以试验电压在 1.7 倍的 U_0，试验时间 1 年。在试验期间进行 8760h 的热循环试验（导体温度 90～95℃，24h 为一个周期），同时分时段进行局部放电试验，在最后的热状态下进行雷电冲击电压试验（1050kV，±10 次）。还要进行电缆附件的浸水试验和解剖分析，以了解全套试验后附件的绝缘状况。预鉴定试验的时间虽然只有一年，但它的试验电压比挂网运行电压要高，按照威布尔寿命指数 n，最保守的 n 也达到 7。目前有的厂家生产的电缆所做的寿命指数已经为 n=8.2。可以推算出目前电缆的使用寿命为 1.73^7=46 年，如果再考虑到国内电缆的实际运行温度均低于 90℃，因此使用寿命远高于 46 年。如果按照 n=8.2 来计算，电缆的使用年限将达到 $1.73^{8.2}$=89.5 年。

3. 敷设安装后试验和竣工试验的区别

IEC 62067 和 GB/T 18890 中均有"敷设安装后试验"这一章节，很多人称它为竣工试验是不妥的，这是因为竣工试验项目要多于敷设安装后试验项目。IEC 62067 规定，安装后的电缆线路应进行外护套的直流耐压试验（10kV/1min），经协商同意，可以施加频率为 20～300Hz 的交流电压 216kV（$1.7U_0$）/1h，国家标准完全采用这样的试验。而在 GB 50150 的竣工试验项目中还有连通试验、相序试验、绝缘电阻试验、互层保护器试验等。直流耐压试验仅对 35kV 以下电压等级电缆进行，这是因为研究表明，在不同缺陷（刀痕、气隙、安装不到位等）条件下进行的直流耐压试验的结果分散性极大；直流电压对 XLPE 绝缘会造成空间电荷的积聚，从而引起绝缘内电场发生较大的变化，特别是在电缆绝缘和附件之间的绝缘界面上空间电荷积聚现象更为严重，造成在运行电压下出现绝缘击穿。

4. 电缆盘和弯曲半径

JB/T 8137—2013《电线电缆交货盘》，最大交货电缆盘（直径 4m）的最大内筒径是 2000mm，即使对于最小规格的电缆（400mm²，导体直径 23mm，皱纹铝套外径 110mm）也能满足 GB/T 18890—2015 大于 25（$D+d$）+5%mm 的弯曲要求。但是随着对电缆系统的认识，超长度电缆本体的应用，而运输不可能超高，电缆盘高度只能在 4m 之内，要变化的应是电缆盘轴的长度和内筒直径。轴长从 2000mm 变化到根据现场要求，但筒径的变化应该进行研究以作出相应变化。

5.6.5 500kV 电缆试验标准的分析

1. CIGRE 和 IEC 试验差异

国际大电网工作会议工作组于 1995 年发布的《高压交联绝缘电缆交接验收试验建议导则》推荐采用交流试验，在放电机理不发生重大变化的条件下，建议试验电压的频率范围为 30～300Hz，耐压时间为 60min。CIGRE WG21 技术指导文件推荐的 30～300Hz 耐压试验参数要求见表 5-9。

表 5-9　　　　　　　CIGRE WG 21 推荐的 30～300Hz 耐压试验参数

额定电压 U_0/U	推荐现场试验电压（U_0 倍数）	耐压时间（min）
18/30 及以下	2.5	60
21/35～64/110	2.0	60
127/220	1.4	60
190/330	1.3	60
290/500	1.1	60

IEC 60502、IEC 60840 等标准也要求对交联电缆做交流耐压试验，且在 2011 年发布的 IEC 标准草案 IEC 62067:2011 中规定 150～500kV 交联电缆敷设后只能做交流耐压试验，建议试验电压的频率范围为 20～300Hz，耐压时间为 60min。IEC 标准推荐的 20～300Hz 交流耐压试验参数见表 5-10。

表 5-10　　　　　　　IEC 标准推荐的 20～300Hz 耐压试验参数

额定电压 U_0/U	推荐现场试验电压（U_0 倍数）	耐压时间（min）
18/30 及以下	2.5	60
21/35～64/110	2.5（1）	60（24h）
127/220	1.4（1）	60（24h）
190/330	1.3（1）	60（24h）
290/500	1.1（1）	60（24h）

国内业界高度认同对交联电缆采用交流耐压试验。2016 年开始 GB 50150《电气装置安装工程　电气设备交接试验标准》明确规定 35kV 及以上交联电缆应采用 20～300Hz 交流耐压试验，并给出了不同电压等级交联电缆的耐压标准，如表 5-11 所示。

表 5-11　　　　　　　GB 50150 标准推荐的 20～300Hz 耐压试验参数

额定电压（U_0/U）	推荐现场试验电压（U_0 倍数）	耐压时间（min）
18/30 及以下	1.7，2 或 2.5	60，30，5

额定电压（U_0/U）	推荐现场试验电压（U_0 倍数）	耐压时间（min）
21/35～64/110	1.7 或 2	60 或 30
127/220	1.7 或 1.4	60
190/330	1.7 或 1.3	60
290/500	1.7 或 1.1	60

GB/T 22078.1—2008《额定电压 500kV（U_m=550kV）交联聚乙烯绝缘电力电缆及其附件——试验方法和要求》中规定了 3 种试验标准。即根据实际试验条件，施加 320kV 或 493kV（1.7U_0）交流电压，时间为 1h；作为替代，可施加 290kV（U_0）交流电压，时间 24h。Q/GDW 512—2010《电力电缆线路运行规程》推荐橡塑电力电缆在现场交接验收时采取的耐压试验参数见表 5-12。

表 5-12　　　　Q/GDW 512—2010 推荐的 20～300Hz 耐压试验参数

额定电压（U_0/U）	推荐现场试验电压（U_0 倍数）	耐压时间（min）
18/30 及以下	2（2.5）	60（5）
21/35～64/110	2	60
127/220	1.7 或 1.4	60
190/330	1.7 或 1.3	60
290/500	1.7 或 1.1	60

由表 5-9～表 5-12 可知，CIGRE WG 21 工作组推荐的试验参数与 IEC 标准有差异，主要的不同是 IEC 标准将试验电压频率范围下限延伸至 20Hz，而 IEC 标准中施加的试验电压倍数偏严。

2. 试验频率的等效性

交流耐压试验频率是相对独立的一个参数，与电压、时间相关性较小。理论上工频范围内的交流耐压试验最符合实际运行中的电压分布，最为合理，但是受到试验设备的限制，严格的工频频率耐压试验在现场实现起来有较大的困难。因此，国内外学者曾经研究以其他频率替代工频耐压试验。通过在不同频率下测量有绝缘缺陷且损坏程度相同的样品击穿电压，从而比较不同频率对发现绝缘缺陷的能力。经过大量的试验研究，发现在很窄的频率范围内，绝缘内部各介质的电压分布基本相同，存在典型缺陷的电缆击穿电压没有明显差别。基于此，考虑现场试验属于工业性试验，在交流耐压试验时可以选择较宽的频率范围。当试验频率超过 300Hz 时，随着频率升高，串谐电抗器及励磁变压器的损耗降低，被试电缆容性绝缘介质的极化发热问题突显出来，因此试验频率高于 300Hz 不可取。当试验电压频率低于 20Hz 时，绝缘缺陷的击穿概率分散性增加，其试验结果和 50Hz 试验结果没有可比性。

故采用 IEC 60840、IEC 62067 和 GB 50150 中推荐的频率范围：20~300Hz。在实际试验时，运行人员一般要求尽量将试验电压频率调谐到接近 50Hz 的范围，例如 35~40Hz 之间，认为接近 50Hz 频率的试验等效性更好。

3. 交流试验时间对结果的影响

交联电缆在运输和安装过程中引入的主要缺陷有接地不良、接头制作工艺不良、绝缘划伤、半导电颗粒嵌入绝缘、绝缘吸潮等。交流耐压试验的目的就是要将这些缺陷尽可能地暴露出来。国内外曾经报道过多次交联电缆通过了 5min 交流耐压试验，但是投运后不久便发生击穿的事故。可见 5min 的交流耐压试验时间内能够暴露的缺陷是有限的。除了部分极严重缺陷会导致局部电场极不均匀，在试验中短时间内引起电击穿外，大部分缺陷都需要一定发展积累时间，才能导致热击穿或电化学击穿。由此可见，在 60min 的交流耐压试验过程中，能暴露交联电缆的大部分缺陷；通过 60min 交流耐压试验的交联电缆比通过 5min 交流耐压试验的电缆安全概率要大。作为现场交接试验，一般认为 60min 已基本达到极限，再延长加压时间，则会产生新的缺陷。

5.7 试验标准存在的问题

5.7.1 电缆外护套表面的半导电层试验

高压或超高压电缆在进行敷设后试验时，需要对全部外护套进行耐压试验。然而，金属套作为一个电极，但绝缘外护套外侧没有接地电极，高电压仅作用于接触支架的有限点上。为了改善这种情况，高压电缆绝缘护套外侧涂覆或挤出半导电层就起到了绝缘护套外侧全部接地的作用，因此，电缆绝缘外护层外必须有均匀、牢固、耐久的半导电层。目前各个电缆厂生产的石墨层或半导电层，由于材料和工艺的不同，其效果差异较大。虽然在工厂中能够满足试验的需要，但在安装敷设后会发生较大的电阻变化或者完全脱落。但标准中却没有这样的限制指标或试验方法。

5.7.2 中压电缆及附件的防水试验

（1）2000 年以后，国内中低压电缆几乎全部为 XLPE 绝缘电缆。在这些中压电缆中，35kV 电缆的电场强度要高于 10kV 及以下的电缆，这种电缆在 IEC 标准中属于高压电缆的范畴，但在国标中却把它归为中低压等级。由于这种电缆绝缘厚度大、工作场强高，却没有防水层，部分电缆甚至采用可剥离的绝缘屏蔽。经过解剖分析，有 5 年运行历史的 35kV 可剥离绝缘屏蔽电缆在屏蔽层和绝缘界面上生长出大量的发射状树枝，其最大的树枝竟然达到绝缘厚度的 67%。出现树枝的电缆基本都有进水的历史记录，10kV 和 20kV 也有这样的情况发生。

造成中压电缆绝缘内发生水树枝,并导致电缆早期损坏的一个基本原因是大多数中压电缆的运行环境为浸水状态。由于中压电缆没有防水层,或只有 GB/T 12706 要求的 PE 或 PVC 内护套起一定的纵向阻水作用,轴向完全没有阻水能力,一旦内护套损坏或者接头处进水,水分就可以在电缆内串通。如果采用 IEC 60840 的防水结构,中压电缆的成本和弯曲半径就会有问题。一般宜采用金属塑料复合护层作为径向防水。金属塑料复合护层的防水特性和常规塑料防水性能比较如表 5-13 所示,护层材料浸水试验前后性能对比如表 5-14 所示。

表 5-13 金属塑料复合护层的防水特性和常规塑料防水性能比较

护 套 类 型	PVC	PE	金属塑料复合护层	
			初期	伸缩试验后
透水率 [g/(cm² · 40h)]	450/12μm	15.2/40μm	1.4/137μm	1.5/137μm/136h

表 5-14 护层材料浸水试验前后性能对比

电压等级浸水时间	护套类型	工频击穿电压(kV)		冲击击穿电压(kV)	
		试验前	试验后	试验前	试验后
15kV 浸水 2 年	金属塑料复合护层	150	150	—	—
	PVC	150	60	—	—
66kV 浸水 1.3 年	金属铝护层	300	360	940	940
	金属塑料复合护层	320	340	880	960
	PVC	340	300	860	820

从表 5-13 中可以看到,金属塑料复合护层的防水功能要远远高于 PE 或 PVC 的防水能力,同时从它的电性能来看,在运行几年后其性能基本不变,这就提醒我们应该在新标准中增加中压电缆的防水能力试验项目。从表 5-14 中可以看到高压电缆绝缘外 PVC 护套在有水的环境下运行,它的绝缘性能下降是非常快的。

(2)目前电缆沟道内进水的组成相当复杂,而中压电缆所用密封胶在这样的水中会产生水解。武汉供电公司曾经做过试验,将进网的中压电缆附件抽样放入酸性、碱性水中浸泡,结果在抽样的附件中有约 50%的附件在浸泡(100h,水温 45℃)后出现泄漏问题,其中酸性水对附件密封胶的水解作用要大于碱性水的破坏。

5.7.3 交联电缆的树枝及其检测试验

众所周知,高压或超高压电缆绝缘采用化学使聚乙烯转化成交联聚乙烯。这些绝缘体中,由于化学反应的缘故,在其内部含有很多的微孔和杂质,以及来自于内部(由于材料干燥不够)和外部的水分(生产现场或工艺周转)。在电缆正常运行或者故障情况下,上述绝缘缺陷在运行条件下局部会诱发径向水树枝通道。随着电缆运行时间的增加，水树枝的长度也不断延长。在更高过电压冲击下，就会在水树枝的尖端激发出电树枝，这个过程被认为是水树枝劣化。根据资料，激发电树枝的局部电场强度是 220kV/mm，而电缆的工作场强则大大低于这个数值，但在缺陷尖端的畸变场强却可能高于这个值。根据理论推算，电缆的击穿场强可以用下列公式计算：

$$E_{BD} = E_{max}\left\{1 - \frac{\ln\sqrt{\frac{a+\sqrt{a^2-ar_0}}{a-\sqrt{a^2-ar_0}}} - \frac{\sqrt{a^2-ar_0}}{r_0}}{\ln\sqrt{\frac{a+\sqrt{a^2-ar_0}}{a-\sqrt{a^2-ar_0}}} - \frac{\sqrt{a^2-ar_0}}{a}}\right\} \tag{5-1}$$

式中：$a=a'/L$，a' 为水树长度，mm；L 为绝缘厚度，mm；E_{BD} 为击穿强度，kV/mm；E_{max} 为电树枝起始场强，kV/mm；r_0 为曲率半径。

公式中的树枝长度可以通过试样切片的方式得到。在得到树枝长度后，就可以计算电缆的剩余绝缘厚度，为推断电缆的剩余寿命提供定量的依据。根据运行统计，交联电缆在运行 8～12 年时会出现一次绝缘性能下降，对已经运行 5 年以上的中高压交联聚乙烯绝缘电缆应加强绝缘监测，对已经发生故障准备检修的电缆，要做绝缘内的树枝检测以获得电缆运行状态的确切情况。根据以上情况，国家电缆标准化委员会已建议开始研究电缆树枝放电方面的试验标准制定。

5.7.4 安装后试验问题

通过专题研究及工程实践，高压交联电缆的主绝缘进行直流耐压试验是有害的，也是无效的。根据额定电压的升高，IEC 标准的规定是：

（1）30kV 及以下电压等级电缆，采用 $4U_0$ 直流耐压试验作为安装后试验方法，替代交流或变频交流耐压试验。

（2）2000 年前后，IEC 60840 第三版 CD 文件取消了 $3U_0$ 直流耐压试验，修改第二版交流耐压试验条件 $1.73U_0/5min$，改为交流 $2U_0/1h$。而中国在 2006 年前后才完全替代了原有的 $3U_0$ 直流电压试验。

（3）IEC 60840 和 IEC 62067 明确规定，作为替代的试验方法，可以对安装后的高压及超高压电缆线路施加系统相对地电压 U_0 进行交接试验。但是 CIGRE WG21.09 工作组的研究表明：①在某些交流电压下能检出的缺陷，而在相同电压下的其他时间内却又难以发现的缺陷。②被试电缆线路受所在电网架构的影响，在某些情况下不适合开展系统电压空载试验，因此该方法只建议在不具备更高交流电压条件的情况下使用。据文献统计，在 1998～2012 年国内外 345kV～500kV 超高压挤出绝缘电缆线路的交接耐压试验中，采用系统电压耐压方式的线路有 3 回，其中

400kV 1 回、500kV 2 回；采用变频谐振耐压方式的线路有 16 回，其中 345kV 4 回、400 kV 6 回、500kV 6 回；最高试验电压为 $1.7U_0$ 及以上且持续时间占试验总时间比例最大的线路有 5 回，其中 345kV 1 回、400kV 3 回、500kV 1 回；最高试验电压达到（$1.2\sim1.65$）U_0 且持续时间占试验总时间比例最大的线路有 8 回，其中 345 kV 3 回、400kV 2 回、500kV 3 回；最高试验电压为 $1.1U_0$ 的线路有 2 回，全为 500kV。

目前，除现场耐压试验不能用空载运行替代外，150kV 以上电压等级电缆用（$1.1\sim1.7$）U_0 交流耐压试验，还必须同步进行局部放电试验。但是，由于目前局部放电试验技术的不完善及原理的缺陷，使得局部放电不能成为一个单独的安装后试验项目。但今后的发展趋势将是用单纯的局部放电试验替代交接耐压试验。

（4）高压交联电缆不应再进行直流电压试验，这已经成为共识，大量使用变频（$20\sim300$Hz）电压试验，以及对于中压电缆振荡波电压试验都已经得到应用，而且已成为相关企业标准的一部分。中压电缆的进水使用 0.1Hz 超低频介质损耗来查找也已得到验证。

（5）目前国内涉及电缆线路安装后试验的标准由于文字不够严谨，部分规程自相矛盾，造成混乱和滞后。特别是新旧电缆连接后的试验，虽然在国家电网公司的运检规程中已经有所体现，但是其他行业在使用时，感觉矛盾很多，需要进一步梳理：①石化部门目前仍然在实施 20 世纪 70 年代制定的电气规程，新安装 35kV 电缆要进行 $4U_0$ 直流耐压试验；②GB 50150 中保留有对 30kV 以下电缆进行直流耐压试验要求。IEC 60502：2014 新标准版本对此也没有大的修改。但是 GB/T 50150 在十几年的实践中已有了较大改变，110kV 和 220kV 交联电缆的交接耐压试验已经明确使用 $2U_0$/1h 或 $1.7U_0$/1h 变频交流试验，保留 24h 相电压作为交接试验的标准的一个补充。③新版的各个标准中都在耐压试验同时进行局部放电试验的方向靠拢，因为能够反映固体绝缘电缆微小缺陷的只有局部放电试验，但是目前局部放电试验的方法在技术方面尚待提高。

运行及竣工试验

运行及竣工（交接）试验是工程过程中或工程完工以后进行的相关试验。

6.1 寿 命 理 论

6.1.1 运行故障和缺陷发展规律

一般情况下，新安装电缆线路的本身缺陷或安装质量问题、设计和工艺等方面的缺陷，在开始投入运行的一段时间内较易暴露，随着运行时间的增长故障数量下降，运行接近寿命时电缆绝缘老化，缺陷再次增加，呈现出一条趋近于浴盆曲线的图形，如图 6-1（a）所示。经常性的定期检修使常规的浴盆曲线规律发生了变化，每检修一次，出现一次新的磨合期，使检修后的故障率可能有所增高或出现不稳定现象，参见图 6-1（b）所示。

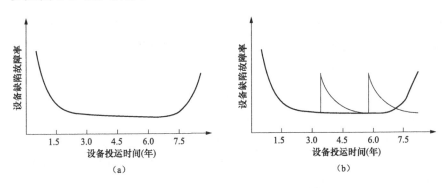

图 6-1 电缆运行全寿命及故障率的关系

（a）设备从投运到推出的故障率威尔分布；（b）多次检修的设备故障率威布尔分布

6.1.2 电缆寿命规律

大多故障不会在瞬间发生，并且在寿命下降到潜在故障点以后才逐步发展成能够探测到的故障，如图 6-1 所示。之后将会加速老化，直到寿命终止点（F）而发生

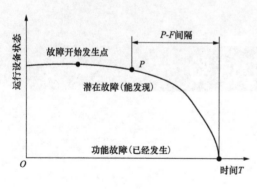

图 6-2　功能退化的 *P-F* 曲线

事故，如图 6-2 所示。这种从潜在故障发展到寿命终止之间的时间间隔，被称为 *P-F* 间隔。

如果想在寿命终止前检测到故障，必须在 *P-F* 之间的时间间隔内完成。由于各种故障形式、特点对应于 *P-F* 间隔的时间是不确定值，可能是几个小时，也可能是几个月或几年不等，因此定期检修不可能都满足 *P-F* 间隔的时间要求，从而导致故障的时常发生。而有效的在线监测可能反映 *P-F* 间隔的发展过程，如图 6-2 所示，并在到达寿命 *F* 点之前的合理时机采取措施进行检修。

6.2　试验标准及电压

6.2.1　竣工试验标准

目前用于高压电缆竣工试验的标准（以最新版本为准）有：

GB/T 50150《电气装置安装工程—电气设备交接试验标准》

GB/T 12706《额定电压 1kV（U_m=1.2kV）到 35kV（U_m=40.5kV）挤包绝缘电力电缆及附件》

GB/T 11017《额定电压 110kV（U_m=126kV）交联聚乙烯绝缘电力电缆及附件》

GB/T 18890《额定电压 220kV（U_m=252kV）交联聚乙烯绝缘电力电缆及附件》

GB/T 22078《额定电压 500kV（U_m=550kV）交联聚乙烯绝缘电力电缆及附件》

Q/GDW 11316—2018《高压电缆线路试验规程》

Q/GDW 456—2010《电缆线路状态评价导则》

Q/GDW 11400《电力设备高频局部放电带电检测技术现场应用导则》

IEC 60840《额定电压 30kV（U_m=36kV）以上至 150kV（U_m=170kV）挤包绝缘电缆及附件—试验方法和要求》

IEC 62067《额定电压 150kV（U_m=170kV）至 500kV（U_m=550kV）挤出绝缘电力电缆及其附件：试验方法和要求》

IEC 60229《电缆——带特殊保护功能挤出外套的试验》

在电缆产品标准中列出的后续试验主要是安装后试验，它和竣工试验是有区别的，安装后试验针对的是电缆本体，有主绝缘的交流耐压或直流耐压，以及护套的直流耐压。而竣工试验除了这些试验外，还应包括附属设备和设施的试验，如护层保护器试验、相序检查、联通试验、绝缘电阻试验、零序阻抗试验等。同时竣工试验也应考虑新旧电缆连接时的试验电压问题，以及例行试验的时间间隔。

6.2.2　现场试验的目的及电压选择

现场试验的目的不是为了检验电缆的制造质量或电缆附件的制造质量，而是检查电缆敷设及附件安装是否正确，检查电缆在运输、搬运、存放、敷设和回填的过程中，有可能受到的意外损害。现场检查的方法是根据 IEC 60229《电缆——带特殊保护功能的挤出外护套的试验》的要求，对于外护套厚度大于等于 2.5mm 的电缆，在电缆屏蔽与地之间施加 10kV 的直流，耐压时间 1min；对于电缆主绝缘，耐压试验，IEC 推荐了两种方法或根据 GB/T 50150《电气装置安装工程——电气设备交接试验标准》的要求：直流耐压，$3U_0$/15min；交流耐压，$2U_0$/h 或 U_0/24h。

从电缆交流耐压试验技术发展来看，橡塑绝缘电缆过去在交接和预防性试验中，与油浸纸绝缘电缆一样都采用直流耐压试验。在 1980 年以后，国外电力部门发现直流耐压试验对橡塑绝缘是无效的，且具有危害性。国际大电网会议通过广泛而深入的研究，认为 XLPE 电缆应改用交流耐压试验，并颁发了《试验导则》技术手册，在全世界范围内广泛推广应用。中国在 20 世纪 90 年代中期已开始关注此问题，尤其是在 2001～2005 年，各省已陆续提出相应的试验要求。2007 年，中国修编交接试验标准 GB/T 50150，取消了直流耐压要求，但在中压领域，由于现场条件限制依然采用直流耐压试验。

对于交联电缆的耐压试验，优先采用交流试验方法，避免采用从油纸绝缘电缆试验方法套用过来的直流耐压试验。在 20～300Hz 内的交流耐压，电压范围取 $1.1U_0$～$1.7U_0$。高压 XLPE 电缆试验将选择顺序由原来的"直流方法、交流方法"改为"交流方法、直流方法"，强调优先采用交流试验方法。考虑到目前的实际情况和操作的方便性，对于新安装的中低压交联电缆试验仍保留了直流耐压试验，但有所限制。

6.2.3　试验电压的变化及选择（适用于橡塑电缆敷设后的交接试验）

对于中压部分（3～35kV），1990 年 CIGRE SC21 科技委员会推荐论文 21-05 号认为交流试验电压（2～3）U_0 是适当的；1995 年德国工业标准 VDE DIN 0276 Part 1001 也给出中压电缆工频交流电压 $2U_0$/30min，频率 45～65Hz。

对于高压部分（60～500kV），表 6-1 给出了国外高压电缆交接试验标准中耐压试验电压。

形成统一标准前，国内部分地区（省）试验电压标准如表 6-2 所示。

表 6-1　　　　　　　　国外高压电缆交接试验标准耐压试验电压汇总

标准名称	交流试验电压、时间		标准名称	交流试验电压、时间	
IEC 60840：1988（U_n=30～170kV）	$1U_0$/5min 或 $1U_0$/24h		CIGRE、WG 21-09，导则，1997	30～300Hz，1h	
				U_m	试验电压
IEC 60840，SC 20A 20A/351/CDV 草案（U_m=30～170kV，1997）	$1U_0$/5min 或 $1U_0$/24h			60～115kV	$2U_0$
				130～150kV	$1.7U_0$
				220～230kV	$1.4U_0$
				500kV	$1.1U_0$
IEC 60840，TF21-05，草案，2001（U_m=45～150kV）	20～300Hz，1h		IEC 62067/2 CD 草案，2000（U_m=150kV～500kV）	20～300Hz，220kV，$1.4U_0$/1h 或 $1U_0$/24h	
	U_m	60～69kV	110～115kV		
	U_T	72kV（$2U_0$）	128kV（$2U_0$）		

注　U_0 为相电压；U_m 为最高工作电压；U_n 为额定电压；U_T 为现场试验电压。

表 6-2　　　　　　国内 2002～2003 年电缆交接试验中耐压试验比较

地区 时间	江苏、安徽、湖北、浙江、福建、重庆（30～300Hz）（45～65Hz）		华北（1～300Hz）		山东（20～300Hz）		南方电网（20～300Hz）	上海（30～300Hz）		吉林（20～70Hz）	
电压等级	5min	5min	60min	5min	60min	5min	60min	5min		5min	
U_0/U	交接试验	预试试验	交接试验	预试试验	交接试验	预试试验	预试试验	交接试验	交接试验	预试试验	
1.8/3	$2U_0$	$1.6U_0$	$2U_0$	$1.6U_0$	$2U_0$	$1.6U_0$		$2.5U_0$	$3.5U_0$	$3U_0$	
3.6/6 6/6	$2U_0$（7.2kV）$2U_0$（12kV）	$1.6U_0$（6kV）$1.6U_0$（9.6kV）	$2U_0$	$1.6U_0$	$2U_0$	$1.6U_0$		$2.5U_0$	$3.2U_0$	$2.7U_0$	
6/10 8.7/10	$2U_0$ $2U_0$（17.4kV）	$1.6U_0$ $1.6U_0$（14kV）	$2U_0$	$1.6U_0$	$2U_0$	$1.6U_0$	$1.6U_0$	$2.5U_0$	$3U_0$	$2.5U_0$	
12/20 21/35 26/35	$2U_0$ $2U_0$ $2U_0$（52kV）	$1.6U_0$ $1.6U_0$ $1.6U_0$（42kV）	$2U_0$	$1.6U_0$	$2U_0$	$1.6U_0$		$2.5U_0$	$2.5U_0$	$2.1U_0$	
38/66	—	—	$1.7U_0$	$1.36U_0$	—	—	—	—	$2.5U_0$	$2.1U_0$	
64/110	$1.7U_0$	$1.36U_0$	$1.7U_0$	$1.36U_0$	$1.7U_0$	$1.36U_0$	110kV 电缆 $1.36U_0$	110kV $1.7U_0$/30min			
127/220	$1.4U_0$	$1.15U_0$	$1.4U_0$	$1.12U_0$	$1.4U_0$	$1.12U_0$	220kV 及以上 $1.12U_0$	220kV $1.7U_0$/60min	220kV $1.7U_0$/15min	220kV $1.5U_0$/5min	

表 6-3 为国外 0.1Hz 试验电压标准，适用于 3～35kV 中压橡塑电缆交接试验。其中有 1995 年德国 VDE DIN 0276 标准，0.1Hz 试验电压 $3U_0$/30min 和 1996 年美国《电力电缆现场 0.1Hz 高压试验试行导则》。

表 6-3 国外 0.1Hz 试验电压比较

U_m，（U_0）（kV）	交接，（U_0）（kV）	预试试验（kV）	预试试验/交接试验	时间	备注
5，（U_0=2.89）	14，（4.8U_0）	10	0.71		
10，（5.77）	21，（3.6 U_0）	16	0.76		
15，（8.66）	28，（3.2U_0）	22	0.78	15min	比较用
25，（14.4）	44，（3.05U_0）	33	0.75		
35，（20.2）	62，（3.07U_0）	47	0.75		

从表 6-3 可以看出，若试验时间改用 60min，则上述预试和交接试验电压比值的平均值是 0.75。由于美国不采用 10kV 电压等级，在表 6-3 中 U_m=10kV 是与中国比较而插入的正比例计算值。

2002～2003 年，国内部分地区制定的 3～35kV 电缆 0.1Hz 试验标准，如表 6-4 所示。

表 6-4 国内中低压电缆 0.1Hz 试验电压比较

地区（省）	0.1Hz 试验电压		时间	说明
江苏、浙江	交接试验	$3U_0$	60min	检查接头质量 20min
	预防性试验	$3U_0$	60min	检查受潮
华北、山东、安徽	交接试验	$3U_0$	60min	
	预防性试验	$2.1U_0$	5min	

综合国内外不同时期采用的标准，对于 U_m=60kV 以下的中低压电缆（3～35kV），其交接试验电压均为 $2U_0$，预防性试验电压采用 $0.8×2U_0$=$1.6U_0$ 是比较合适的。但深入分析发现，这样计算的交接和预防性试验电压值是偏低的，它只适用于发现有绝缘缺陷和存在问题的电缆绝缘。例如：10kV 电缆的交接试验电压 $2U_0$=17.4kV，预防性试验电压仅为 14kV，比最高工作线电压 U_m=11.5kV 高出不多，这样的试验电压是不能发现正常绝缘中缺陷的。从早期国外部分电力公司试用交流耐压的经验来看，例如加拿大安大略水电局对额定电压 8kV 和 13.8kV 的橡塑电缆，5min 的交流耐压值接近 $2U_0$，此标准用了 6 年（1983～1989 年），认为是合适的。说明我国在 2006 年以后修编的 GB 50150 中试验电压 $2U_0$/h 是能够保证电缆的安全运行的。

中国中低压电缆采用中性点不接地系统，如一相接地故障会产生另外两相电压升高。考虑加上 15%的余度，即试验电压应取 $1.15U_m$ 为基础电压，即 10kV 的试验电压为 $U_m=U_n×1.15=11.5kV$，即一相接地时其他两相电压升为 U_m 即 11.5kV，再加上裕度 15%，即试验电压达到 $1.15×U_m=1.15×11.5kV=13.22kV$。另外，从 $2U_0$ 的耐压水平观点来计算，为安全计，取 U_m 电压下的相电压，即 $2×U_m/\sqrt{3}=13.28kV$，注意到两个电压值基本相等。当时国内除广东之外对 8.7/10kV 电缆交接和预试电压标准均取 17.4kV 和 14kV，与广东所取 13kV 接近。而国外标准中选用电力系统电压 U_N（或 $\sqrt{3}U_0$ 或相电压 U_0）作为电源电压进行试验，试验时间通常为 24h。以 20 世纪 90 年代的技术水平，对超长高压电缆在没有合适的试验设备及试验条件情况下，不失为一种解决办法，但也存在现场试验电压过低，无法发现真实缺陷，在可行性和电网安全性方面存在问题，所以国家电网企业标准 Q/GDW 11316—2018《高压电缆线路试验规程》已经将这种较低电压试验方法排除在交接试验外。另外，对于 0.1Hz 试验电压和试验时间，德国、美国和中国几个地区的 0.1Hz 试验电压标准都取 $3U_0$ 左右，只是在试验时间不同：德国 DIN 标准选 30min；美国选 15min（如果时间延长为 60min，则电压降低为 0.75 倍）；中国部分地区和省份，交接试验选 60min，预防性试验选 5min。Q/GDW 11316—2018 中取消了 0.1Hz 试验方法。

6.2.4 直流试验电压

目前，直流试验在现场试验中只是一个辅助试验，试验对象是绝缘外护套（66kV 以上高压电缆），有些电压等级电缆的主绝缘（30kV 以下电缆）也采用直流高压试验。按照新标准的要求，需要直流试验的产品只对耐压值和耐压时间有要求，而对于泄漏电流值没有要求。这一点和试品上所施加的试验场强必须模拟高压电器的运行工况不太一样。由于外护套是辅助绝缘，对应保护的金属套运行电压只有不超过 300V；中压电缆虽也可以用直流电压作为交接试验标准，但和原用于油纸电缆的耐压试验有本质区别；此外，直流电压下，电缆绝缘中的电场分布取决于材料的体积电阻率，而交流电压下的电场分布取决于各介质的介电常数，特别是在电缆终端、接头等电缆附件中的直流电场强度和交流电场强度的分布完全不同。

XLPE 绝缘电缆在直流电压下产生的积累效应如图 6-3 所示，残余电荷将改变绝缘的内电场，此时加压，在外电场和内电场的共同作用下产生电场的叠加，会造成绝缘击穿或加速绝缘老化，缩短电缆使用寿命，如图 6-4 和图 6-5 所示。

XLPE 绝缘电缆的一个致命弱点是绝缘内易产生水树枝，在直流电压下会使水树枝转变为电树枝，如图 6-6 和图 6-7 所示，加速了绝缘劣化。实践也表明，直流耐压试验不能有效发现交流电压作用下的某些缺陷，如在电缆附件内绝缘机械损伤或应力锥放错等缺陷。

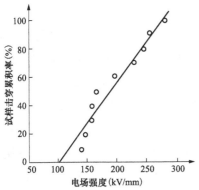

图 6-3 直流状态下，外屏蔽处最人
电场强度与理论计算值之比

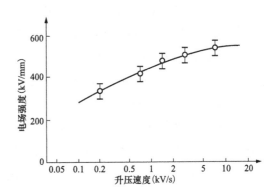

图 6-4 直流击穿强度与升压速度关系

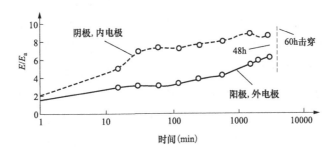

图 6-5 直流耐压后与短路击穿的累计率关系

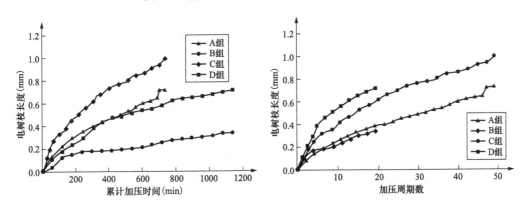

图 6-6 电树枝长度随直流累计加压时间关系　　图 6-7 电树枝长度随直流加压周期的关系

现场进行直流电压试验后，如果直接放电，由于电缆线路存在电容和电感，会在线路上产生振荡，振荡的频率为：

$$f_0 = \frac{1}{2\pi}\sqrt{\frac{1}{LC} \times \frac{R^2}{4L^2}} \tag{6-1}$$

$$i = \frac{U}{2\pi f_0 L} e^{-\frac{Rt}{2L}}\sin(2\pi f_0 t)$$

式中：C 为电缆电容，F；L 为线路电感，H；U 为直流电压，V；t 为时间，s。

假设电缆电容 200pF/m，线路电感 1mH，线路直流电阻 1mΩ，根据式（6-1）可以算出突然接地的电流频率为 3.5×10⁷Hz。可以看到，这样的线路突然接地放电的频率很高。而高频陡波对电缆接头的破坏可以通过下面的描述来理解。

电缆接头正常运行时，其上承受的是工频电压，但是在检修中如果采用直流耐压，试验后突然放电，会出现一个突然的陡波过程。根据上述计算，电缆线路中高次谐波的频率可以达到 35MHz，如果屏蔽用材料的电阻又比较大时，在接头中间屏蔽管的根部将产生大于 3kV/mm 的场强，这个高场强将造成接头气隙部分放电击穿。

由于上述的原因，为了等效运行，现场试验改为交流电压。在交流电压作用下，由于电缆的电容值不同，应先计算电缆的电容值，再根据电容的大小确定试验设备的容量。例如，一条 110kV 电缆，截面积 630mm²，长度 1.5km，单位长度电容 200pF；根据竣工试验标准，试验电压 126kV/60min，试验时的电容电流为 $I= 2\pi fCU$=11.86A，设备容量 $P=IU$=1495.5kVA；可见不采用谐振变压器试验设备，这样的设备是很巨大的。CIGRE 21.09《高压挤包绝缘电缆竣工试验（建议）导则》中推荐工频及近似工频（30～300Hz）的交流电压。这种交流电压可重现与运行工况下相同的场强，其等效性好、效率高、试品长度几乎不受限制，中国的交接试验标准和产品安装后试验标准也采用了该试验电压。

由于串联谐振设备依然笨重，使用 0.1Hz 耐压试验方法，虽然能够发现中压电缆绝缘界面上的缺陷，但对于本体绝缘中缺陷的发现尚需更多的实践证明。根据上述设备容量的计算方法可知，试验相同电缆线路，0.1Hz 试验方法的电流只有 50Hz 试验方法的 1/500，设备的容量也就下降了 1/500，上面相同电缆线路所需设备的容量将为 2.99kVA，可看出这样的设备将非常实用于便携。但是，由于产生 0.1Hz 高压比较困难，目前主要用于中压电缆的试验。经过现场论证，采用 0.1Hz 超低频电压进行试验时，其试验电压可取为 50Hz 时的 1.5～1.8 倍。由于等效性问题，目前中国的国标和企业标准中尚未采纳这种试验方法。

6.3 试验电压频率

试验电压频率范围对于现场试验来说是个比较重要的问题。就目前国内外的提法来看，可将应用频率划分成 4 类，如图 6-8 所示：第 1 类为较宽频率范围 30～300Hz、20～300Hz、1～300Hz；第 2 类为工频范围，45～65Hz，45～55Hz；第 3 类为接近工频，35～75Hz；第 4 类为超低频 0.1Hz。

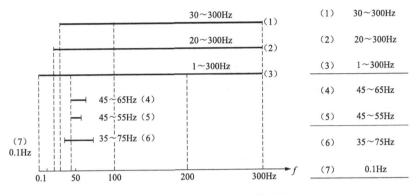

图 6-8 试验电压频率范围分类

6.3.1 较宽频率交流电压

国际大电网会议第 21.09 工作组，建议谐振试验频率范围为 30~300Hz，实际上更低一些的频率也具有较好地等效性。IEC 60840 和 IEC 62067 标准草案（2001年和 2000 年）规定可采用 20~300Hz，现在已成为正式标准。国外有些厂家设计串联谐振电抗器，在特殊情况下也有采用最低频率为 20Hz 或 25Hz 的。当然频率越低，被试电缆的长度（电容量）可增大，电抗器铁心因此放大，使重量增加。有资料显示，在某些特定方面 1~300Hz 的交流试验也具有与工频交流试验一定的等效性，这说明实际应用中频率下限有可能取得更低，例如小于 20Hz 甚至到 0.1Hz 也是可行的。在这样的低频率范围内，绝缘内部各介质的电压分布及介质特性开始出现转变。当工作频率超过 300Hz，随着频率增高，串谐电抗器及励磁变压器的损耗降低，但被试品电容介质的极化发热开始凸显问题，因此频率高于 300Hz 是不可取的。

6.3.2 工频交流电压

工频主要有 50Hz 和 60Hz 两种，故 IEC 标准规定高压绝缘试验的频率范围为45~65Hz，在中国工频为 50Hz。GB/T 16927.1 规定工频试验频率范围为 45~55Hz。中国技术人员认为工频电力电缆的试验电压也必须是工频。交接和预防性试验的目的在于发现绝缘缺陷。在不同的频率下，只要绝缘内部介质电压分布相同，就有检出绝缘故障的能力，因此选用比工频范围更宽的频率也是可以的。在 20 世纪 90 年代中期为了选择适当的交流耐压试验的频率范围，世界各国通过大量、仔细的基础研究工作，得出频率在 30~300Hz 范围内的电压试验相关性较好，在这样的频率电压下，XLPE 电缆内部几种典型绝缘缺陷的击穿特性没有明显差别，其主要原因是电缆绝缘结构为同轴绝缘结构，单一绝缘介质的电场分布相对简单，特别是绝缘结构的界面均垂直于电场分布。因此，在不同频率下，电缆绝缘结构内部电压分布相同。对于电缆附件而言，这样的理解可能存在问题，不能一概而论。

6.3.3　35～75Hz 频率交流电压

国外曾对正常 XLPE（交联聚乙烯）绝缘电缆样品，在不同频率下进行击穿试验，如图 6-9 所示。结果表明在频率 35～75Hz 的击穿电压均落在置信度 95% 之内。因此有观点赞成试验电压频率最好选在 35～75Hz，也较为靠近运行电压频率 50Hz。值得注意的是，上述测试结果是对正常绝缘做的击穿试验，而交接和预防性试验所采用的试验电压值是偏低的，它只能击穿有缺陷的绝缘弱点（机械损伤、水树枝、终端或接头盒应力锥施工或用料错误等），完全不足以击穿电缆本体的正常绝缘，可见两种试验的目的和工作机理均不相同。似乎没有必要将正常绝缘的 35～75Hz 电压击穿特性"延伸"应用到检测绝缘缺陷方面。此外，研究报告比较了正常和有缺陷 XLPE 电缆样品在 50Hz 和 250Hz 两种频率下的击穿特性统计值，如图 6-9 所示。表明在这两种频率下，有缺陷的电缆和没有缺陷电缆的击穿特性没有明显的差别。

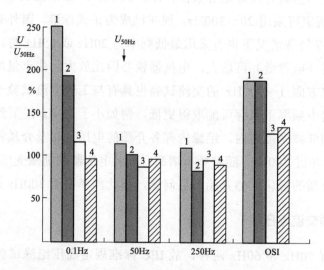

图 6-9　XLPE 电缆在不同频率和电压波形下击穿

1—新电缆；2—针—板电极；3—电缆有机械"故障"；4—电缆有水树枝

归纳上述各点来看，30～300Hz（或其相近频率）变频串联谐振交流耐压试验选用 $2U_0$ 作为交接试验电压标准是合适的。它能发现一般较明显的或较严重的绝缘缺陷。如果选用更高一些的试验电压，它有可能多发现一些较轻微的绝缘缺陷，但增加了一些有轻微缺陷能继续使用的电缆提前击穿的危险性。

因此，在 2006 年后中国修编的各标准中均已经取消这种试验电压。国际大电网工作会议第 21 工作组在《高压挤包绝缘电缆竣工验收试验建议导则》中已经推荐使用工频及近似工频（30～300Hz）的交流试验方法。IEC 60840 标准中对 45～150kV

电缆敷设后试验标准中增加了 $1.7U_0/5min$ 或 $1U_0/24h$ 的交流试验标准。而对于 220kV 等级，IEC 62067/CD 草案中也已经取消了电缆敷设后直流耐压试验的标准，规定只做频率为 20～300Hz，电压为 $1.4U_0/60min$ 耐压试验。

6.4 现场试验要求

6.4.1 环境要求

由于电缆试验主要使用调频串联谐振装置，这种装置在工作时会发出巨大的热量，需要考虑设备的散热问题，例如强制散热；此外，工作环境的温度和相对湿度应不超过规定值，一般规定试验环境湿度不超过 70%，在有雨的情况下严禁试验。

6.4.2 设备及绝缘距离要求

（1）可移动要求。一般试验设备的电抗器质量 1t 以上，励磁变压器 2t，再加上车辆质量约 4t，使试验设备质量达到 8t 以上。设备必须放置在运输车辆上才能移动，同时随运输车辆需配备一台吊车，以保证在试验地随时将设备摆放就位。

（2）试验电压连接线。高压电源经过专门的引线引入电缆终端或气体绝缘开关（GIS）试验端上，导线对地应保持绝缘距离，相关标准要求的绝缘距离如表 6-5～表 6-12 所示。

表 6-5　　　　导线与树木（考虑自然生长高度）之间的垂直距离

标称电压（kV）	110	220	330	500
垂直距离（m）	4.0	4.5	5.5	7.0

表 6-6　　　　在最大计算风偏情况下导线与树木之间的净空距离

标称电压（kV）	110	220	330	500
距离（m）	3.5	4.0	5.0	7.0

表 6-7　　导线与果树、经济作物、城市绿化灌木及街道树之间的最小垂直距离

标称电压（kV）	110	220	330	500
垂直距离（m）	3.0	3.5	4.5	7.0

表 6-8　　　　　　送电线路与弱电线路的交叉角

弱电线路等级	一级	二级	三级
交叉角	≥45℃	≥30℃	不限制

表 6-9 导线距建筑物的水平安全距离

电压等级（kV）	距离（m）
1 以下	1.0
1～10	1.5
35	3.0
66～110	4.0
154～220	5.0
330	6.0
500	8.5

表 6-10 变电站内设备不停电时的安全距离

电压等级（kV）	安全距离（m）
10 及以下（13.8）	0.70
20～35	1.00
44	1.20
60～110	1.50
154	2.00
220	3.00
330	4.00
500	5.00

表 6-11 人身与带电体的安全距离

电压等级（kV）	10	35	63（66）	110	220	330	500
距离（m）	0.4	0.6	0.7	1.0	1.8（1.6）	2.6	3.6

表 6-12 绝缘操作杆，绝缘承力工具和绝缘绳索的有效长度

电压等级（kV）	有效绝缘长度（m）	
	绝缘操作杆	绝缘承力工具、绝缘绳索
10	0.7	0.4
35	0.9	0.6
63（66）	1.0	0.7
110	1.3	1.0
220	2.1	1.8
330	3.1	2.8
500	4.0	3.7

注 通常试验设备的电抗器高压端可接至被试验电缆的户外终端上。

（3）初级电源的连接电缆。大多数试验电源均从用户的系统获取。根据被试电缆的长度和电容，功率可达 200kVA 以上。但是，在很多场合下，调频串联谐振装置还需添加移动的发电机组。根据试验电缆长度，发电车的发电量将达到 1000kVA，引线电缆长度可能达到 200m，发电本质量近 30t，需要稳固地停放场地。

（4）起吊工作。试验设备中的电抗器由于自身质量可达到 2t 以上，体积庞大，

且距吊车有一定距离，需要 25t 以上的起重机吊臂才能满足要求。这样，在现场就可直接进行卸载，试验工作不受其他任何辅助设备的限制。

（5）设备控制。移动试验设备是按成套设计的，适用于户外和内部宽敞场地，包括电子器件控制设备，容纳操作和观察人员的空间。但对于分散设备，设备的控制单元应放在安全距离以外进行操作。

6.4.3 操作要求

（1）现场高压试验应填写工作票。在一个电气连接部分同时有检修和试验时，可填写一张工作票，但在试验前应得到检修工作负责人的许可。在同一电气连接部分，高压试验的工作票发出后，禁止再发出第二张工作票。在加压部分与检修部分之间的断开点，应确认试验电压有足够的安全距离，并在另一侧挂接地线。在断开点应挂有"止步，高压危险！"的标示牌，并设专人监护。高压试验工作不得少于两人。

（2）由于电缆设备较长，电容较大，升压时会产生过电压，因此在许可的条件下，应在电缆线路对侧安装一个分压器，并有人监测。

（3）试验装置的金属外壳应可靠接地；高压引线应尽量缩短，必要时用绝缘物支持牢固。试验装置的电源开关应使用明显断开的双极刀闸。为了防止误合刀闸，可在刀刃上加绝缘罩。试验装置的低压回路中应有两个串联电源开关，并加装过载自动掉闸装置。

（4）加压前必须首先计算好调谐频率，认真检查试验接线，表计倍率、量程，调压器零位及仪表的开始状态均正确无误，通知有关人员离开被试设备，并取得试验负责人许可，方可加压。

（5）变更接线或试验结束时，应首先断开试验电源，放电，并将升压设备的高压部分短路接地。

（6）未装地线的被试电缆应先行放电再做试验。高压直流试验时，每一段落试验结束时，应将电缆对地放电数次，并短路接地。

6.5 配 套 试 验

IEC 标准对交联电缆试验要求的趋势在 CIGRE 的推荐序列中已经有所体现，在交联聚乙烯绝缘电力电缆开展试验时，该序列应从局部放电测量、工频耐压、变频耐压、直流顺序展开。IEC 60502：2004（适用于中低压 1～30kV 电缆）、IEC 60840：2020（适用于高压 45～150kV 电缆）、IEC 62067：2011（适用于超高压 220～550kV 电缆）就是这些要求的具体体现。在这些试验标准中最能反映电缆缺陷的试验是局部放电测量，因此，所有试验标准都在向这方面靠拢，或者将它作为附加试验要求，在国家电网公司企标 Q/GDW 11316—2018《高压电缆线路试验规程》中就是这样选择的。

为了降低高电压对绝缘的损伤，新标准中，关于局部放电量的性能指标已经发生变化，中低压电缆局部放电量由在 $1.5U_0$ 电压下不大于 20pC 改为在 $1.73U_0$ 电压下不大于 10pC；高压电缆局部放电量仍然是在 $1.5U_0$ 电压下不大于 10pC；超高压电缆局部放电量在 $1.5U_0$ 电压下为 10pC 或在更低背景噪声的灵敏度下无可分辨的局部放电。运行中在线测量局部放电的方法也在逐步完善，目前，国内主要遵循 Q/GDW 11316—2018，该标准要求现场电缆耐压同时进行局部放电测量。但是，该标准没有给出具体的局部放电量参数，这是由于现场测量局部放电困难较大，干扰远远大于电缆系统内的局部放电量。通过数字滤波和硬件滤波的方法过滤外界干扰，效果不够理想。同时，测量频段也是造成上述结果的原因。研究认为，只有当频率大于100MHz 以上时，干扰信号才相对较少。因此，CIGRE 考虑采用 UHF 频段进行局部放电测量，中国也已经开始在电缆线路上采用超高频局部放电测量。

6.6 运 行 试 验

为了保证电缆线路的安全运行及良好状态，运行部门主要进行与电压或电流有关的试验、负荷测量、温度检查、护套中环流测量、在线（离线）局部放电测量和电缆进水处理完成后的含水量测量等工作。

6.6.1 电压、电流试验

预防性耐压试验是鉴定绝缘情况和探查隐形故障的有效措施。在国际上，这种试验早已普遍采用，收到很好的效果。但目前大量使用的 XLPE 绝缘电缆已不再使用直流电压作为预防性试验电压，而使用交流或变频交流电压。在预防性试验中，如发现电缆有绝缘情况不良的，应设法使其击穿或加强运行中的在线监视，以防止在运行中发生故障。

此外，目前开发出并应用于高压 XLPE 电缆的绝缘诊断方法还有直流成分法、直流叠加法、谐波分量法、场致发光法、交流叠加法、低频率叠加法和在线 $\tan\delta$ 法。这些方法通过测定电压或电流信号进行绝缘老化诊断。其中，在线 $\tan\delta$ 法（介质损耗法）为测量线路电压与流经绝缘体的电流之间相位差。研究显示，$\tan\delta$ 的大小随电缆老化程度的增加而增加，在低频下电缆 $\tan\delta$ 与水树状况有良好的相关性。研究表明，当 $\tan\delta$ 大于 1%时，绝缘可判断为不良。目前国内外都开发这种低频下测量介损的设备，并应用于在线测试系统中。目前在线 $\tan\delta$ 法的缺点是没有统一判据。

6.6.2 负荷测量

电缆的容许载流量取决于导体的截面积和最高许可温度、绝缘及保护层的热阻系数、电缆结构的尺寸、线路周围环境的温度和热阻系数、电缆埋深以及并列敷设的电缆条数等。由于各季节气候温度不同，电缆容许载流量亦随之而异。测量时间及次数应按现场运行规程执行，一般应选择最有代表性的日期，在负荷最特殊的时间进行测量。

6.6.3 温度、负荷检查

电缆的温度和负荷有密切关系，仅仅检查负荷并不能保证电缆不过热，这是因为：①计算电缆容许载流量时所采用的热阻系数和集肤因数与实际情况可能有些差别；②设计人员在选择电缆截面积时，可能缺少关于整个线路敷设条件和周围环境的充分资料；③城市或工厂区域内经常有改建工程和安装新的电力电缆或热力管路等，对于原来的周围环境和散热条件产生影响；④电缆沟道、隧道内电缆敷设条数越来越多，引起的散热条件变化等。因此，运行部门除了经常测量负荷外，还必须检查电缆的实际温度来确定有无过热现象。

研究发现，当 XLPE 电缆工作温度超过允许值的 8%时，其寿命将减半；如果超过 15%．电缆寿命将只剩下 1/4。检查温度一般应选择负荷最大时和在散热条件最差的线段（不少于 10m）。测量电缆温度时应同时测量周围环境温度，测量周围环境温度的热电耦应与电缆保持一定的距离，以免受电缆散热的影响。电缆负荷和电缆表面温度经测定后，缆芯导体的温度可按下式求得：

$$T_1 = T_2 + \frac{I_n^2 n\rho S}{100A} \qquad (6\text{-}2)$$

式中：T_1 为导体温度，℃；T_2 为电缆表面温度，℃；I_n 为试验时电缆负荷，A；n 为电缆线芯数；ρ 为在 50℃时的电阻系数，铜约为 0.0206（$\Omega.mm^2$）/m；S 为电缆绝缘及护层的热阻；A 为电缆截面，mm^2。

光纤技术已经用于电力电缆线路及周围设备环境温度监测。利用光纤中光的拉曼散射原理制作温度传感器。光时域反射仪（Optical Time Domain Reflectormeter，OTDR）连接的分布式光纤沿每条电缆铺设，连续测量电缆温度信息。由所测温度值、电缆的散热系数和周围的敷设环境等条件，建立护套表面温度与电缆线芯温度或载流量之间的对应关系，即可推导出电缆线芯温度。有的电缆厂家在生产高压或超高压电缆产品时，已将感温光纤直接安放在电缆内部，对电缆温度进行全线监测，测量距离最远可以达到 30km，如图 6-10 所示。如果用户只对接头温度等一些关键点温度监控感兴趣，可以采用在接头上多缠绕光纤的方法，增加精度。短电缆系统可选取光栅测温系统，光栅测温系统可以对一定数量点的温度进行非常精确的测量，其精度远高于分布式光纤测温系统。

国内外现在普遍采用红外成像技术，测量电缆特殊点的温度。红外成像技术对于电缆户外终端内部缺陷检测和接头连接点、接地点检测比较有效，是国家电网公司推荐的方法之一。

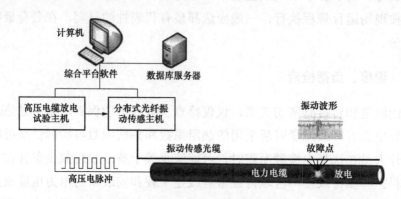

图 6-10　光纤测温系统图

6.6.4　与金属套中环流有关的测量

对于单芯电缆，当护套破损或在电缆线路两端直接接地和错误的接地存在时，环流就会发生。测量环流时，应使用钳形电流表测量所有单相和三相接地线中的电流值，此电流值由电容电流、泄漏电流、损耗电流和环形电流组成。其中，泄漏电流和损耗电流相对比较小，一般钳形电流表不可能测量到该值，电容电流可以计算，它满足式（6-3）：

$$I = \omega C U \qquad (6\text{-}3)$$

式中：ω 是角频率，等于 $2\pi f$；C 是电缆总电容；U 是电缆相电压。

如果测量的电流值大于上述公式时，电缆接地系统中就存在环流，按照标准，当环流达到负荷的 20%，环流大于 100A，电缆绝缘护套应及时修理。修复原则如下：①电缆外护套表面应清洗干净，或刮去电缆护套表面的石墨层；②从故障点边缘向外两侧各 50mm 范围内，开始刮除石墨层；③在刮除石墨层的绝缘护套上缠绕 4mm 厚的绝缘胶带；④在绝缘胶带外 5mm 的地方开始绕包一层厚度为 1mm 的半导电带（电缆外层有半导体层），保证半导电带和电缆外石墨层相连接；⑤使用环氧玻璃丝带从半导体带外边缘 20mm 处开始绕包全部破损点，确保机械强度；⑥最后绕包两层 PVC 带作为保护。

在接地线中的环流也会使接地线绝缘温度上升，使接地线老化，特别是接地线连接不良的部分，温度变化更甚。

6.6.5　与环境因素有关的监测

其实电缆系统本身的安全运行与外部环境因素息息相关。对电缆隧道内水位、有害气体以及隧道附属设施等因素进行监控，可以避免隧道塌陷、隧道可燃气体引发的火灾和人身事故等。因盗窃导致的隧道火灾和设备事故频发，严重威胁到电缆系统的安全运行，所以加强出入口的监控非常必要。

近年，采用多参数状态监测系统及机器人进行实时监控，开创了综合监测的新思路。综合监控主要包括电缆线路本身因素和环境因素，包括电缆负荷监测、电缆接地电流监测、电缆局部放电监测、介质损耗监测、地下设施出入口的监控、隧道内水位监测、隧道内有害气体监测、隧道环境温度监测等内容。机器人来巡线可以减少人员的工作量，但由于造价昂贵，使用条件要求严格，影响了大范围的推广应用。

6.6.6 电缆内护套和外护套进水试验项目

2006 版以前的交接试验标准中对于中压电缆规定用电阻值试验方法，来判断电缆护套是否进水。当对比原试验结果，发现铜屏蔽和导体之间的电阻有所变大时，表明铜屏蔽可能进水被腐蚀。现场试验时，测量钢带铠装和屏蔽层之间电阻以判断电缆内护层是否进水。由于中压电缆外护套外没有半导电层，因此无法进行钢带铠装对地的绝缘电阻试验以判断外护套是否破损进水。

6.6.7 主绝缘的电阻

66kV 以上电压等级的高压电缆，不存在内护套，但外护套外设计有半导电层，可以进行外绝缘护套的绝缘电阻试验。然而，有关标准中均没有规定主绝缘的电阻值，说明主绝缘的电阻值是一个参考值。原则上说，只要不等于零，均可认为合格，或自行规定主绝缘电阻值。

6.6.8 外护套或中压等级的内护套的绝缘电阻测量

标准规定，外护套要使用 500V 绝缘电阻表测量 1min 的绝缘电阻值，外护套每千米绝缘电阻值必须大于 0.5MΩ。

由于塑料绝缘电缆金属套、铠装及涂层用的材料是铜、铅、铁、锌和铝以及半导电材料，所以当电缆外护套或内护层进水后，这些金属的电极电位（铜+0.334V、铅-0.122V、铁-0.44V、锌-0.76V、铝-1.33V 和导电炭黑+3.7V）相互作用，就会产生电化学腐蚀作用。例如当塑料电缆外护套破损进水后，由于地下水不是纯净的水，在钢带的镀锌层上会形成-0.76V 的电位，如果内衬层也破损，铜带上就会形成+0.334V 的电位，那么钢带和铜带之间就会形成 1.094V 的电位差。在存在电解液的情况下，这个电位就开始产生化学反应并腐蚀铜带。金属锌可与溶液中的氢离子发生氧化还原反应，所以在电位差的作用下，锌的电子就会经导线到铜表面失去，从而在外电路引起电流。反应式如下：

正极：
$$Cu^{2+}+2e=Cu \qquad (6-4)$$
负极：
$$Zn-2e=Zn^{2+}$$

铜、锌两个电极一同浸入稀硫酸时，由于锌比铜活泼，容易失去电子，锌被氧化成二价锌进入溶液，电子由锌片通过导线流向铜片，溶液中的氢离子从铜片获得电子，被还原成氢原子。铜表面的气泡来源是锌丢失的电子与溶液中的氢离子发生了反应。可以推知锌流出电子，在流经铜导线时，将电子转移给铜四周的氢离子。

将万用表的正负极性表笔互换测量，此时，在测量回路中由于形成的原电池和万用表内的干电池串联，极性组合电压相加，测得的电阻值较小；反之，测得的电阻值较大。所以，当两次测量的绝缘电阻值相差较大时，表明已经形成原电池，可以判断为外护套和内护套已经破损。由于高压电缆没有内护套，也不存在铜带屏蔽，只有金属套（铝）。所以，高压电缆绝缘外护套一旦破损，铝套就和外面的金属构架（镀锌钢材）发生电化学反应。反应方程式如下：
$$Zn+H_2SO_4=ZnSO_4+H_2\uparrow \qquad (6-5)$$
$$2Al+3ZnSO_4=Al_2(SO_4)_3+3Zn$$

硫酸铝俗称明矾，溶于水，显酸性，在高温下分解成氧化铝和硫酸根离子，水解后形成氢氧化铝胶状物。持续的反应会使电缆铝护套形成穿孔。

6.6.9 护层保护器参数试验方法及作用分析

护层保护器属于氧化锌避雷器，国内外标准对护层保护器的一般要求如下：①正常运行时护层保护器不应动作，$0.75U/1mA$ 下的泄漏电流不应大于 $50\mu A$；②在雷电和操作冲击电压作用下，护层保护器应动作，保护器残压值的 1.4 倍仍应低于电缆外护层的冲击耐压值；③护层保护器应能通过最大冲击电流 20 次而不损坏。

为了降低金属护套对地的过电压，避免外护层击穿，非直接接地金属护套通常经护层保护器再接地。鉴于目前输电电缆外护层绝缘电阻普遍偏低，需要考虑其引起或伴随外护层耐压水平降低的可能性。当金属护套出现过电压时，若电缆外护层击穿电压低于电缆护层保护器的起始动作电压，很可能出现护层保护器还未动作而外护层就被击穿的事故。因此，护层绝缘降低时护层保护器需要重新进行参数配置，通过降低保护器绝缘水平，以保护绝缘降低的外护层。DL/T 401—2019《高压电缆选用导则》规定保护器在最大工频电压下需承受 5s 不损坏，即要求保护器在短路故障时动作又不损坏。当电缆线路因接地故障出现工频过电压时，护层保护器应动作，以降低金属护套过电压。保护器能吸收工频过电压的能量，代价是保护器寿命的降低。《电力工程电缆设计规范》又规定，正常运行时金属护套的感应电压不应超过 300V，能与人体直接接触部分的感应电压不应超过 50V。护层保护器试验原理如图 6-11 所示，试验表明，无论采用原护层保护器，还是降低伏安特性 80%和 60%的护层保护器，在正常运行时金属护套上的电压均小于 50V，流经保护器的泄漏电流在 50μA（标准值）以内。由于保护器没有动作，降低保护器的伏安特性后金属护套上的感应电压基本保持不变，保护器的泄漏电流虽有上升，但仍为微安级。所以，降低护层保护器伏安特性后的过电压和泄漏电流仍能满足要求。

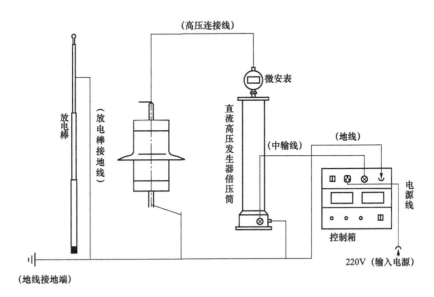

图 6-11　护层保护器试验

（1）雷电波对护层保护器的影响。现场研究发现，当雷电波侵入电缆线路时，在护层保护器上的过电压和过电流波形如图 6-12 和图 6-13 所示。

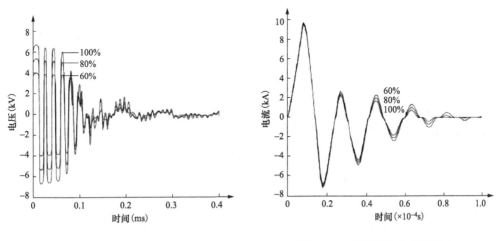

图 6-12　单端接地电缆线路不同
保护水平下的保护器残压波形

图 6-13　单端接地电缆线路入
侵雷电波下的保护器电流波形

从试验数据可见，降低保护器伏安特性后，电压、电流波形基本保持不变，只是幅值上的变化。以交叉互联电缆为例,保护器的残压(3.98kV 和 3.92kV)乘以 1.4 的值(5.57kV 和 5.49kV)低于外护层的雷电冲击耐受电压 37.5kV(对 110kV)。降低保护器绝缘水平后,其放电电流(8.75kA 和 5.29kA)仍小于标称放电电流。因而电缆外护层的绝缘水平降低,可以相应降低护层保护器的伏安特性与之匹配来实现外护层的保护。

(2)在空载合闸过电压下护层保护器过电压。由于中国 110kV 及以上的电力系统均属于直接接地系统,可不考虑电弧接地过电压。随着制造水平的提高以及并联电阻的应用,断路器切除小电流时基本达到不重燃,切除空载线路和切除空载变压器时的过电压不再重要。但是正常的操作却经常发生,需要考虑这种情况下的过电压问题。实测发现,若电缆外护层的绝缘水平降低,同时降低护层保护器的伏安特性(降低到 60%),保护器动作后的残压为 3.90kV 和 3.80kV,流经保护器的电流为 4.68kA 和 3.94kA,如图 6-14 和图 6-15 所示。

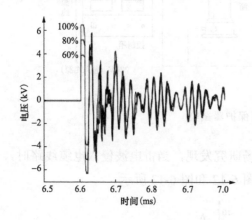

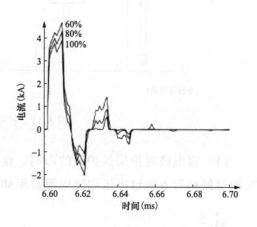

图 6-14　交叉互联处的保护器电压波形　　　　图 6-15　交叉互联处的保护器电流波形

相关标准中没有规定电缆外护层操作波耐压水平,鉴于保护器动作后的残压并不大。严格来说只要电缆外护层的操作耐压不低于 5.46kV(3.90kV×1.4=5.46kV)就可以用 60%的保护器进行保护。从上述数据看出,在操作过电压作用下,降低保护器伏安特性后,保护器能正常工作从而保护绝缘降低的外护层。

(3)故障时护层保护器特性。在发生单相短路故障时(110kV 电缆,故障电流 30kA),产生很大的故障电流和零序电流,如图 6-16~图 6-19 所示。从图可知,当发生单相短路时,若电缆外护层绝缘水平正常,配以 100%护层保护器,单端接地故障相保护器将动作,动作后不接地首端电压幅值为 6.33kV,流经保护器电流幅值为 4.70kA。而交叉互联接地处电缆接头 1 和接头 2 的电压幅值分别为 6.37kV 和 6.41kV,电流幅值分别为 1.89kA 和 2.36kA,相对单端接地电缆要低一些。可见,交叉互联上的保护器需要吸收的短路能量要低于单端接地保护器所需吸收的能量。由图 6-16 可见，由于不接地端金属套短路过电压较高，保护器从发生短路故障直到继电保护切断故障这段时间都会动作，且流经保护器的电流较大，保护器需要吸收巨大的短路能量，很有可能发生热崩溃而爆炸。

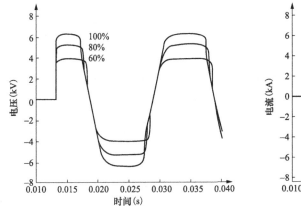 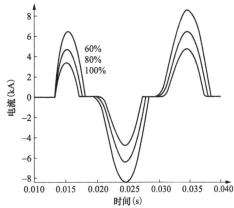

图 6-16　单相接地故障时护层保护器电压波形　图 6-17　单相接地故障时护层保护器电流波形

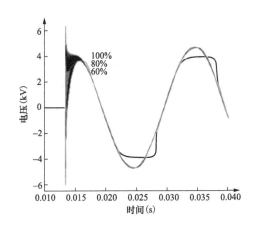 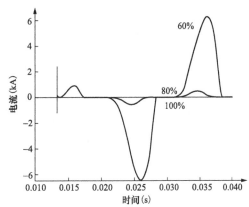

图 6-18　单相接地故障时交叉互联处电压波形　图 6-19　单相接地故障时交叉互联电流波形

从表 6-13 中的试验数据也可以看出，降低伏安特性后，保护器所吸收的短路能量远远大于单个保护器的吸收能力，单一的护层保护器有时不能完成短路能量的释放，需要采用并联多个保护器的方法来增大释放能量的能力。

表 6-13　　　　　　　不同短路电流下护层保护器所吸收的能量

接地方式	短路电流（kA）	保护器保护水平	安装位置	0.1s 内吸收能量（kJ）
单端接地	30	100%	首端	1190
	20	100%	首端	69.79

续表

接地方式	短路电流（kA）	保护器保护水平	安装位置	0.1s 内吸收能量（kJ）
单端接地	15	100%	首端	4.46
		80%	首端	48.80
		60%	首端	189.49
	10	100%	首端	0.04
		80%	首端	0.70
		60%	首端	11.15
交叉互联	30	100%	接头1	5.85
			接头2	1.70
		80%	接头1	58.48
			接头2	7.44
		60%	接头1	762.26
			接头2	52.41
	25	100%	接头1	1.00
			接头2	1.13
		80%	接头1	7.06
			接头2	1.92
		60%	接头1	113.15
			接头2	14.62
	20	100%	接头1	0.39
			接头2	1.04
		80%	接头1	0.89
			接头2	1.18
		60%	接头1	9.92
			接头2	2.28

6.6.10 超低频（0.1Hz）耐压试验

0.1Hz 超低频耐压试验只用于中压电缆线路发现 XLPE 绝缘界面缺陷，根据研究结果，它和工频试验发现缺陷是有区别的。对于 XLPE 绝缘电缆是否进潮或进水有一定的鉴别能力。试验原理是将 50Hz 交流电通过整流和滤波环节变成所需的直流电压，通过逆变电路，将此直流电压逆变为 1kHz 交流电压，再由 0.1Hz 正弦振荡器进行调幅处理，得到 0.1Hz 的变化调幅波。这个调制电压是通过两个高压变压器与电压倍增电路产生的频率按 0.1Hz 正弦波或余弦波变化的高电压。试验和研究表明，0.1Hz 电压对 XLPE 电缆水树枝的监测十分有效，而水树枝的产生和发展是

XLPE 绝缘电缆最主要的老化方式。

超低频交流耐压试验最关键的问题是确定进行试验的电压，只有施加的试验电压正确，才能保证得出正确的结论。目前国内这方面的研究甚少，根据国外的试验资料介绍，0.1Hz 时的试验电压为 50Hz 时的 1.5～1.8 倍，如下式：

$$U_{0.1} = \lambda U_{50} \tag{6-6}$$

式中：λ 为常数，取值为 1.5～1.8；U_{50} 为预定的 50Hz 交流试验电压值，kV；$U_{0.1}$ 为 0.1Hz 试验电压值，kV。

$U_{0.1}$ 值和 U_{50} 之间相关性存在问题，在 DL/T 596—2019《电力设备预防性试验规程》中尚未作为试验标准，但国家电网公司企业标准将 0.1Hz 电压下的介质损耗因数作为运行中中压电缆进水的依据。

这种试验方式的优点如下：

（1）这种耐压试验方法对于开始老化但还可使用的电缆有明显的优势。

（2）相比直流压试验，它具有了一定的交变磁场特征，对新敷设电缆和经过维修的电缆，0.1Hz 试验电压对于发现附件界面的绝缘老化有一定的优势。

（3）与工频耐压试验设备相比，0.1Hz 试验设备体积较小、质量较轻。试验时，0.1Hz 电压在被试品上的分布和实际运行时电压在被试品中的分布相同。国内外大量研究表明，用此方法替代工频耐压试验是因为这两种电压对于复合绝缘中缺陷的检验能力是近似相同的，有一定的等效性。又由于交流试验设备的容量与试验频率成正比，用此试验方法可以在很大程度上降低交流耐压试验设备的容量，理论上可比 50Hz 工频耐压设备容量降低 500 倍。但由于结构等原因，实际可降低到 50～100 倍，这样就有利于现场试验使用。

0.1Hz 试验方法的缺陷是被试品电缆在超低频耐压与工频耐压下的一致性较差，如表 6-14 所示。而且目前开发的 0.1Hz 超低频耐压试验设备由于其输出电压等级不够高，无法试验高压 XLPE 电缆。

表 6-14　　　　　各种方法试验电压对于 XLPE 电缆效果比较

项　　目	超低频（0.1Hz）试验	工频谐振试验	变频谐振试验
升压等效性	一般	好	好
故障检出率	一般	很好	很好
对试品模仿	不好	好	好
试验设备功率	最小	小	小
试验时间	45，60min	5，15min	5，15min
现场使用	现场实施容易，但无法满足高压要求	系统结构复杂，现场使用困难	现场使用容易

6.7 竣工试验步骤

6.7.1 总要求

（1）在连接高压引线前或试验中更换高压引线时，应先对电缆本体充分放电。

（2）电缆试验前要检查接地线，以保证接地牢靠；试验完成后拆除接地线时，应征得工作许可人的许可方可进行。

（3）电缆耐压试验的高压引线的连接方式必须按照所示的结构连接，不能从终端的导杆直接向下，否则会改变终端内部场强，导致击穿。

（4）在电缆试验过程中，作业人员应戴好绝缘手套。

（5）电缆耐压试验分相进行时，另两相电缆应接地。

（6）电缆试验结束，应对被试电缆进行充分放电，并在被试电缆上加装临时接地线，人员撤离后才可拆除。

6.7.2 试验步骤

1. 直流试验步骤

（1）将电缆充分放电，测量电源电压值，设备指示仪表调零，调压器置于零位。

（2）按照试验接线图由一人接线，高压引线不接入电缆终端上，接线完后由另一人检查，试验仪器现场布局是否合理。

（3）合上电源刀闸，启动设备空升压，逐步升压至试验电压值，检查设备是否升压完好，切断电源。接高压引线至终端，按预先确定的电压值：在 0.25、0.5、0.75 倍试验电压下各停留 1min，读取泄漏电流值，在 1.0 倍试验电压下读取 1min、5min 及规定时间的泄漏电流值。

（4）试验完毕，应先将升压回路中调压器退回零位并切断电源；放电，挂地线。

2. 交流试验步骤

（1）试验方案的确定。按照 GB 50150—2018《电气装置安装工程　电气设备交接试验标准》或 Q/GDW 11316—2018《高压电缆线路试验规程》的规定，110kV 或 220kV 电缆主绝缘交流耐压试验时间为 1h。考虑升压 1h 后高压电抗器温度升高，需冷却 1h 后才能继续工作，故单根电缆试验时间需要 2h，一般两回 6 根电缆试验时间估计需要 12h。

再考虑电缆试验前串联谐振设备吊装、布置、塔上接线准备、塔上换线、GIS 设备操作时间，实际试验工作需从当天早上开始直至第 2 天早上才能完成。因需在塔上进行变更试验接线，加之夜间温度较低、光线较差，工作危险性较高等需要考虑安全问题。

（2）试验设备的选择（举例计算）。

电抗器参数：780kVA/130kV/6A/144H/180min，试验频率为 30～300Hz，共 5 台。

无局部放电分压器：单节 6000pF/200kV，3 节。

电缆参数：110kV 1×400mm^2 电缆电容为 0.156μF/km，假设电缆全长为 2.466km，电缆电容量 C=0.156×2.466=0.385μF。考虑分压器电容量，试品电容 C_x=0.385+0.006=0.391μF。试验时 3 台电抗器并联，谐振频率 f 及试验电流 I_c 计算如下：

$$f = \frac{1}{2\pi\sqrt{LC_X}} \tag{6-7}$$

式中，L=48h，C_x=0.391μF，U_T=128kV，f=36.76Hz。试验容量 P_O=UI=1478.4kVA，$I_C = U_T \times 2\pi f \times C_X \approx 11.55(A)$。根据计算，现场只需选用 3 台高压电抗器和 1 节分压器就能满足试验的频率（36.76Hz）要求。

（3）试验准备工作。

1）确认被试品电缆 GIS 终端已经插至 GIS 气室内（但不能连接至设备），气室微水应合格或者增加压力以确保绝缘水平。拆除 GIS 室内的线路电压互感器及避雷器导电杆，一次接线断开接地开关，拉开进线 GIS 间隔隔离开关，接地开关接地。将线路杆塔上的避雷器引线打开并使避雷器接地，对铁塔接地电阻进行复核性测试，应满足现场试验要求。

2）配置试验专用电源，其电压及电流应满足要求，设备低压进线电缆截面与设备总负荷之间关系的确认。

3）在电缆终端塔下布置好安全围栏。变电站 GIS 室派专人进行相关设备操作及安全监护工作。将串联谐振试验设备提前装运到电缆终端铁塔下，配备吊车及斗臂车协助试验工作。在终端铁塔处配置夜间工作照明设备，以备急用。

4）试验时天气应良好，空气湿度不超过 80%。

5）电缆线路中所有接地箱、交叉互联箱中的导体短接并接地。

（4）具体步骤。

1）点击变频电源操作台上"频率调谐"功能键，加减频率使之达到谐振，调谐完成后检查频率是否为计算的数值。

2）当达到谐振点后，点击电压"加、减"手动升压，采用分级升压方式，每级 10kV，维持 5min，然后再升级，直到试验电压。

3）当电压达到试验电压要求后，维持 1h。

4）试验完成后，逐渐降低电压至零；然后放电接地，挂地线；最后将各接地箱和交叉互联箱的临时接地线拆除，电缆线路处于准备投入状态。

6.7.3 试验结果及现象分析

1. 直流试验分析

（1）耐压 5min 时的泄漏电流值不应大于耐压 1min 时的泄漏电流值，否则有击穿的危险。

（2）按不平衡系数（泄漏电流的不平衡系数等于最大泄漏电流值与最小泄漏电流值之比）分析判断。对于油纸电缆，不平衡系数不大于 2；对于 8.7/10kV 电缆，泄漏电流小于 20μA；对于 6/6kV 及以下电缆，泄漏电流小于 10μA。塑料电缆只有耐压要求，没有不平衡系数和泄漏值的要求。

（3）若试验电压稳定，而泄漏电流呈周期性摆动，则说明被试电缆存在局部孔隙性缺陷。如发现泄漏电流随时间明显上升，则多为电缆接头、终端头或电缆内部受潮，出现沿面爬电。如果泄漏电流随时间增长或随试验电压不成比例急剧上升，则说明电缆内部存在隐患，必要时，可提高试验电压或延长耐压持续时间使缺陷充分暴露。电缆的泄漏电流只作为判断绝缘参考，不作为决定是否能投入运行的标准。

（4）对于耐压试验合格而泄漏电流异常的电缆，应在运行中缩短试验周期来加强监督，预防发生电缆事故。当发现泄漏电流或地线回路中的电流随时间延长而增加时，该电缆应停止运行。

2. 交流试验分析

（1）谐振电抗器的节数越少越好，电抗器的节数 n 应满足以下关系：$Q_1(n+1) >$（试验电压 U_c）/（变压器的励磁电压 U）。

（2）当被试品电缆太短、电容量已不在计算区间时，应增加并联补偿电容器，被试品电缆电容量与补偿电容量相加的电容量作为总电容量来考虑谐振频率。

（3）当电路发生谐振时，电路电容电压相位滞后输入电压相位 90°。当电路的工作频率小于谐振频率时，电路呈容性，回路电流超前输入电压，这时电容电压相位滞后输入电压相位小于 90°；当电路的工作频率大于谐振频率时，电路呈感性，回路电流滞后输入电压，这时电容电压相位滞后输入电压相位大于 90°。根据这个相位特点，可以在耐压系统中求被试品电缆上的电压相位与电源输出电压相位之差来判定电路是否谐振。当两者的相位差小于 90°时，应该增加变频电源输出电压的频率；当两者的相位差大于 90°时，应该降低变频电源输出电压的频率。再次调节变频电源输出电压频率，当两者相位之差约为 90°时，电路发生谐振，此时变频电源输出电压的频率即为谐振频率。但在频率调节过程中，变频电源输出电压的波形畸变可能较大，用此方法可能会导致谐振点判定不准确。

（4）当试验过程中电压突然下降时，可能有三种情况：①高压引线上产生突然的放电，造成系统电容变化而产生的电压失谐；②绝缘发生击穿；③设备出现问题。可以通过逐步检查来排除问题,如果证明其他配套设备没有问题,就只能认为绝缘击穿了。

6.8 竣工试验设备

6.8.1 试验设备环境要求

(1)试验设备应在相对湿度小于 80% 的环境下才能进行试验;

(2)工作环境温度在 −10~40℃,设备的最高油温 85℃;

(3)试验设备由于电压较高,需要考虑变压器周围的安全距离。

6.8.2 试验设备选取

试验设备的基本要求:

(1)试验系统工作频率范围:20~300Hz。

(2)谐振回路品质因数(Q 值):$Q \geqslant 30$。

(3)试验电压谐波畸变率:$THD < 0.5\%$。

(4)谐振回路功率因数:$\cos\varphi > 0.95$。

其他设备根据厂家和现场需要确定。

6.8.3 试验接线及影响

竣工试验所需的场地往往是尚未交工或刚刚交工的新变电站,也可能是没有任何设施的野外,因此,在竣工试验场地需要解决以下几个问题,以此来确定试验场地的布置。

(1)现场试验场地周围的环境应满足高电压的基本绝缘距离要求;

(2)为了保证现场高压试验的设备和人身安全,现场接地极应良好;

(3)电缆线路的电容较大,造成试验设备容量较大,为了满足这些设备的正常运行,需要试验现场的供电电源容量和试验设备容量相匹配,并留有裕度。

(4)对于长距离高压电缆线路,由于电容电流较大,而一个电抗器的容量有限,在现场试验时需要几个甚至十几个电抗器进行并联运行。但在并联时,应注意电抗器的额定电压和阻抗是否一样,否则有可能损坏电抗器。同时,当一台电抗器的额定电压达不到试验电压时,需要进行电抗器的串联,甚至需要串并联运行。这些都需要注意设备之间的相关性,做好配合的研究才能进行串并联。

图 6-20 为电缆线路现场试验设备典型布置。

变频谐振耐压设备混联应注意以下问题:

(1)电抗器串联工作时,第二台电抗器要安装在绝缘支柱上,因为它的输入电位是第一台电抗器的输出电位。电抗器需要的励磁电压也相应提高,因此在串联情况下对励磁变压器也进行串联，即励磁变压器的二次侧采用串联方式，如图 6-20（e）和图 6-21（a）所示。

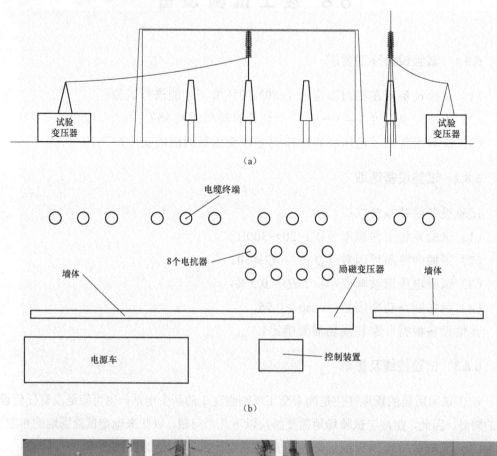

(a)

(b)

(c)

图 6-20　电缆线路现场试验设备典型布置（一）

（a）电缆终端上方具有构架的试验布局示意图；（b）电缆终端附近有阻挡物的试验设备
布置示意图；（c）试验设备在电缆终端侧面的布置

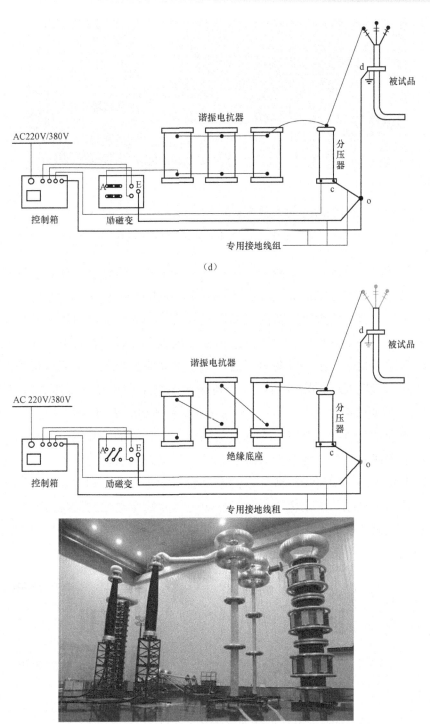

图 6-20 电缆线路现场试验设备典型布置（二）

（d）试验电抗器并联线路；（e）试验电抗器串联线路

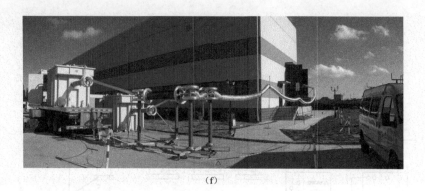

(f)

图 6-20　电缆线路现场试验设备典型布置（三）

（f）现场试验电抗器串并联（混联）线路

（2）并联时，电抗器、励磁变压器以及变频电源均需进行并联。并联后的容量为单套容量与并联数量的倍数，如图 6-20（d）和图 6-21（b）所示。

（3）为满足超长的大电容量高压交联电缆线路 $1.7U_0$ 交流耐压试验需求，可采用多台电抗器串联以升高电压，同时采用多台电抗器并联以补偿电缆容性电流的交流变频谐振耐压试验方案。设备串联后可获得更高输出电压，然后再将串联后的设备进行并联，以获得更大的输出容量，便可解决 500kV 长电缆的耐压试验受限问题。混联系统原理如图 6-21（c）所示，实际布置如图 6-20（f）所示。

（4）两套设备串联运行时，串联后的额定电压为 2 倍，额定电流与单套设备一致。设备串联或并联时，要求串联或并联的每台励磁变压器的变比一致，防止混联系统内部产生压差。如果串联或并联的单套设备额定电压、额定电流不同，则串联或并联后的额定电压、额定电流由最低额定电压和额定电流的设备所决定。多套设备混联后的电感值按各台电抗器的电压串并联公式计算。励磁变压器串联后的变比为每台变比相乘；并联后，变比值不变。

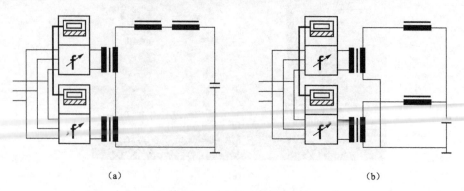

(a)　　　　　　　　　　　　　　　　　　　　(b)

图 6-21　现场试验时设备组合方式（一）

（a）串联电抗器试验原理；（b）并联电抗器试验原理

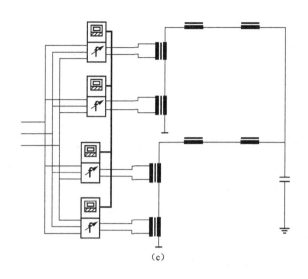

图 6-21 现场试验时设备组合方式（二）

（c）混联电抗器试验原理

在应用中，当电压升到接近试验电压时，电压上升速度太快并伴有较大的电压波动，甚至能导致电压保护动作。如果电压保护值设定过大，就不能很好地起到保护被试电缆免受过电压的作用。为减少试验变压器的容量，在选择 Q 值时，Q 值尽量要大。Q 值较大，当偏离谐振频率时，电压变化相对较缓。所以，可以在试验变压器容量允许的条件下选择偏离谐振频率进行升压，以降低电压上升速度。接地线要与接地体可靠连接，接地电阻应小于 4Ω。

6.9 耐压同步局部放电

6.9.1 设备适应性要求

Q/GDW 11316—2018 要求在进行现场耐压试验时同步进行局部放电试验。

电缆线路交接试验标准中规定的交流耐压试验项目侧重考核线路较大缺陷，绝缘性能考核以"通过或不通过"为单一判据。Q/GDW 11316—2018 标准中已将局部放电测试列入规定试验项目。如前所述，局部放电作为高压、超高压电缆线路绝缘故障早期的主要表现形式，既是引起绝缘老化的主要原因，又是表征绝缘状况的主要特征参数。在进行耐压试验的同时进行电缆的局部放电检测，可以准确地发现XLPE 绝缘电缆及其附件中存在的局部放电现象，是当前判断电缆线路施工质量和绝缘品质的最直观、最理想且有效的试验方法。进行耐压过程中同步开展局部放电检测的目的在于：

（1）有效发现超高压电缆附件中存在的微小缺陷；

（2）避免将存在微小缺陷的超高压电缆线路接入电网；

（3）确保投运的电缆线路绝缘健康可靠，提升电缆在役寿命；

（4）有效降低超高压电缆运行故障。

高压、超高压电缆中局部放电信号随传播距离衰减与畸变。根据 2006 年美国学者的研究成果，局部放电信号在高压电缆中传播 1km，信号幅值会衰减 90%，并且，随着放电频率的升高，衰减更加严重，1GHz 信号在电缆中的传播距离只有几米。实践证明，高压、超高压电缆附件中的局部放电量相对于其他一次电力设备幅值较小。在有效排除外界干扰的基础上，局部放电检测能发现 5～10pC 的微小放电缺陷。这一特点决定了对高压、超高压电缆及附件的现场局部放电检测只能在含缺陷的部位附近实施（这是因为电缆线路的缺陷主要在电缆附件中），所以国际上提出了分布式局部放电检测的概念。由于试验时间限制为 60min，要在此时间内要完成全部待测点的局部放电测试，只有两种检测方式可行：①将多套便携式局部放电带电检测设备分成若干个检测小组，每组在多个测点依次进行；②采用 1 套由测量点的数据采集模块组成测量单元、支持远距离通信的分布式局部放电同步测试系统，对所有测点同时检测。方式一：局部放电带电检测在交接试验的试验效率、前期准备、安全可靠等方面均存在不足，随着时间推移，电缆线路中的局部放电可能在变化，一组一组地测量可能错过某些重要信息。但是，采用方式二也有其现实的问题：一方面测量精度受到现场数据采集模块性能的限制，如果采用和便携式设备一样的数据采集和转换单元，其设备的造价极其昂贵，一套设备的成本可达到上千万元，一般的用户无法承受这样的费用；另一方面，为了做到分布式局部放电测量，有些设备厂商简化了设备，这样的设备测量水平完全达不到现场测量要求，无法反应局部放电在电缆线路中的传播，会出现电缆已经击穿但设备中没有任何记录数据的情况发生。

6.9.2　现场布置及影响

目前，真正的电缆在线分布式局部放电检测系统当属英国的 DMS 产品，它主要适用于 GIS 设备的在线监测（见图 6-22），但是由于电缆结构的特殊性、材料的多样性等造成电信号在电缆中的折反射过程完全不同于 GIS 设备，局部放电信号在电缆中产生了巨大的、不可知的衰减，并且几乎没有一个电缆有其一样的衰减系数是一样的，这使得用于电缆现场局部放电测试所用的设备要求远高于试验室测量局部放电设备或用于 GIS 设备局部放电测试设备。

由于监测局部放电的系统很多，每个系统的传感器基本原理及其布置位置有所不同。如图 6-23 和图 6-24 为几种局部放电传感器及布置。

图 6-22　在线监测局部放电用于 GIS 设备

图 6-23　在线局部放电检测设备用于
电缆线路终端

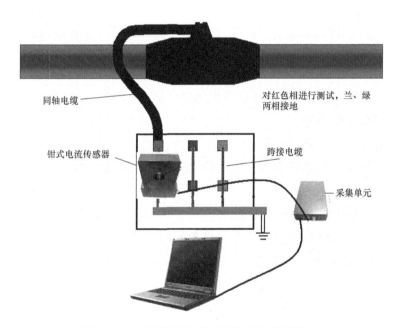

图 6-24　在线监测电缆中间接头的局部放电

6.9.3　同步检测设备及后台程序的配合

6.9.3.1　局部放电测量设备的基本构成

一般电缆用在线局部放电或分布式局部放电测量系统（见图 6-25）都由以下几部分组成：

（1）传感器；

（2）现场信号模数转换处理单元+信号通信交换机；

（3）传输光纤或信号电缆；

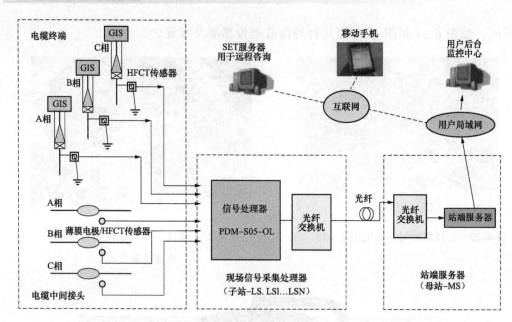

图 6-25　电缆线路在线局部放电检测系统

（4）信号再交换机+数模转换处理单元；

（5）数据存储服务器；

（6）智能专家分析软件加显示。

其中，最重要的部分是模数转换和数模转换处理单元，以及专家分析系统，它们关系到测量局部放电的有效性。

6.9.3.2　局部放电测量设备的影响

模数转换和数模转换得好坏主要是设备的硬件，局部放电信号的带宽比较宽，从几十 kHZ 到十几 GHz。按照无线电技术理论，硬件的带宽应该大于被测信号频率几倍，才能保证被测信号在还原时不会发生畸变。信号被切分的密度取决于模数转换的频率，就是设备的工作频率。如果频率不够，就会将两个切分之间的信号失去，造成误差，甚至误判。如图 6-26 所示为一个正常信号（实线部分）进入模数转换卡

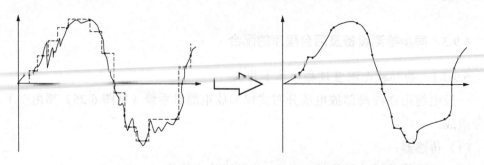

图 6-26　硬件设备工作频率不够时信号的丢失

时，由于频率使转化后的信号发生了巨大的变化，丢失了很多有用的东西。所以，这些转换的起点都和局部放电本身的频率有关。图 6-27 为局部放电信号的频率分布，放电频率越高，要求设备的频率也越高。否则，数字转换过程中丢失的部分将会非常巨大，甚至丢失全部的局部放电信号。

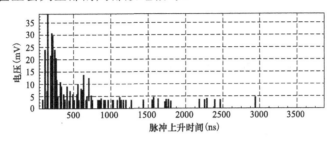

图 6-27 局部放电信号频率分布

同样的频率信号经过一个设备后，输出信号随着设备工作频带的大小而明显不同。如图 6-28 所示，一个局部放电信号表现在不同工作频带设备中，其显示的形状是完全不同的。

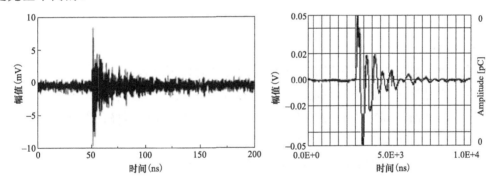

图 6-28 同一信号进入不同工作频带设备后的显示

如果使用相同的拉普拉斯变化，表现在频域范围内就会有图 6-29 所示的结果，从右图可见，由于硬件频带过小，频谱图已经表现不出来数据了。

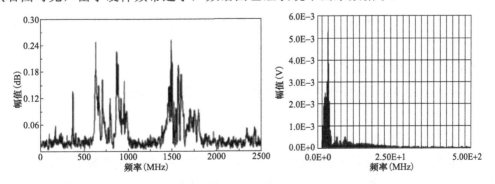

图 6-29 信号进入高频宽带设备和低频窄带设备频域信号的变化

6.9.3.3 局部放电测量设备软件的影响

1. 信号和谱图的对应关系

大多数在用的局部放电测量设备的软件会通过算法，将这个信号最高的一点标在谱图上（见图 6-30），用来表示一次放电，这个点可以在坐标轴的上侧，也可以在下侧，取决于信号的最大波峰是在正半周还是在负半周。但是，将这个疑似局部放电信号在点到显示器上之前，专家分析系统软件应该对其进行分析，如果是局部放电，就保留下来，不是放电信号，应该被舍弃。

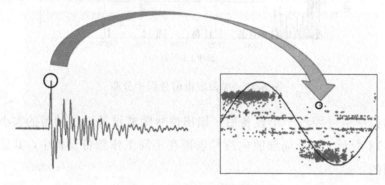

图 6-30 软件对信号的标注

2. 软件分析方法

局部放电测量设备判断局部放电信号的方法有以下三种：

（1）通过滤波，将认为不是局部放电的信号进行过滤。这样会使人为因素占据主导地位，然而，局部放电信号是多种多样的，其特征千奇百怪，根据经验只能确定有限的问题，大部分会产生误判。

（2）在滤波和局部放电基本理论的基础上，根据小波理论分析信号出现的相位和频次，例如能流密度、波形几何特征、相位之间的对称性等大数据概念。

（3）根据大数据理论，通过统计的方法，对采集到的所有信号进行大数据分析。将采集信号和已知局部放电信号特征进行对比，并进行分类。

从上面三种典型的局部放电测量方法看，如果只采用传统的技术和原理，则无法区别信号中有无局部放电。所以，为了避免人为因素的影响，应采用大数据的方法来分析信号特征。

6.9.3.4 设备的扩展应用

局部放电测量设备的扫描带宽，对获得信号传输的时间和定位局部放电发生的位置至关重要。

1. 定位遇到的基本问题

局部放电定位目前是一个艰巨的工作，放电信号在电缆中的传输速度公认为 $v=172m/\mu s$ 左右，如果要分辨出电缆中间接头中 1m 中的放电位置，设备的有效频率

必须达到 $f = \dfrac{v}{1\mathrm{m}} = \dfrac{172\mathrm{m}/\mu s}{1\mathrm{m}} = 172\mathrm{MHz}$，设备的最小带宽应为 $1\sim860\mathrm{MHz}$，反应时间应小于 $1.16\mathrm{ns}$ 之内。

另外，电缆屏蔽层的电阻随频率发生变化，如图 6-31 所示。例如，曲线下降 10% 的距离分别是：5ns 为 360m；10ns 为 490m；15ns 为 1050m。频率越低，传输的距离越远。

如果考虑到屏蔽层的作用，局部放电传输的距离是非常低的，图 6-32 所示为考虑屏蔽层后正常高斯函数 10% 的距离变化。实际测量发现，相同电缆在不同情况下，考虑屏蔽层电阻的传输距离约为没有考虑屏蔽层传输距离的 1/10，所以，局部放电定位要对电缆屏蔽层做深入研究，并纳入计算软件中，否则可能造成巨大误差。

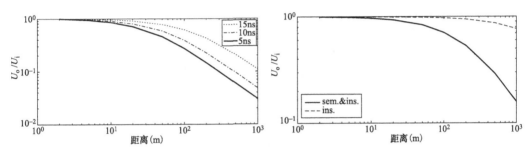

图 6-31　不同上升时间的正常高斯函数　　图 6-32　考虑半导电层后正常高斯函数 10% 的
　　　　波形模拟局部放电幅值随距离变化　　　　　　　　　　距离变化

2. 局部放电粗定位

局部放电粗定位是通过设备硬件完成的。设备的两个传感器以相同的间隔距离，同时放在可能有局部放电的部位两边，各测量一次，如图 6-33 所示。如果局部放电信号是该电缆接头内产生，在两个传感器的传输时间差已知和传感器方向不变的条件下，会发现两次测量所显示的时域信号波形有明显的时差，且方向相反，如图 6-34 所示。

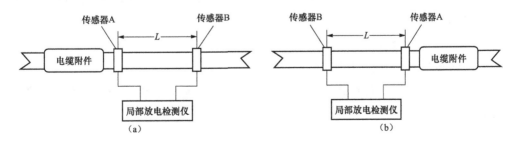

图 6-33　两次测量传感器放置位置

（a）接头右侧装传感器；（b）接头左侧装传感器

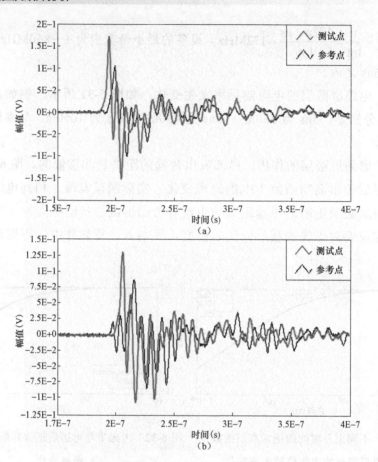

图 6-34　两次测量局部放电的信号时差

（a）右侧传感器测量结果；（b）左侧传感器测量结果

如果两个传感器放置距离为 1m，则设备分辨率要超过 $\dfrac{1m}{172m/\mu s}=5.8ns$，设备测量频率应为 172MHz。根据无线电知识，如果两个传感器之间距离为 0.1m，设备测量频率应超过 1.73GHz，要使测量人员能够分辨两个波形时间差别，则设备硬件频率要超过 800MHz，这就是目前工作频率为几兆赫兹的设备无法精确分辨局部放电来源的原因。

3. 局部放电精确定位

（1）时域反射法定位理论。

电磁波在电缆中的传输原理如图 6-35（a）所示，如果仪器测量的传输时间为 t，则传输距离为：

$$x=\frac{t}{2}v \tag{6-8}$$

但是，这样的方法只适用于停电状态下获得传输时间。而在运行状态下不知道何时何地发生局部放电，只能通过信号在电缆中的传输衰减特性进行分析。假设电缆某一处放电，信号向电缆两端传输，传感器放在最靠近的一端，则传向远端的信号到达传感器的时间为：

$$t = \frac{2l - x}{v} \qquad (6-9)$$

式中：l 是电缆测量长度，m；$t' = \frac{x}{v}$ 为传向近端信号所需时间，s。

根据假设，传感器距离放电点很近时，t' 和 x 可以忽略不计，放电的衰减也可以忽略，而从远端传回的信号时间可以估算为：1km 电缆需要 11.6μs，10km 电缆需要 116μs。也就是说，在一般电缆长度上，反射回来所需时间均在 1ms 之内，不会有象限的变化。

假设测量是从 t_0 时间开始，可得到下列方程：

$$\begin{cases} t' - t_0 = \dfrac{x}{v} \\ t - t_0 = \dfrac{2l - x}{v} \end{cases} \qquad (6-10)$$

解方程得：$x = l - \dfrac{v}{2}(t - t')$，即为具测量点的距离。

但在实际测量时，每瞬间的放电成千上万次，且各不一样，不可能计算每一次的放电，而且测量和显示也有误差。应用软件自动搜索，将满足在已知"测量长度"内的成对信号分拣出来。原则为：首先由传感器向电缆注入一个信号，测量经过全长反射回来的信号，将所测时间和已知大概电缆线路长度换算成需要的时间并进行比较。以这两个信号幅值为标准，将在此时间范围内的所有信号按照这个标准一一选择出来，利用上述公式分别算出距离，统计加权得出一个距离，该距离就是局部放电所在位置，如图 6-35（a）所示。这种选择可能出现两个信号不是同一次放电产生的问题，但只要时间限定在电缆总长度所需传输时间范围内，配对误差计算在统计总误差中，则不会影响结果。

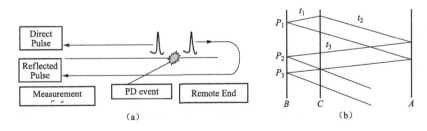

图 6-35   局部放电在电缆线路中的折反射

（a）局部放电信号在电缆路径上的传播；（b）脉冲信号传播示意图

由图 6-35（b）可以看出，第一个脉冲经时间 t_1 到达 B 点，第二个脉冲会经时

间 t_2 先到达 A 点，然后又在时间 t_3 返回到达 B 点，经过了几次反射，信号已经衰减到可以忽略不计的程度。这说明在局部放电定位中，测量前两个或三个脉冲是很重要，脉冲的时间序列给出了局部放电信号在电缆中传输的基本细节。从图 6-35（b）中可见，第二和第三个脉冲形成了双峰现象，这是因为设置的缺陷点 C 靠近 B 端，脉冲在 CB 段传播的时间相对较短，从而导致脉冲重叠现象。通过试验发现，局部放电信号脉冲的上升沿在沿着电缆传播的过程中，高频分量的衰减比低频分量要快得多，即各频率成分的衰减随着频率的增加而迅速增加。例如，选取 5 根电缆（500m、800m、1000m、2000m、2500m），如图 6-35（b）所示，在 A 端注入脉冲，在 B 端测量，将测量所得第一脉冲波形画在图 6-36 中（测量波上的数字表示电缆长度）。

图 6-36 表明，注入的脉冲信号在电缆中传输 800m 后的幅值只是注入信号幅值的 17%；传输 2000m 后，其幅值已经很微弱了，脉冲宽度变宽。所以，脉冲信号随传输距离的增大，幅值衰减得越厉害，而且呈指数衰减，如图 6-37 所示。

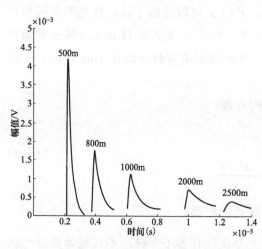

图 6-36　不同长度电缆，从 A 点注入信号，
B 点测量的首脉冲波的变化

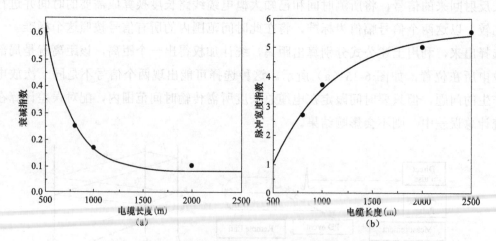

图 6-37　不同长度电缆末端测量脉冲波形变化情况
（a）幅值衰减变化；（b）脉冲宽度变化

图 6-37（a）中纵坐标表示脉冲幅值与注入脉冲幅值的比值，横坐标表示电缆长度；图 6-37（b）中纵坐标表示在电缆终端测得脉冲宽度与注入脉冲宽度的比值，

横坐标表示电缆长度。从图中可以明显地看出，电缆长度越长，测得的脉冲幅值越小，而且 500m 处衰减的幅度最大，而脉冲宽度随电缆长度变长而变宽。

从理论知道，电缆中的相移速度为：

$$v = \frac{1}{\sqrt{LC}} \tag{6-11}$$

高频脉冲信号在电缆中传输时，会受到电缆中分布电感 L 与分布电容 C 的影响。电感 L 的存在阻碍着电流的变化，电容 C 的存在阻碍着电压的变化。当电信号频率越高时，L 和 C 对信号传输的影响就越大；在低频信号中，L 和 C 对信号传输的影响就不是很大。所以，无论电容还是电感的增大，相移速度都减小，则延时就增大。

在电缆中局部放电信号的传播速度大约是光速的 50%～70%，即 0.15～0.2lm/ns。一般，XLPE 电缆中电信号的传输速度为 178m/μs，那么 500m 电缆的信号延时是2525ns。

（2）局部放电定位随机信号的相关分析。局部放电测量的理论基础是随机信号的处理理论。假设研究的数据是两个连续的随机过程 $\{x(t)\}$ 和 $\{y(t)\}$，它们都是平稳（各态历经）的数据，于是可以用单个时间历程记录它们。若 $x(t)$ 和 $y(t)$ 完全相关，则 $x(t)$ 就是把 $y(t)$ 放大或缩小几千倍的结果，即 $x(t)=\beta y(t)$，其中 β 是一个不等于 1 的常数。衡量 $x(t)$ 和 $y(t)$ 相似的程度，一般采用最小二乘法，即可取均方差函数获得：

$$g = \int [x(t) - \beta y(t)]^2 \, \mathrm{d}t \tag{6-12}$$

令 $\dfrac{\mathrm{d}g}{\mathrm{d}\beta} = 0$，于是可得到 $\beta = \dfrac{\int x(t)y(t)\mathrm{d}t}{\int y^2(t)\mathrm{d}t}$，将该式代入式（6-12）中，得到相对均

方差：

$$\frac{g}{\int x^2(t)\mathrm{d}t} = 1 - \frac{\left[\int x(t)y(t)\mathrm{d}t\right]^2}{\int x^2(t)\mathrm{d}t \int y^2(t)\mathrm{d}t} \tag{6-13}$$

如果令

$$\rho_{xy} = \frac{\int x(t)y(t)\mathrm{d}t}{\sqrt{\int x^2(t)\mathrm{d}t \times \int y^2(t)\mathrm{d}t}} \tag{6-14}$$

根据许瓦兹（Schwartz）不等式则有：

$$\left| \int x(t)y(t)\mathrm{d}t \right| \leqslant \sqrt{\int x^2(t)\mathrm{d}t \int y^2(t)\mathrm{d}t} \tag{6-15}$$

可得到 $\rho_{xy} \leqslant 1$。当 $\rho_{xy} = 0$ 时由式（6-13）可知，相对方差到最大值为 1，这说明两个随机过程函数 $x(t)$ 和 $y(t)$ 是完全不相关的；当 $\rho_{xy} = 1$ 时，相对均方差为 0，即 $g=0$，由式（6-15）可知，$x(t)=\beta y(t)$，这说明两个随机函数 $x(t)$ 和 $y(t)$ 的平均值分别是 m_1 和 m_2，它们之间的协方函数为：

$$C_{xy}(\tau) = E[\{x(t)-m_x\}\{y(t-\tau)-m_y\}]$$

$$= \lim_{\tau \to \infty} \frac{1}{T}\int_0^\tau \{x(t)-m_x\}\{y(t)-m_y\}dt \qquad (6\text{-}16)$$

$$= R_{xy}(\tau) - m_x m_y$$

其中，
$$R_{xy}(\tau) = \lim_{\tau \to \infty} \frac{1}{T}\int_0^\tau x(t)y(t+\tau)dt \qquad (6\text{-}17)$$

在一般情况下，R_{xy} 称为 $x(t)$ 和 $y(t)$ 之间的互相关函数。对于 $x(t)=y(t)$ 的情况有：

$$C_{xy}(\tau) = E[\{x(t)-m_x\}\{y(t-\tau)-m_y\}]$$

$$= \lim_{\tau \to \infty} \frac{1}{T}\int_0^\tau \{x(t)-m_x\}\{x(t+\tau)-m_x\}dt$$

$$= R_{xy}(\tau) - m_x^2$$

也就获得 $R_{xx}(\tau) = \lim_{\tau \to \infty}\frac{1}{T}\int_0^\tau \{x(t)\}\{x(t+\tau)\}dt$，称为 $x(t)$ 的自相关函数。

6.9.3.5 局部放电信号的自相关函数分析

自相关函数的定义如式 $R_{xx}(\tau) = \lim_{\tau \to \infty}\frac{1}{T}\int_0^\tau \{x(t)\}\{x(t+\tau)\}dt$，$R_{xx}(\tau)$描述的是一个随机过程一个时刻与另一时刻的取值之间的依赖关系。自相关函数具有如下性质：

（1）它是 τ 的实值偶函数，即 $R_{xx}(\tau)=R_{xx}(-\tau)$，其值可正可负。

（2）$R_{xx}(\tau)$ 在 $\tau=0$ 时，有最大值，且等于均方差 σ_x^2，即：

$$R_{xx}(0) = \sigma_x^2 \geqslant |R_{xx}(\tau)|$$

（3）$R_{xx}(\tau)$代表了随机信号 $x(t)$ 的均方值 $R_{xx}(\tau)=m_x^2$。在工程上，常用 $R_{xx}(\tau)$ 来代表随机信号 $x(t)$ 平均功率的大小，也就是将 $x(t)$ 视为电流信号，并使之通过阻值为 1Ω 的电阻所消耗的功。

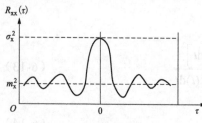

图 6-38　自相关函数 $R_{xx}(\tau)$的性质

（4）自相关函数 $R_{xx}(\tau)$（见图 6-38）与 $x(t)$ 的均方值 m_x^2、方差 σ_x^2 间存在下列关系：

$$m_x^2 - \sigma_x^2 \leqslant R_{xx}(\tau) \leqslant m_x^2 + \sigma_x^2 \qquad (6\text{-}18)$$

工程应用中一般采用相关系数来表征相关性，从而得到自相关系数为：

$$\rho_{xx}(\tau) = \frac{R_{xx}(\tau)-m_x^2}{\sigma_x^2} \qquad (6\text{-}19)$$

其中，$|\rho_{xx}(\tau)|\leqslant 1$，当 $\tau \to \infty$ 时，$x(t)$ 与 $x(t+\tau)$ 之间无相关性，则有 $R_{xx}(\infty) \to m_x^2$，$\rho_{xx}(\tau)=0$；当时延 $\tau=0$ 时，则有 $R_{xx}(\tau)=m_x^2=m_x^2+\sigma_x^2$，这时 $\rho(\tau)=1$。

如果随机信号 $x(t)$ 的均值不为零，从工程上说，就是该随机过程包含有直流分量 $\overline{x(t)}$，根据自相关函数的定义，可以用 $\tau \to \infty$ 时的自相关函数 $R_{xx}(\infty)$ 来表示随机信号中的直流分量 $\overline{x(t)}$ 的大小。这时，相当于把交流分量全部过滤掉，而只剩下直流分量，即：$\overline{x(t)}=m_x=R_{xx}(\infty)$。

（5）任何周期信号的自相关函数必定是同周期的信号，它保留了原信号的振幅和周期信息，但丧失了原信号中的相位信息。

自相关函数在工程技术中的一个典型应用，是检测淹没在强背景噪声中的微弱的周期信号或其他确定性信号。因为对于均值为零的随机噪声信号来说，它的自相关函数将随着时间位移 τ 的增大而逐渐减少到零；相反，在任何时间位移 τ 上，周期信号或其他确定性信号的自相关函数都是存在的，所以自相关函数为强背景噪声中微弱确定性信号提供了一个强有力的监测手段。

（6）自相关函数与功率谱密度函数。功率谱密度函数是描述随机数据频率结构的数学工具。自相关函数不仅能够帮助建立 $x(t)$ 任何时刻值对未来时刻值的影响，并且经傅里叶变换，可以求得自功率谱密度函数，即：

$$G_{xx}(\omega) = \int_{-\infty}^{\infty} R_{xx}(\tau)\mathrm{d}\tau \qquad (6\text{-}20)$$

反傅里叶变换后有：

$$R_{xx}(\tau) = \frac{1}{2\pi}\int G_{xx}(\omega)\mathrm{e}^{\mathrm{j}\omega t}\mathrm{d}\omega \qquad (6\text{-}21)$$

6.9.3.6 局部放电信号的互相关函数分析

两个随机过程的相关性，也可以分别从时域和频域来进行描述。在时域内，随机过程之间的相关性用互相关函数来描述；在频域内，则用互谱密度函数来描述，且两者也构成一对傅里叶变换对。

两个时间随机函数 $x(t)$ 和 $y(t)$，如果它们随机过程都是平稳的，则表示两个时刻参数之间关系的互相关函数可写成如 $U_0 = U_i\mathrm{e}^{-\alpha l}(\cos\beta l - \mathrm{j}\sin\beta l)$ 的形式。显然，自相关函数相当于互相关函数的一种特殊情况，但是互相关函数具有不同于自相关函数的性质。

（1）$R_{xx}(\tau)$ 既不是奇函数，也不是偶函数，但它满足 $R_{xy}(\tau) = R_{yx}(-\tau)$。

（2）$R_{xy}(\tau)$ 是一个实值函数，其值可正可负，且 $R_{xy}(\tau)$ 在 $\tau = 0$ 时不一定为最大值，即是说 $x(t)$ 和 $y(t)$ 在统计学上式独立的。当 $R_{xy}(\tau)$ 是正值时，则 $x(t)$ 和 $y(t)$ 之间有正的相关性；反之，它们有负的相关性。

（3）互相关函数：$|R_{xy}(\tau)|^2 \leqslant R_{xx}(0)R_{xy}(0)$，归一化互相关函数 $R_{xy}(\tau)$（当均值 $\overline{x(t)}$ 和 $\overline{y(t)}$ 分别为零时）表示为：

$$\rho_{xy(\tau)} = \frac{R_{xy}(\tau)}{\sqrt{R_{xx}(0)R_{yy}(0)}} \qquad (6\text{-}22)$$

可以看出 $-1 \leqslant \rho_{xy}(\tau) \leqslant 1$。

（4）在 $\tau \to \infty$ 处互相关函数 $R_{xx}(\tau)$ 为零，即 $\lim\limits_{\tau\to\infty} R_{xy}(\tau) = R_{xy}(\infty) = 0$。以上表述的互

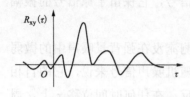

图 6-39　互相关函数 $R_{xy}(\tau)$ 的性质

相关函数 $R_{xy}(\tau)$ 性质可以用图 6-39 示意。

（5）互相关函数与互谱密度函数。互谱密度函数 $G_{xy}(\omega)$ 是从频域角度来观察两个随机过程 $x(t_i)$ 和 $y(t_i)$ 之间的相关性，并与互相关函数 $R_{xy}(\tau)$ 构成了一对傅里叶变换对，即：

$$G_{xy}(\omega) = \int R_{xy}(\tau)\mathrm{e}^{-\mathrm{j}\omega\tau}\mathrm{d}t \qquad (6\text{-}23)$$

现在把 $G_{xy}(\omega)$ 分解为实部和虚部，即得：

$$G_{xy}(\omega) = C_{xy}(\omega) + \mathrm{j}Q_{xy}(\omega) \qquad (6\text{-}24)$$

式中：$C_{xy}(\omega)$ 称为共谱密度函数；$Q_{xy}(\omega)$ 称为从谱密度函数。

写成复数坐标形式，有：

$$G_{xy}(\omega) = |G_{xy}(\omega)|\mathrm{e}^{\mathrm{j}\theta_{xy}(\omega)} \qquad (6\text{-}25)$$

式中：$|G_{xy}(\omega)|$ 和相角 $\theta_{xy}(\omega)$ 可分由 $C_{xy}(\omega)$ 和 $Q_{xy}(\omega)$ 表示，分别为：

$$|G_{xy}(\omega)| = \sqrt{C_{xy}^2(\omega) + Q_{xy}^2(\omega)} \qquad (6\text{-}26)$$

$$\theta_{xy}(\omega) = -\arctan\left[\frac{Q_{xy}(\omega)}{C_{xy}(\omega)}\right] \qquad (6\text{-}27)$$

互谱密度函数 $G_{xy}(\omega)$ 较互相关函数 $R_{xy}(\tau)$ 的优点在于，它不仅从幅值上而且从相位关系上描述两个随机工程之间相关程度。同样，也存在互谱不等式，如下式：

$$|G_{xy}(\omega)|^2 \leqslant G_{xx}(\omega)G_{yy}(\omega) \qquad (6\text{-}28)$$

显然，式（6-28）更为有用，因为在任何频率下，$G_{xy}(\omega)$ 的有界值都是以同样频率下的 $G_{xx}(\omega)$ 和 $G_{yy}(\omega)$ 来表示的。而在任意 τ 值下的 $|R_{xy}(\tau)|$ 的有界值只是用 $\tau = 0$ 时的 $R_{xx}(0)$ 和 $R_{yy}(0)$ 来表示。这就是说，如果分别知道随机过程 $x(t_i)$ 和 $y(t_i)$ 的功率密度函数 $G_{xx}(\omega)$ 和 $G_{yy}(\omega)$，则用频域描述该两个随机过程之间的相关程度的互谱密度函数 $G_{xy}(\omega)$ 的幅值变化趋势就可以估计出来。

若 $G_{xx}(\omega)$ 和 $G_{yy}(\omega)$ 非零，而且不包含 δ 函数，则定义下式确定的实值函数：

$$\gamma_{xy}^2(\omega) = \frac{|G_{xy}(\omega)|^2}{G_{xx}(\omega)G_{yy}(\omega)} \qquad (6\text{-}29)$$

从式（6-29）可以看出，对所有的 ω，相干系数 $\gamma_{xy}^2(\omega)$ 均满足 $0 \leqslant \gamma_{xy}^2(\omega) \leqslant 1$。如果在某个特定频率 ω 上，有 $\gamma_{xy}(\omega)=0$，则称 $x(t_i)$ 和 $y(t_i)$ 在此频率上是不相干的，这是不相关的另一种说法。如果 $x(t_i)$ 和 $y(t_i)$ 彼此是统计独立的，则对所有的频率，$\gamma_{xy}(\omega)=0$ 均成立。如果对所有的频率，有 $\gamma_{xy}(\omega)=1$，则称 $x(t_i)$ 和 $y(t_i)$ 完全相关。

前已提及，隐藏在背景噪声中的周期信号可以用自相关测量方法提取出来，但是，自相关分析不能从背景噪声中分离出随机信号，这是因为随着延时的增加，不仅背景噪声的自相关函数趋于零，而且随机信号（假定它是零均值）的自相关函数也将趋于零，因而不能将它从背景噪声中分离出来。这时需要运用互相关测量方法，其机理在于，对信号在时域进行互相关运算，等效于一个频域的匹配滤波器，可以得到最大的信噪比，而且其性能不受被处理信号波形的影响。

互相关函数 $R_{xy}(\tau)$ 能确定信号通过一给定系统所需的时间，因为 $R_{xy}(\tau)$ 最大值偏离坐标原点的时间就是信号通过该系统所需的时间。如图 6-41 所示，信号的渡越时间（起始计算时间）为 τ_0，因此，系统的时间滞后可直接用从输入 $x(t)$ 与输出 $y(t)$ 的互相关图中的峰值位置来确定。

6.9.3.7 局部放电信号的相似性

如图 6-40 所示，假定电力电缆局部放电位置为 O，A 和 B 两个接收传感器与 O 点的距离分别为 r_1 和 r_2，空间中任何一个信号可以写成 $f(t) = S_p(t, r_p) + n(t)$，A 和 B 两个传感器接收到的局部放电信号分别为：

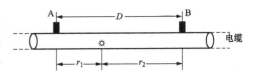

图 6-40　两个传感器定位局部放电位置

$$x_1(t) = S_1(t, r_1) + n_1(t)$$
$$x_2(t) = S_2(t, r_2) + n_2(t) \tag{6-30}$$

由 $U_0 = U_i \mathrm{e}^{-\alpha t} \cos \omega \left(t - \dfrac{r_p}{v}\right)$ 式，可以将局部放电信号写成下列形式：

$$S_1(t, r_1) = U_i \mathrm{e}^{-\alpha t} \cos \omega_0 \left(t - \frac{r_1}{v}\right) \tag{6-31}$$

$$S_1(t, r_2) = U_i \mathrm{e}^{-\alpha t} \cos \omega_0 \left(t - \frac{r_2}{v}\right) \tag{6-32}$$

根据前述两个传感器接收到信号的相关系数：

$$\rho_{12} = \frac{\int x_1(t) x_2(t) \mathrm{d}t}{\sqrt{\int x_1^2(t) \mathrm{d}t \int x_2^2(t) \mathrm{d}t}} \tag{6-33}$$

根据许瓦兹（Schwartz）不等式，得到 $|\rho_{12}| \leqslant 1$，从而可以判定 A 和 B 两个接收传感器接收到的局部放电信号的观测值相似程度，即线性相关程度。

6.9.3.8 局部放电信号的相关函数

根据 $R_{xy}(\tau) = \lim\limits_{\tau \to \infty} \dfrac{1}{T} \int_0^\tau x(t) y(t + \tau) \mathrm{d}t$，从而得知 A 和 B 两个接收传感器接收到局部放电信号观测值的互相关函数为：

$$R_S(\tau) = \lim_{\tau \to \infty} \frac{1}{T} \int_0^\tau x_1(t) x_2(t + \tau) \mathrm{d}t \tag{6-34}$$

将式（6-30）～式（6-32）代入式（6-33），可以获得：

$$R_S(\tau) = \lim_{\tau \to \infty} \frac{1}{T} \int_0^\tau [S_1(t, r_1) + n_1(t)][S_2(t, r_2) + n_2(t)]\mathrm{d}t \tag{6-35}$$

如果局部放电信号与噪声信号是完全不相关的，上式可简化为：

$$R_S(\tau) = \lim_{\tau \to \infty} \frac{1}{T} \int_0^\tau [S_1(t, r_1)S_2(t+\tau, r_2) + n_1(t)n_2(t)]\mathrm{d}t \tag{6-36}$$

如果噪声信号 $n_1(t)$ 和 $n_2(t)$ 完全不相关，那么局部放电信号就可从噪声中分离出来。局部放电的互相关函数即为：

$$R_S(\tau) = \lim_{\tau \to \infty} \frac{1}{T} \int_0^\tau [S_1(t, r_1)S_2(t+\tau, r_2)]\mathrm{d}t \tag{6-37}$$

另外，若局部放电信号与噪声 $n(t)$ 是相关的，就应该经过去噪处理，压制噪声 $n(t)$ 的干扰，同样近似可以得到式（6-37）。又由于 S_1 和 S_2 是三角函数，上式积分仅在一个周期内进行即可，已知局部放电信号的周期为 $T_0 = \dfrac{2\pi}{\omega_0}$，那么将测量到的信号两式代入上式，得到：

$$\begin{aligned}
R_S(\tau) &= \int_0^\tau U_i^2 e^{-\alpha(r_1+r_2)} \cos\omega_0\left(t - \frac{r_1}{v}\right)\cos\omega_0\left(t - \frac{r_2}{v}\right)\mathrm{d}t \\
&= U_i^2 e^{-\alpha(r_1+r_2)} \int_0^\tau \cos\omega_0\left(t - \frac{r_1}{v}\right)\cos\omega_0\left(t - \frac{r_2}{v}\right)\mathrm{d}t
\end{aligned} \tag{6-38}$$

经过运算得到：

$$R_S(\tau) = U_i^2 e^{-\alpha(r_1+r_2)} \frac{\sin\omega_0\left(\dfrac{r_2-r_1}{p} - \tau\right)}{\omega_0\left(\dfrac{r_2-r_1}{v} - \tau\right)} T_0 = k_0 \frac{\sin\omega_0\left(\dfrac{r_2-r_1}{p} - \tau\right)}{\omega_0\left(\dfrac{r_2-r_1}{v} - \tau\right)} T_0 \tag{6-39}$$

其中：$k_0 = U_i^2 e^{-\alpha(r_1+r_2)}$。

6.9.3.9 局部放电位置的精确定位

由（6-38）式可知，S_1 和 S_2 两个局部放电信号的相关函数是由一个特殊函数 $\dfrac{\sin x}{x}$（此函数又称辛格函数）与一个常数因子 k_0 的乘积构成的。因辛格函数的极大值为：

$$\mathrm{Max} = \lim_{x \to 0} \frac{\sin x}{x} \tag{6-40}$$

这个最大值所对应有 $\omega_0\left(\dfrac{r_2-r_1}{v} - \tau\right) \to 0$，又因为 ω_0 不可能等于零，故有 $\dfrac{r_2-r_1}{v} - \tau$。$\tau_m = \dfrac{r_2-r_1}{v}$ 就是两个传感器接收到的两个局部放电信号 S_1 和 S_2 的最大相关延迟时间，也就是相关函数 R_S 最大值对应的时间。这样，局部放电点与 A 传感

器的距离为：

$$r_1 = r_2 - v\tau_m \left(L = \frac{D - v\tau_m}{2} \right) \qquad (6\text{-}41)$$

式中：τ_m 是可从相关局部放电检测仪的记录上读得的最大相关延时；D 为两个传感器之间距离；L 为传感器 A 距放电点的距离。

总之，局部放电精确定位是在知道了基本原理的基础上，通过不断地改变假设放电位置，算出不同的 τ，并进行比较，找出最大的 $\tau = \tau_m$，就可以计算出真实的局部放电位置。例如，假设已知电缆线路总长度 580m，其中已知局部放电点 $r_1=250\text{m}$、$r_2=330\text{m}$，$U_i=7\text{mV}$，$\alpha(f)=1.8733\times10^{-13}f^2-7.4934\times10^{-8}f+0.0105$，$v=0.198\text{m/ns}$，$f=1\times10^7\text{Hz}$。将已知数据代入式（6-38）计算 $R_S(\tau_j)$、取 $\tau_j=j\Delta\tau$，$j=1, 2, 3, \cdots, 2N$（$N=1500$），$\Delta\tau=\dfrac{r_2-r_1}{v}$。经过不断的迭代，就可以画出相关函数 $|R_S(\tau)|$ 形态，如图 6-41 所示。从图中可确定出现最大相关函数 R_S 的 $\tau_m=404\text{ns}$，代入式（6-41），可知传感器 A 距放电点的距离是 250.004m。

这个理论的缺点在于：①随着两端点与放电点之间距离差的增大，绝对误差越大。在两端点与放电点之间的距离差为 1000m 时，绝对误差为 0.26m，一般现有电缆局部放电测量仪的误差为 2m，精度为 1.5% 左右。②随着测量点与局部放电点距离差的增大，相关图中出现的旁瓣越多，这是由于电缆长度差越大，脉冲衰减幅度越大以及宽度相差越大的原因。但相关系数图都有一个峰值，能读出峰值对应的最大时间。③直接相关时延估计法计算简单、直观，但由于互相关函数受信号的特性和噪声的影响，此方法不能兼顾时延估值的分辨率和稳定性，它要求信号和噪声互相独立，且要求已知信号和噪声的相关性，还要求已知信号在电力电缆中的传播速度，而且这个传播速度的准确性就决定了局部放电点的定位准确性。

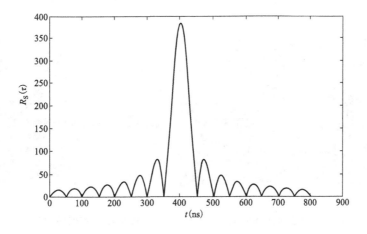

图 6-41　从 S_1 和 S_2 计算的相关函数 $|R_S(\tau)|$

6.9.4 现场设备的密封处理

从图 6-42～图 6-45 可以看出，在线监测设备的主要部分均处于环境恶劣的隧道内，特别是长江以南地区，突然的降雨就能将隧道灌满，要求进入隧道的设备应具有 IP68 的防水要求十分必要，Q/GDW 11641—2016《高压电缆及通道在线监测系统技术导则》对此已有明确规定。

图 6-42　电缆隧道浸水

图 6-43　运行隧道内浸水

（a）

（b）

图 6-44　隧道内在线监测设备（烟感、温感、机器人）

（a）隧道机器人巡检；（b）固定视频监控

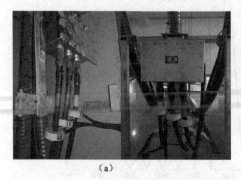
（a）

（b）

图 6-45　隧道内在线监测设备（数据采集传感器、数据转换单元）

（a）接地箱传感器安装情况；（b）隧道内数据采集模块安装情况

6.9.5 现场设备的信号发射与连接

同时进行电缆线路耐压试验和局部放电测量，局部放电测量可以采用的测量系统（见图 6-46），也可以采用多台带电测量局部放电的便携式局部放电测试仪，使多组人员同时在电缆线路上进行测量。测量时间应该选择在电压已经升到标准要求的电压时，60min 内完成。由于第二种检测方法采用多台多人同时测量的方法，不可能每台设备同时进行，所以只能对每台的数据进行评估，评估局部放电信号的幅值和出现的频率，但是相互间局部放电的波形没有相互比较的意义。对于局部放电测量系统而言，要注意设备信号传输的时间延迟，一台设备各个测量端之间的时间延迟，如图 6-47 和图 6-48 所示。如果参数匹配不良，测量的数据有可能有问题，如果系统只有一个电压相位测量传感器，并且放在终端的位置，每台设备传输信号的时

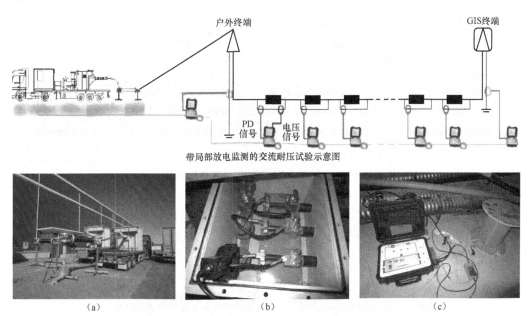

图 6-46　耐压试验同步进行的局部放电试验框图

（a）试验电源；（b）检测传感器；（c）检测仪器

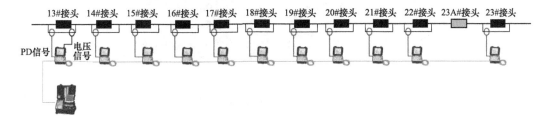

图 6-47　局部放电测量系统布置

间延迟为 10ms，10 组接头的线路，最后几组的时间延迟就会达到 100ms，而 50Hz 的周期为 20ms，用计算机画上去的时间基准可造成在接头上测量的数据是局部放电的假象。图 6-49 和图 6-50 是系统接线和隔离。

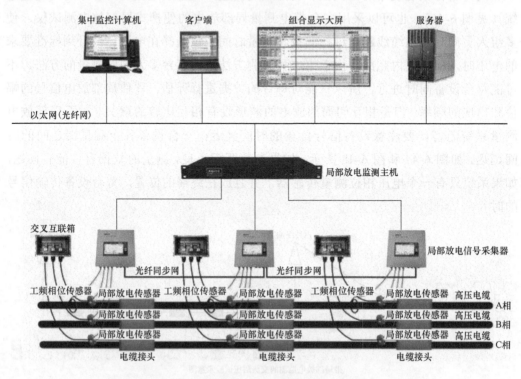

图 6-48　分布式局部放电测量系统接线

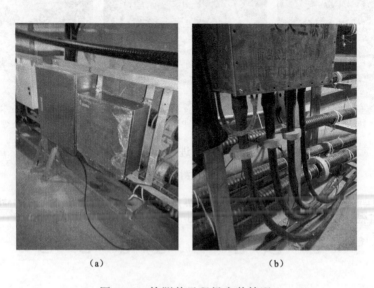

（a）　　　　　　　　　　　　　　（b）

图 6-49　检测单元现场安装情况

（a）现场数据处理模块；（b）现场传感器位置

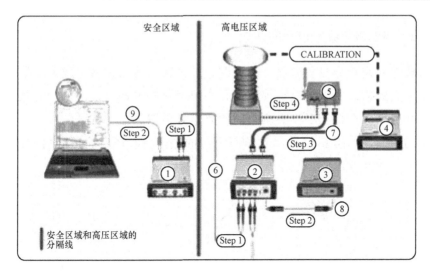

图 6-50　系统和耐压设备隔离（光纤）

6.10　交接耐压试验同时检测局部放电遇到的问题

6.10.1　局部放电理论缺陷

我们对已有的局部放电理论有这样的认识：

（1）局部放电发生在谱图的Ⅰ和Ⅲ象限；

（2）局部放电量随着电压的升高或耐压时间的延长而升高；

（3）传统的局部放电测量是在试验室的条件下发展起来的，只能凭经验来区分干扰；

（4）不考虑局部放电随电缆长度产生的频移和相位移动，只考虑衰减。

但在现场大量的试验研究中发现，局部放电的参数都是变化的，例如图 6-51 所示的试验结果，该试验是在一个 35kV 电缆上进行插金属针缺陷恒压老化试验。按照传统的概念，随着时间延长，局部放电量随时间增加，放电的谱图应该不会有较大的变化，只有放电量随时间而变大。但是在试验中发现，随着时间延长，放电量没有产生明显的增加（基本都在 150pC 左右），谱图中放电点在向Ⅱ和Ⅳ象限发展。图 6-51（c）是击穿前几秒钟的谱图，图 6-51（d）是对应时间的时域放电信号。

发生以上现象的原因在于，局部放电理论没有考虑电缆中的缺陷随着放电的发展，起始放电电压在逐渐下降。当起始放电电压下降到即使在Ⅱ和Ⅳ象限，外施电压的幅值也远远超过缺陷的起始放电电压时，就造成缺陷在所有象限都开始放电。

6.10.2　局部放电频域信号的认识

局部放电的判断需要多参数，如谱图、放电量、置信区域、放电可信度、放电周期概率、大数据判断局部放电等。但是在研究这些参数时发现，局部放电信号经过傅立叶变换后，再将一个样品测得的所有信号谱图放在一张谱图上，可以显示出一些特别的性能，如图 6-52 为一次测量所得的频谱图叠加后的频谱图。在谱图中，

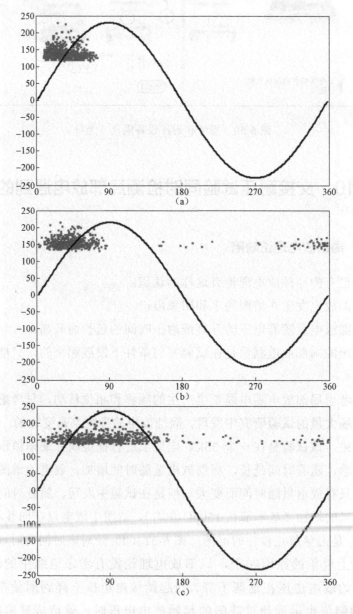

图 6-51　绝缘老化试验不同时间，直至击穿瞬间局部放电谱图变化（一）

（a）绝缘损伤初期局部放电信号；（b）绝缘损伤中期局部放电信号；（c）绝缘损伤击穿前局部放电信号

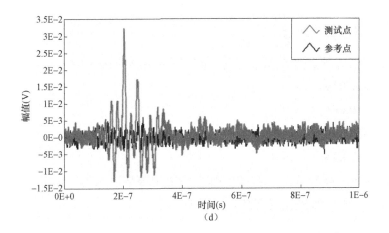

图 6-51 绝缘老化试验不同时间，直至击穿瞬间局部放电谱图变化（二）

（d）绝缘损伤局部放电时域信号

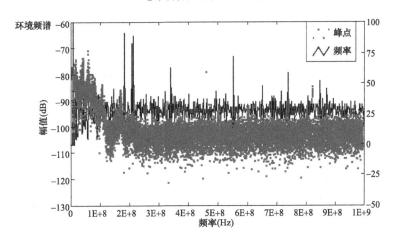

图 6-52 频域叠加

蓝色脉冲线是所有图中同一频率点叠加后的概率曲线，在幅值并不高的位置有较大的概率，说明虽然这个频段的脉冲幅值较小，但是几乎每个周期都有。问题是这样的峰值代表的物理意义还需要研究。

6.10.3 放电信号幅值衰减和缺陷关系

局部放电信号在电缆中传输的等值电路，如图 6-53 所示，局部放电脉冲信号在电缆中传输不同距离的幅频衰减特性可用高斯频域数学式近似表达如下：

$$U_0(\omega) = U_i e^{-\zeta(\omega)L} \qquad (6\text{-}42)$$

其中，$U_i(\omega) = A e^{\frac{\omega^2 \sigma^2}{2}}$ 为高斯频域特性；$\zeta(\omega) = \alpha(\omega) + j\beta(\omega)$ 为传播常数，它与电缆的结构和电介质老化程度有关；$\alpha(\omega)$ 为衰减函数；$\beta(\omega)$ 为相移函数。对于常规

电缆，传播常数 $\zeta(\omega) = j\omega\dfrac{L}{Z_0}$ 。

图 6-55 中的 4 种典型局部放电脉冲函数的 -3dB 点分别为：

a 点：$\omega\tau = 1.019$；

b 点：$\omega\tau = 0.845$；

c 点：$\omega\tau = 0.874$；

d 点：$\omega\tau = 2.018$。

其中 C 曲线为高斯函数，这样的高斯函数上限频率只有 70MHz（见图 6-55），可知，此函数不能全面描述局部放电的特性。

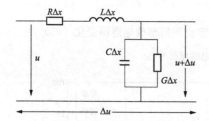

图 6-53 局部放电信号在电缆中传输的等值电路

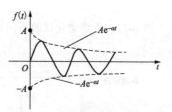

图 6-54 实际局部放电信号高斯函数（$Ae^{-\alpha t}$）

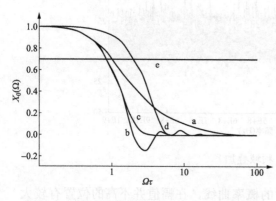

图 6-55 四种模拟放电函数归一化幅频特性

将 $U_i(\omega) = Ae^{\frac{\omega^2\sigma^2}{2}}$ 中的 $\omega\sigma = t$，可以写作 $U_i(t) = Ae^{\frac{t^2}{2}}$ 或 $\ln U_i(t) = \ln A - \dfrac{t^2}{2}$，可以得到 $t = \sqrt{2(\ln A - \ln U_i)}$。如果假设，放电频率不随信号衰减而变化，取第二个放电峰值的 U_i，其峰值为第一峰值的 $\dfrac{1}{N}$（见图 6-54 所示），这个值是从一个波峰到另一个波峰的变化，表明它是一个波的周期，所以这个值代表了这个缺陷放电所固有的频率。计算得到此时的频率等于 $f = \dfrac{\sqrt{2\ln N}}{2\pi\sigma}$，当第二个波峰的峰值为第一个的 $\dfrac{1}{2}$、$\sigma = 2$ns 时，$f = 93.69$MHz，和试验结果基本一致；当第二个波峰的峰值为第一个的 $\dfrac{1}{2}$、$\sigma = 2000$ns 时，$f = 0.09369$MHz。而局部放电信号在时域的时间长度一般是 2～2000ns，说明高斯函数模拟局部放电信号是有缺陷的，不能反映真实的局部放电信号频谱。

将 YJLW02-110-1×500 型电缆参数代入传播常数公式来计算电缆传播常数，取高斯脉冲宽度为 2ns，求解 $F(\omega)$ 式就可以得到不同长度电缆的信号各频率分量的传输特性，如图 6-56 所示。从图 6-56 可以看出，随着电缆长度增加，信号输出幅值严重衰减，若考虑输出与输入信号幅值范围为 0.7～1V 时作为传感器所检测信号能量集中区域，即把信号衰减 3dB 作为传感器的上限截止频率，对于 250m 的较长电缆来说，其上限频率仅为 20MHz，对传感器的要求相对较低。在进行电缆附件 PD 检测时，由于一般电缆附件的长度都在 1m 左右，传感器选频时完全可以通过适当提高传感器检测频带，如超高频段，来增强信号的抗干扰能力。

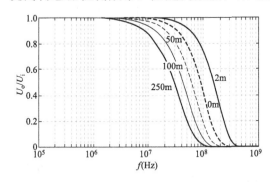

图 6-56　PD 在不同电缆长度中传播特性

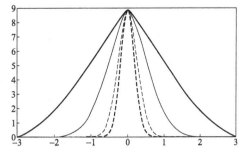

图 6-57　改变参数 A 后得到不同的高斯函数

通过局部放电信号的传输特性研究，发现用高斯函数来分析局部放电信号不太理想，主要是频率太低，造成的误差较大，给抗干扰等研究局部放电特性带来局限性。为了能够使高斯函数更好地用于分析局部放电信号，必须对高斯函数进行修正，使它满足所有的放电频率。

假设在原频域高斯函数中增加参数 A，即 $u(t) = \dfrac{\Delta Q Z_0}{\sigma \sqrt{2\pi}} e^{-\frac{A\omega^2\sigma^2}{2}}$，不同的参数 A 可

获得如图 6-57 所示的高斯函数分布。在相同假设下，这样的放电频率为 $f = \dfrac{\sqrt{\dfrac{2\ln N}{A}}}{2\pi\sigma}$，它和局部放电时域时长 σ 和参数 A 有关。例如，当放电波的时域时间长度 $\sigma = 2\text{ns}$、$N = 2$、$A = 0.008788$ 时，放电频率 $f = 1\text{GHz}$，如表 6-15 所示。

表 6-15　　　　　　　　　　　　　参数 A 和频率关系

放电时间常数 （ns）	第一峰和 第二峰的幅值比	模拟放电频率 （MHz）	参数 A
2	2	1G	8.7788×10^{-3}
2	2	100	8.7788×10^{-1}
2	2	10	8.7788×10^{1}
2	2	1	8.7788×10^{3}
2000	2	1G	8.7788×10^{-9}
2000	2	100	8.7788×10^{-7}
2000	2	10	8.7788×10^{-5}

放电时间常数 （ns）	第一峰和 第二峰的幅值比	模拟放电频率 （MHz）	参数 A
2000	2	1	8.7788×10^{-3}
200	2	1G	8.7788×10^{-7}
200	2	100	8.7788×10^{-5}
200	2	10	8.7788×10^{-3}
200	2	1	8.7788×10^{-1}

从图 6-57 和表 6-15 中可以看到，这个函数满足了局部放电信号全部的频率响应。也可以看出，参数 $A=8.7788\times10^{(3-2n-2m)}$，其中，$n$ 是频率以 MHz 为单位的第一位后面的位数；m 是放电时长以 ns 为单位的第一位后面的位数。

通过上述理论求证，可以获得一个新的局部放电函数：

$$u(t)=\frac{\Delta QZ_0}{\sigma\sqrt{2\pi}}\mathrm{e}^{-\frac{8.7788\times10^{(3-2n-2m)}\omega^2\sigma^2}{2}}$$
$$=\frac{\Delta QZ_0}{\sigma\sqrt{2\pi}}\exp\left(-\frac{8.7788\times10^{(3-2n-2m)}\omega^2\sigma^2}{2}\right) \tag{6-43}$$

放电频率为：

$$f=\frac{1}{2\pi\sigma}\sqrt{\frac{2\ln N}{A}} \tag{6-44}$$

在放电波形中第一个脉冲幅值是第二个脉冲幅值的两倍的基础上，得到的放电频率如式（6-44）所示。如果 N 值大于 2 时，频率要高得多。假设有一个缺陷，它的等值电路可以用一个电容器 C 来代替，假设放电时缺陷等值电容尺寸不变，只发生参数变化，就可得下列等式：

$$C_1U_1=C_2U_2 \text{ 或者 } \frac{U_1}{U_2}=N=\frac{C_2}{C_1}$$

变化为：

$$N=\frac{\varepsilon_2}{\varepsilon_1} \tag{6-45}$$

式（6-45）说明，随着缺陷中的放电发展，缺陷中的介质在进一步向半导电的方向变化。例如，当 $N=50$ 时，ε_2 至少在 100 以上，普通的交联聚乙烯材料的介电常数不可能超过 3，它的转变说明材料已经分解为碳和其他物质，碳颗粒的存在就像在缺陷中形成了无穷多个电容器极板，从宏观来看就是整个缺陷形成的等值电容器变大，由于实际缺陷没有增加，相当于它的介电常数增大，这和参考文献 [19] 中关于复合介质所得的结论一致。说明这时缺陷中电阻随着电压作用在减少。而在半导电材料中介电常数和电阻率的对应关系是需要进行研究的，它们如何对应是局部放电领域的关键。

7 电缆故障分析

7.1 数据收集

7.1.1 故障原始数据

电缆运行状态主要是描述电缆在运行及故障这一瞬间的状态，一般可用电力输电线路录波器上的波形进行描述。录波器显示的波形主要是电缆内部的运行过程，以及电缆外部的情况，例如外力施工、环境发热、散热条件等。

例1：图7-1为某局220kV高压电缆故障时的波形，从波形看故障发生在A相负半周开始不久，电压出现一个明显的抖动，电压不高，短路电流也不大，表明绝缘出现迅速的降低过程。结合解剖发现，应力控制材料有问题，电缆绝缘半导电屏蔽断口附近有持续高场强的作用，一旦绝缘屏蔽层被烧穿，出现畸变电场，绝缘材料不能耐受这样的电场强度。从录波图中可以看到，短路维持了两个半周波的时间，在A相电压开始下降时切除。由于录波器的工作频率较低，有时候不能完全反映电压的实际情况，可能造成误判。事故现场照片见图7-2。

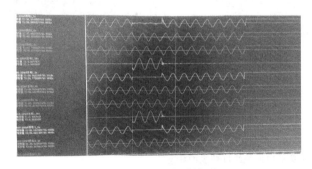
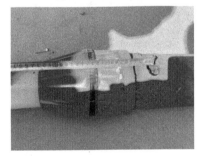

图 7-1　电缆事故波形　　　　　　　　图 7-2　事故现场照片

例2：某局110kV电缆事故。首先在B相出现，5个半周波后，出现A相和B相之间短路事故，如图7-3所示。经解剖分析发现，在绝缘屏蔽断开处约220mm处有一个直径30mm的孔，根据经验判断是应力锥改善不够或者绝缘界面存在缺陷。但A相和B相之间的短路是由于A相短路瞬间过电压，正好均压罩上有异物，造成相间飘弧短路。事故现场照片见图7-4。

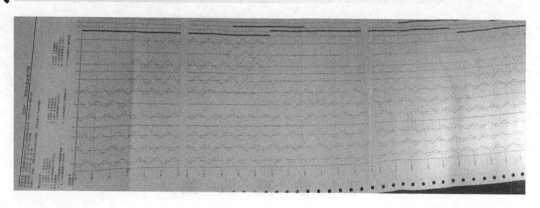

图 7-3　电缆事故波形

图 7-4　事故现场照片

例 3：外力对电缆运行破坏也可以从间接证据获得，例如某局 220kV 电缆发生本体击穿（见图 7-5），看似与外部无关，但从现场照片看到，电缆波纹铝套被外力挤压变形 [图 7-5（a）]，使得电缆铝套严重变形 [图 7-5（b）]，经测量最大外径和最小外径差 10mm。在这样的条件下，在内部结构的作用下发生最终的烧蚀 [图 7-5（c）]，烧蚀深度超过绝缘屏蔽层后就发生击穿。

（a）　　　　　　　　　（b）　　　　　　　　　（c）

图 7-5　电缆本体烧蚀

（a）烧蚀电缆击穿的外部状态；（b）烧蚀电缆的变形情况；

（c）烧蚀击穿的电缆绝缘屏蔽表面状态

由上述 3 个实例可知，应该从电缆故障的内部和外部原因进行分析。内部原因包括运行电压情况、电流情况、查看各设备的原始记录，特别是设备故障瞬间的电压电流情况和对应时间关系，从中能够很好地了解当时电缆绝缘的状况。对于外部情况也应做详细勘察，找到和击穿关联的条件，如相互间距离、外部温度、运行受力等，为进一步的故障分析提供原始依据。

7.1.2 故障数据特点

7.1.2.1 直观的数据

直观的数据一般是指用肉眼直接观察到的实物,根据电缆绝缘的基本理论,通过观察故障电缆实物直接发现问题所在。

1. 材料

电缆绝缘屏蔽是对电缆绝缘中的电场进行有效控制的部分,在有关国标中对此有严格的要求,只有屏蔽料的电阻系数远小于要求值时,才能保证电缆的安全运行。例如图 7-6 中,在现场测量故障电缆的绝缘屏蔽电阻值,发现绝缘屏蔽的电阻值大于 GB/T 11017—2014 或 GB/T 18890—2015 的要求,但用标准方法测量的结果确实是合格的,至少说明电缆本体材料不均匀。

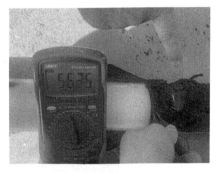

图 7-6 电缆制造选材或工艺问题数据

电缆附件是用在电缆出线端部的部件,根据使用环境,附件必须满足标准要求的环境。所以,当使用环境具有一定的腐蚀性时,在电场作用下,附件所用材料表面极易经受电弧放电,附件的材料应能够抵抗这种电弧产生的热量或者能够吹离电弧,使其离开绝缘材料表面,从而不使材料发生电弧腐蚀。图 7-7 所示为附件在使用很短时间后,附件的表面污秽引起放电,在电弧的腐蚀下,附件的绝缘材料由于经受不了电弧烧蚀,而产生了电腐蚀。试验标准要求户外电缆附件所用材料必须经受污染液流过两电极,极间距离 100mm,电压 4.5kV,由于污染液和电压的共同作用,在绝缘材料表面形成电弧,这样的试验称为 1A4.5 试验,它是用来考核材料的耐腐蚀性能的。

(a)

(b)

图 7-7 电缆附件材料选择问题数据

(a)材料不良在运行时的损坏状态;(b)材料不良运行后损坏被取下情况

电缆附件中应力锥是改善电缆终端电场分布最重要的结构之一。为了实现这一目标，应力锥所用材料的电阻应该小于1000Ω，但是在图7-8中，应力锥材料的电阻已经达到39.62MΩ，远远超过了应力锥材料的最低要求，若用它生产电缆终端的应力锥势必会造成终端的绝缘问题。

2. 设计

（1）不合理的夹层。电缆接头中电场应力最集中的部位在应力锥根部上。图7-9所示的接头设计忽视了这个问题，将本来场强就很高的应力锥设计成多层结构，每层之间具有大量的气隙，运行中这些气隙在电场的作用下放电，经过长时间的作用最终造成该部位的击穿。

图7-8 电缆附件材料选择或制造问题影响参数　　图7-9 电缆接头结构设计不合理

（2）不规范的配合尺寸。任何物体在受热作用时都会产生热胀冷缩现象。电缆作为输送电能的部件，由于导体存在电阻，在运行时必定存在热胀冷缩现象，因此，在设计电缆产品时应该注意各层结构之间的尺寸配合，避免出现不适应的现象。如图7-10所示，该电缆在设计时没有考虑电缆绝缘的热胀冷缩，电缆在运行时电缆绝缘发生热胀却被相对较小的金属护套限制，使得绝缘表面产生严重的尺寸变形，引起绝缘内部的电场发生畸变从而导致击穿。

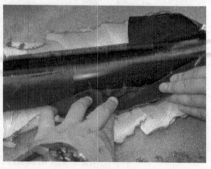

图7-10 电缆结构设计不合理引起电缆结构内部的损伤

3. 生产工艺及参数

（1）绝缘界面的工艺要求。电缆绝缘的利用率要求电缆绝缘的内、外表面越光滑越好，甚至要求具有超光滑的表面，所以电缆原料，必须满足一定的要求，从而使生产出来的电缆绝缘表面能够达到要求。但在图 7-11（a）中，可以明显看到在导体屏蔽层上有一个凹坑，使光滑表面出现破坏情况，在图 7-11（b）中，电缆导体屏蔽层出现不平整性，这样的电缆在使用两年多的时间内就会出现故障；图 7-11（c）为某供电局 220kV 电缆在做常规故障检测时发现电缆导体有不圆滑的外轮廓，对比事故处的导体（切面），发现正是在这个不圆滑外轮廓的位置出现击穿，如图 7-11（d）所示。导体屏蔽虽然对导丝效应有所缓解，但不能从根本上消除，良好的导体表面应该是光滑的圆外形，电缆在运行电压下微小的缺陷都可能造成局部电场集中。

图 7-11　生产工艺造成的缺陷

（a）导体屏蔽层上空洞缺陷；（b）导体屏蔽层上不平滑缺陷；（c）导体绞合外面不光滑；（d）导体绞合外面不光滑引发的击穿

（2）交联生产工艺参数。高压电缆生产中，每一个参数的设定都经过了长期积累。例如，电缆绝缘生产中硫化要求的温度为 300～400℃；管道内压力要控制在 10kg/cm^2，加热段 60m，冷却段 80～100m。特别是生产完成后的排气工序，它是在

80℃左右。因为压力可以促使交联过程中释放的气体保留在熔融态聚合物中，所以为了避免产生微孔，在绝缘完全固化离开管前必须保持压力。排气工艺中的温度不能太高，否则会使内部反应产生的小分子（见表 7-1 为产生过程排放的小分子）无法排除；又不能太低，否则会造成绝缘中形成蜂窝状结构，并且温度将保持一段时间，才能使多余的小分子完全排出。如果不排出这些小分子，最后反应就会朝着大分子解聚的方向发展，产生聚乙烯和交联聚乙烯混合物，最终使得 XLPE 达不到90℃的运行温度。表 7-2 是各电压等级电缆在三层共挤生产完成后需要的脱气时间。

表 7-1　　　　　　　　　绝缘生产时排出的小分子

成　　分	沸点（℃）	融点（℃）
甲烷	−162	—
苯乙酮	202	19～20
异丙苯醇	215-220	28～32

表 7-2　　　　　　　　　各电压等级电缆脱气时间

电缆电压（kV）	除气时间（天）
33	3
110	7～8（70～80℃）
132	15
220	10～15（70～80℃）
275	24

4. 运输

在进行电缆存放和运输时，应尽可能避免在露天以裸露方式存放电缆，若要在露天存放，应检查电缆两端的密封帽是否处于良好状态，且不允许平放电缆盘。滚

图 7-12　电缆盘在运输
车辆上的摆放

动时，将按照电缆的绕制方向滚动，运输中严禁从高处扔下电缆或装有电缆的电缆盘，特别是在较低温度时（一般为 5℃左右及以下）扔、摔电缆将有可能导致绝缘、护套开裂。吊装时，严禁几盘同时吊装。在车辆、船舶等运输工具上，电缆盘要用适合的方法加以固定，或采用图 7-12 所示方式。在车间或仓储摆放应有固定装置，如图 7-13（a）所示，防止互相碰撞或翻倒损伤电缆。电缆运输到达位置后，应进行现场检查和试验，保证敷设前电缆完好，间接设置责任界限。有些用户为了更加明确电缆在运输过程中有无泄漏，在出厂时要求在电缆金属套内注入一定压力的氮气，

如图 7-13（b）所示；到达现场后检查气压变化情况，以此证明电缆的密封好坏。

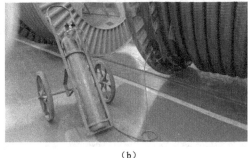

（a）　　　　　　　　　　　　（b）

图 7-13　存放电缆应按装固定地脚，运输前保压

（a）电缆盘的固定安装；（b）电缆金属套内保持气压捡漏

5. 设计和施工

（1）电缆载流量与电缆散热密切相关，如果在设计和施工阶段不注意，如图 7-14 所示，会使电缆寿命受到影响。由于电缆较重，电缆敷设时需要人力将电缆敷设抬到支架上，如果支架设计或施工不注意消除支架上的尖锐部分，极易造成电缆外护套损伤，如图 7-15（a）所示，这是目前电缆故障的主要来源。

图 7-14　电缆夹层中摆放

（2）在安装电缆附件的过程中，会使用大量的绝缘材料。由于长途运输和储存会造成材料的受潮，所以使用前应严格检查和试验。发现问题应更换，否则会影响电缆附件绝缘性能。

（3）电缆隧道中的接地扁铁设计应考虑电缆的接地要求，接地电缆截面要和隧道内预留的接地扁铁截面相适应，否则就会出现如图 7-15（b）所示的现象。

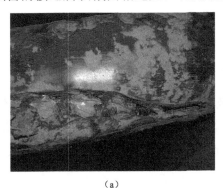
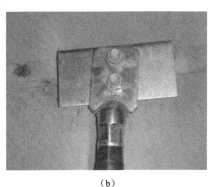

（a）　　　　　　　　　　　　（b）

图 7-15　电缆施工和设计问题

（a）电缆施工损伤电缆外护套；（b）电缆接地线和基础上的接地排不配套

电力电缆试验及故障分析

图 7-16　隧道内敷设电缆过多

（4）隧道内电缆总数的控制。按照有关标准要求，电缆隧道内首先是高低压要分开，其次只能有 24 根电缆，但在图 7-16 中的电缆隧道内高低压电缆混放，而且电缆数量远远多于标准要求的数量，这给电缆防火和运维带来隐患，使运维工作无法进行。

（5）附件辅材如果保管不良易引起绝缘问题。如图 7-17 所示，由于绝缘硅脂保存不良，造成硅脂受潮，在安装过程中它涂抹在绝缘表面，耐压时经受不了试验电压，引起击穿。这是由于硅脂的受潮，使绝缘表面的绝缘性能下降，在加压过程中电压在绝缘表面随机寻找最薄弱的路线向上爬电。

（a）　　　　　　　　　　　　（b）

图 7-17　施工材料受潮

（a）应力锥外爬电情况；（b）应力锥内绝缘表面击穿情况

（6）在城市立交桥上敷设的电缆以及大跨距海峡或江桥与陆地连接部位的电缆，由于热胀冷缩现象，必须设计专用的伸缩结构。长时间的弯曲变形（见图 7-18）将造成电缆金属套的疲劳断裂，因此必须在这些部位设置专用的装置，来保持电缆的受力均匀。

（7）电缆终端下部的电缆在 2m 距离内应有两个刚性固定，如图 7-19（a）所示，但如果没有此设计，如图 7-19（b）所示，那么电缆在电动力或风力作用下来回摇摆，带动电缆终端中的电缆左右移动，使终端电场发生变化，造成击穿。同样，在接头部位，除接头必须固定外，在接头两侧的电缆上也应有两个刚性固定，如图 7-19（c）所示，防止电动力对接头的破坏。这些固定都应有绝缘橡皮衬垫，一般衬垫的厚度为 10mm 以上，宽度为金属卡箍宽度两边各加 10mm。

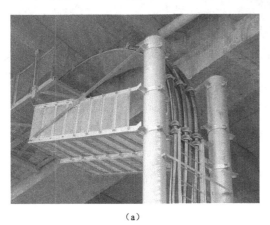

（a）   （b）

图 7-18　桥梁连接处电缆布置

（a）电缆穿越城市立交桥；（b）电缆在大跨度桥梁上的伸缩架

（a）   （b）   （c）

图 7-19　电缆终端下电缆固定和接头固定

（a）电缆终端下部有固定装置；（b）电缆终端下部没有固定装置；（c）电缆接头有适合的固定装置

（8）电缆连接用的压接工具未达到国标要求。国标对于电缆压接要求是：$150mm^2$ 电缆，连接时所用压钳压力为 15t；$240mm^2$ 及以下，压钳压力 18t；$400mm^2$，压钳压力 29t；生产 110kV 级以上电压等级附件，各个厂家均采用不小于 70t 的压钳。由于压钳大量采用进口，但国际上压模宽度是不同的，如：日本 30mm 或 100mm，欧洲 17mm，中国 20mm。如果压钳从 $25mm^2$ 到 $400mm^2$ 都能压接，压钳明显出力不够。但为了达到目的，有些厂家将模具的宽度设计的只有 7mm 宽，这样是不符合要求的。原因在于连接所用的铜接管具有弹性，在压接宽度两边会产生弹性变形，而不能计入压接面积，当压接第二次时，第一次压接面积会在弹性的作用下使第一次压接面弹起一部分，如果压接宽度较窄，这个弹力将使压接面全部弹起，从而使得总压接面积减少，造成发热。图 7-20 是电缆压接工具实物图。

 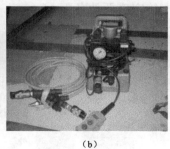 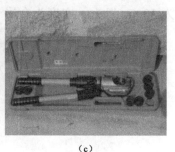

（a） （b） （c）

图 7-20 压接工具

（a）压钳头；（b）压钳的油泵机构；（c）手动压钳

6. 外力破坏

有关资料显示，电缆故障的 80%以上是受到外力作用造成的，因此应加强电缆线路的巡视，及时提醒工程人员地面下有电缆，防止出现外力破坏，如图 7-21 所示。

（a） （b）

图 7-21 外力破坏造成电缆损伤

（a）建设地基时钻探对电缆造成损伤；（b）基坑塌陷造成电缆沟坍塌

7. 运行环境

电缆虽有一定的耐水防护，但完全浸没在水中运行需要考虑防水性，特别是电缆接头的防水能力要远远低于电缆本体。如果像图 7-22 所示的运行情况，再好的防水措施也不能保证电缆不进潮气。

7.1.2.2 统计数据

根据威布尔分布理论，电缆故障数据主要包括发生和累积故障数两种。对于发生，即电缆线路绝缘故障的时间或事件被精确记录在时间刻度的某一点；对于累积故障数据，即把电缆线路单位时间失效单元的数量记录在单位时间刻度的每一个点上。因为失效时间和测试期长度均已知，所确定的数据也可以通过点来进行分类。当失效时间的确切值均不清楚时，数据则可以通过失效间隔（单元的数目）进行相应的分组，但这种情况增加了分析不确定性。当所研究的数据缺乏准确失效和中止时间的按月记录的失效数据时，可以将确定数据作为分组数据。分组数据包括如下参数：

（1）数据间隔。当电缆线路发生故障或进行定期检查时，可发现潜在的故障。当一个无害的潜在故障在第一次检出过程中被检测到时称作发现。例如，电缆线路中在上一次检测 t_1 后发生了一个无害的故障，但该故障在下一次检测 t_2 时才被发现，那么该故障的失效时间大于 t_1。

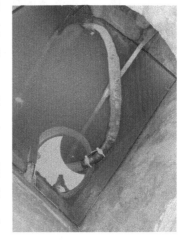

图 7-22　电缆接头浸泡在水中

（2）粗略数据。由于故障数据收集的时间间隔很长，故障数据点所在的失效时间点不精确，与间隔数据相关。

（3）真实数据。又称为有害检测数据，是指每个被检测元件由于检测的不确定性或检测时发现失效的不确定性而获得的数据。对于真实数据而言，每一个测试结果都可以认为是终止或失效。

考虑到国内电力电缆运行的实际情况，电缆故障数据具有以下特点：①由于国内电力电缆的投运役龄不长，所以故障数据的总量较小；②电缆故障数据收集的时间间隔很长，一般为几个月到一年，故障数据所在的失效时间点不精确；③电缆故障数据的形式可能以失效时间为主，需要转化成累积故障数的形式，以便进一步的分析；④电力电缆故障数据中，失效时间的截尾时间不一定是确定的；⑤故障数据的类型可能会以早期故障为主。

7.1.3　故障数据来源

故障数据来源主要有各供电单位的电缆原始统计数据和电缆故障统计数据。必须对故障数据进行必要的过滤和整理，才能够使用。一般遵循的方法是：

（1）收集故障数据。出于对电力电缆实际运行情况的考量，故障数据的形式必须规定为历年的累积故障数，如图 7-23 所示。将电缆常见故障进行分类评估，从安装方面评估电缆绝缘受力，故障类型有电缆施放时受扭力作用、电缆受拉力作用、电缆受弯曲力作用等。电缆绝缘故障可能包括的故障类型有电缆本体树枝介质老化、电缆本体介质受潮老化、电缆附件材料老化、电缆附件受潮老化等。

（2）选择合适的分布类型、计算模型。

（3）确定模型参数的估计方法。常用的参数估计方法有矩阵估计、最小二乘法估计、极大值法估计、适线法（坐标纸法）等。

（4）评估拟合度并解释结果。

投运日期	故障日期 ▼	
2011-10-23	2013-5-29	584
2010-12-1	2013-5-20	901
2009-8-16	2013-5-1	1354
2007-8-15	2013-4-17	2072
2007-8-9	2013-7-1	2153
2007-8-15	2013-7-9	2155
2007-8-9	2013-7-6	2158
2007-6-14	2013-8-17	2256
2006-7-19	2013-3-23	2439
2006-7-20	2013-3-26	2441
2006-10-12	2013-7-1	2454
2006-8-30	2013-5-30	2465
2006-8-27	2013-6-11	2480
2006-8-27	2013-7-13	2512

Year	Failures
1990	88
1991	180
1992	167
1993	206
1994	330
1995	
1996	
1997	
1998	
1999	506
2000	469
2001	564
2002	586
2003	750
2004	821
2005	1023
2006	1158
2007	1272
2008	1287

（a）   （b）

图 7-23　故障数据统计格式

（a）失效时间；（b）累计故障数量

7.2 故　障　统　计

电缆本体和接头的缺陷或常见故障主要有：老化（水、电、电化学树枝），局部绝缘缺陷（局部放电），局部或整体受潮，电缆绝缘受外力或本身缺陷造成的高、中、低阻接地等。电缆接地系统包括电缆接地箱、电缆接地保护箱（带护层保护器）、电缆交叉互联箱、护层保护器等。一般容易发生的问题主要有：①箱体密封不好，电缆进水导致多点接地，引起金属护层感应电流过大；②护层保护器参数选取不合理或氧化锌晶体不稳定也容易引发护层保护器损坏。

7.2.1　统计分类

电力电缆故障类型主要有以下几种：①按敷设时间，分为早期故障、中期故障、晚期故障；②按造成故障的原因，分为电缆质量问题、施工质量、外力损坏、绝缘受潮、化学腐蚀、长期过负荷、电缆接头故障、电缆本体正常老化、自然灾害等；③按故障位置，分为电缆本体故障、电缆接头故障、其他故障等。

从国内现阶段的生产水平、产品质量来看，仅有30%的电缆品种达到了参与国际先进工业国家市场竞争的水平。有统计结果显示，国内10kV～220kV电力电缆平均故障率由1997年11.3次/（100km·年）下降至2020年的2.4次/（100km·年），这个数据仍是发达国家同期水平的5倍左右。同时，国内的市场竞争机制不健全，为了降低成本，有些电缆厂尽可能对电缆绝缘取负公差来降低制造成本，使生产过程中的容错率降低，造成电缆本体制造缺陷出现的几率大增，常见的有局部微孔、绝缘屏蔽层的不光滑偏心度超标、金属屏蔽层开裂等。在国内，由于大部分电力电缆运行时间不长，尚未进入老化频发阶段，同时为了避免因电缆质量、施工质量与生产厂家、施工单位之间产生责任纠纷，主要以电缆故障位置进行分类，但当老化造成的故障大量出现时，这种分类方法将造成混乱。例如，当电缆由于老化或外力破坏而发生故障时，都会被统计为电缆本体故障，故障原因是无法区分的；又例如，当发现某条电力电缆的本体在投运初期就发生故障时，很难明确是电缆本身的质量问题，还是施工质量引起的问题。国际工业界对于电缆故障类型的区分并没有统一的标准。因此，为了能准确提取相应故障类型的数据，必须将电力电缆的故障原因、故障位置、敷设时间结合起来。造成电缆故障的原因很多，相互之间不独立且相互交叉，例如电缆弯曲弧度过大、电缆接头接触不良、电缆接头预制件安装偏位不对称、电缆接头密封不严、附件安装错误、电缆外护套划伤、电缆金属屏蔽层破裂、电缆本体机械应力等。这些都是电缆的质量问题，但是与电缆故障位置（电缆本体或电缆接头）不同，造成故障的机理也不同。例如电缆弯曲弧度过大时，可以直接造成电缆本体绝缘击穿或电缆接头绝缘损坏；也可由于破坏电缆本体护层或电缆接头密封而使电缆本体介质或电缆接头受潮，间接造成电缆本体绝缘损坏或电缆接头绝缘损坏。

若以电缆的敷设时间为判据，必须先确定电缆是否进入晚期。电缆是否进入晚期有两个标准：首先，在电缆运行过程中，其故障率的变化规律符合威布尔浴盆曲线，如图7-24所示。在偶发故障期（即中期），其故障率是基本不变的，当故障率开始以指数规律增大或超过规定故障率时才进入晚期（损耗故障期）。其次，晚期故障一般在电力电缆投入运行 n 年后出现，其中 $n=0.632x$，x 是取决于时间和场强的函数。

电力电缆的晚期故障主要有：电缆本体介质的树枝老化，约占到故障的13%；电缆本体介质受潮老化，约占8%；电缆附件材料老化，约占63%；电缆附件受潮老化，约占16%。由此，可以看到电缆附件依然是电缆线路故障的主要贡献者，而附件材料的老化多是绝缘受潮后在电场的作用下沿面爬电造成老化。电缆本体和电缆附件的受潮在电缆运行的早期、中期、晚期都可能发生，例如水分在电缆中间接头内部凝结成水珠，造成表面电阻急剧下降，发生沿面放电，引起附件内部短路，或电缆终端因为气候原因或内部机械应力而开裂，在潮湿的运行环境中表面发生严重树枝状炭化。

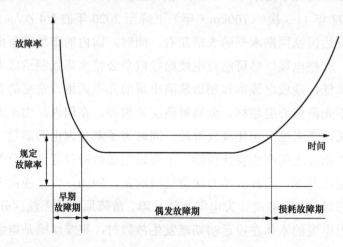

图 7-24 威布尔浴盆曲线

7.2.2 统计

1. 数据预处理

当数据量有限时，在找不到能充分反映数据特征的理论分布函数的情况下，通常采用一个近似的解决方法，即采用经验分布法。

经验分布法也称为非参数法或自由分布法，其目标是直接从故障时间序列推断出故障分布、可靠性函数和故障率函数。

可靠度函数估计值为：

$$R(t_i) = \frac{n+1-i}{n+1} \tag{7-1}$$

故障概率密度函数估计值为：

$$f(t) = \frac{R(t_{i+1}) - R(t_i)}{t_{i+l} - t_i} = \frac{l}{(t_{i+l})(n+l)} \tag{7-2}$$

其中，$t_i \leqslant t \leqslant t_{i+l}$

故障率函数估计值为：

$$h(t) = \frac{f(t)}{R(t)} = \frac{l}{(t_{i+l} - t_i)(n+l-i)} \tag{7-3}$$

其中，$t_i \leqslant t \leqslant t_{i+l}$

平均故障时间估计值为：

$$MTTF = \sum_{i=l}^{n} \frac{t_i}{n} \tag{7-4}$$

故障分布的方差估计值为：

$$s^2 = \sum_{i=l}^{n} \frac{(t_i - MTTF)^2}{n - l} \tag{7-5}$$

但经验分布具有其局限性，首选还是拟合一个理论分布，理论分布优于经验模型，主要有以下几点：

（1）经验模型不会提供样本数据范围外的信息，而这种分布的尾部数据在可靠性工程中是最令人感兴趣的。对于单一的截尾数据，用理论分布在截尾数据之外进行插补是可能的。

（2）通常人们感兴趣的是确定故障过程中的一些概率性质，一个样本仅仅是故障时间总体的一个小（随机）子集，需要建立的是该样本总体的分布，而不是该样本本身。

（3）故障过程通常是一些物理现象的结果，而这些物理现象又与一些特定的分布关联。

（4）小样本量提供的故障过程信息极少，但是如果这些样本符合某个理论分布，那么根据该理论分布的性质就可能得到一些结论。最后，可以使用理论分布模型对故障过程进行更复杂和深入的分析。如果没有可用的可靠性分析模型，则很难推导出更多复杂的关系。

2. 数据统计方法

一般统计电缆故障使用的是威布尔浴盆曲线（见图 7-24），将电缆的整体故障分为早期故障期、偶发故障期和损耗故障期。

威布尔分布的三参数表达式为：

$$f(t) = \frac{\beta}{\eta} \left(\frac{t-g}{\eta} \right)^{\beta-1} \exp\left[-\left(\frac{t-g}{\eta} \right)^{\beta} \right], \quad t > g \tag{7-6}$$

式中：$f(t)$ 为概率密度函数，表示 t 时刻发生故障的概率；β 为形状参数；η 为尺度参数。

当不考虑位置参数 g 时，模型可以简化为两参数威布尔分布，即：

$$f(t) = \frac{\beta}{\eta} \left(\frac{t}{\eta} \right)^{\beta-1} \exp\left[-\left(\frac{t}{\eta} \right)^{\beta} \right] \tag{7-7}$$

式中：β 代表了故障的模式，当 $\beta > 1$ 时，表明故障率在升高，故障主要由老化引起；当 $\beta < 1$ 时，表明故障率在下降，故障主要由安装、质量问题引起；当 $\beta = 1$ 时，表明故障率不变，故障由外力破坏引起。概率函数为：

$$F(t) = \int_0^t f(t) \ \mathrm{d}t = \int_0^t \frac{\beta}{\eta} \left(\frac{t}{\eta} \right)^{\beta-1} \exp \int_0^t \left[-\left(\frac{t}{\eta} \right)^{\beta} \right] \mathrm{d}t = 1 - \exp\left[-\left(\frac{t}{\eta} \right)^{\beta} \right] \tag{7-8}$$

残存函数为：

$$R(t)=1-F(t)=\exp\left[-\left(\frac{t}{\eta}\right)^{\beta}\right]\qquad(7-9)$$

从式（7-7）和式（7-9）可得威布尔故障率的函数表达式：

$$h(t)=\frac{f(t)}{R(t)}=\frac{\beta}{\eta}\left(\frac{t}{\eta}\right)^{\beta}\qquad(7-10)$$

例如，某供电单位 2004～2011 年有 31 次电缆故障，按照故障原因来分，有外力破坏 10 次、电缆质量故障 14 次、老化故障 2 次、安装故障 2 次、其他不明原因 3 次，如表 7-3 所示。根据记录的投运日期和故障日期，不确定的时间可以设定一个假设时间，例如某投运时间为 1989 年，但没有具体时间，这时可以补充为 1989-01-01，从而可以计算出失效时间。

表 7-3　　　　　　　　故　障　统　计

年份	外力破坏	电缆质量	老化	安装	其他
2004	0	2	0	0	0
2005	0	1	2	0	0
2006	0	0	0	0	2
2007	0	1	0	2	0
2008	2	3	0	0	0
2009	3	3	0	0	0
2010	2	4	0	0	0
2011	3	0	0	0	0
总计	10	14	2	2	2

对相同失效时间（见表 7-4）的故障进行删除后，研究的数据样本为 22 个。对式（7-9）两边取对数，可以得到：

$$\ln\left(\ln\frac{1}{1-F(t)}\right)=\beta(\ln t-\ln\eta)\qquad(7-11)$$

$F(t)$通过中位秩公式进行计算：

$$F(t)=\frac{i-0.3}{n+0.4}\qquad(7-12)$$

式中：i 为故障的序号；n 为总的故障数，在表 7-5 中 $n=22$。

如果 $y=\ln\left(\ln\frac{1}{1-F(t)}\right)$，$x=\ln t$，$b=\beta$，$\alpha=-\beta\ln\eta$，可以得到 $y=a+bx$。如果对故障数进一步处理，分别求出 $y=\ln\left(\ln\frac{1}{1-F(t)}\right)$ 和 $x=\ln t$，然后利用这两个数据进行

拟合。拟合的威布尔分布如图 7-25 所示,其中方程 $y = a + bx$,校正确定系数 $r^2 =$ 0.972,r_2 越接近 1,表明拟合程度越好,b 和 a 的拟合分别为 0.72665 和 −2.97602,标准误差分别为 0.02689 和 0.09925。由于 $b = \beta$,$a = -\beta\ln\eta$,从 a 和 b 的值就可以计算形状参数 $\beta = 0.72665 <$ 1,表明事故概率在下降;尺度参数 $\eta = 60.07142$。根据威布尔分布特性可知,尺度参数也称为特征寿命,63.2%的故障都发生在特征寿命之前。因此,可推知 63.2%的故障都发生在 60.07142 个月之前。

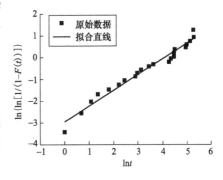

图 7-25 威布尔分布拟合曲线

表 7-4 失 效 时 间 的 计 算

年份	故障数	故障日期	投运日期	失效时间（月）
2004	2	2004	2008	24
		2004-03	1998-06	69
2005	3	2005-02-10	2003-06	20
		2005-06-26	1989	198
		2005-08-31	1989	200
2006	2	2006-12-29	1999-09	88
		2006-12-29	1999-09	88
2007	3	2007-06-21	2007-06-21	0
		2007-12-05	2007-10-23	1
		2007-12-27	2007-10-23	2
2008	6	2008	2008	0
		2008-10-03	2008-04-18	6
		2008-01-20	1996-06	140
		2008-01-20	1996-06	140
		2008-01-05	2007-09-30	3
		2008-05-09	2007-08-21	9
2009	6	2009-09-08	2007-01	32
		2009-09-28	2003-05-30	78
		2009-09-27	2002-07-17	85
		2009-04-18	2008-08-02	9
		2009-07-01	2008-07-12	12
		2009-10-28	1997-06-01	149
2010	6	2010-12-03	2003-05-30	90
		2010-09-28	1995-05-01	172
		2010-09-29	2008-02-24	32
		2010-06-13	2010-06-08	0
		2010-08-13	2010-04-10	4
		2010-01-11	2009-07-01	6
2011	3	2011-03-17	2009-09-01	19
		2011-10-22	2008-08-30	38
		2011-02-20	2008-07-01	32

表 7-5   威布尔分布所用电缆故障数据

序号 i	失效时间（月）	$\ln\left(\ln\dfrac{1}{1-F(t)}\right)$	$\ln t$
1	1	−3.45	0
2	2	−2.54	0.69
3	3	−2.05	1.10
4	4	−1.71	1.39
5	6	−1.45	1.79
6	9	−1.23	2.20
7	12	−1.03	2.48
8	19	−0.86	2.94
9	20	−0.71	2.99
10	24	−0.57	3.18
11	32	−0.43	3.47
12	38	−0.30	3.64
13	69	−0.18	4.23
14	76	−0.06	4.33
15	86	0.07	4.45
16	88	0.19	4.48
17	90	0.31	4.50
18	140	0.45	4.94
19	149	0.59	5.00
20	172	0.75	5.15
21	198	0.95	5.29
22	200	1.24	5.30

从表 7-5 中可以看到，这个事例的老化故障只有两起，而总故障数有 31 起，这表明电缆故障不是老化引起，所以不应当是 $\beta > 1$。统计的数据显示，电缆质量故障占到 14 次，所以，β 应该小于 1。

对于电缆故障的分析还有 CROW/AMSAA 方法。威布尔分布分析失效时间是定性分析，只能计算出故障模式，不能对未来的故障率进行预测，而 CROW/AMSAA 方法分析的是积累故障时间和积累故障次数，是定量分析，可以对未来故障进行预测。用于评估威布尔概率图，拟合结果的优劣有如下几个参数：

（1）r 为相关系数：用来表明两个变量之间的线性相关性。一般来讲，相关系数总是大于−1 且小于 1 的，它的值与斜率相关。威布尔概率分布图上反映的是一条直线的斜率，因此也会有一个相应的相关系数。如果 r 越接近于 1，那么表明相关性越好。

（2）r^2 为相关系数的平方：通常用来衡量数据中变量的比例，可以通过相关性来进行说明。如果 $r^2 = 0.83$，表明 83%的数据变量可以通过相关性来进行解释。r^2 也称为决定系数。

（3）CCC 临界相关系数：通常用来衡量标准威布尔概率分布图中的相关系数的分布，其中标准威布尔概率分布图通过中值进行描述。将 90%的 CCC 与相关系数进行比较，如果 r 大于 CCC，则表明相关性好；若 r 小于 CCC，那么表明数据不服从威布尔分布，相关性差。CCC 是用来确定数据组与分布相关性好坏的最好的统计学方法。

（4）CCC^2 临界相关系数的平方：与 CCC 比较类似，当 r^2 大于或等于 CCC^2 时，表明相关性好。

7.3 故 障 结 论

电缆事故分析的步骤一般是将收集来的数据或证据进行前期处理，得出计算方法需要的基础数据，或可能的、明显的故障来源的分类；然后按照特性仔细测量和计算，得出最终的结论。结论应该包括：理论上指出的结论，最好用数据说话或图片证明；对应显示实际运行所产生的问题结论，故障和现场环境的联系；给出具体建议，便于今后整改或普查其他可能出现的问题。

7.3.1 数据归纳

当开始统计时，应对已得到的数据进行处理，使其具有相似的数据类型。在统计中首先需要的就是线路名称，一般线路名称会涉及敏感信息，所以，线路名称必须全部采用编号。

故障数据记录了一定年限内发生的电力电缆故障数量以及故障类型。如图 7-26 所示，只能看到其中外力破坏 2864 起，质量问题 962 起，老化 911 起，安装 508 起等。可见，在故障数据中外力破坏为主要原因。

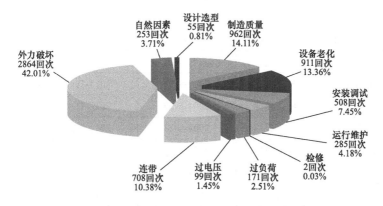

图 7-26 一般提供的电缆故障原始数据分类

可以将这些数据按照一定的类型排列出来，如表 7-6 所示为某用户 2011～2013 年电缆故障统计表。

表 7-6　　　　　　　　　　　　　　　电统故障原始统计数据

序号	线路名称	故障原因	投运时间	故障日期、时间	故障时间（天）
1	wddlly-084	质量问题	2011-7-2	2012-12-24	541
2	wddlly-130	外力破坏	2011-10-23	2013-5-29	584
3	wddlly-091	老化	2010-10-13	2012-10-25	743
4	wddlly-081	外力破坏	2010-12-1	2013-5-20	901
5	wddlyly-092	外力破坏	2009-12-3	2012-8-25	996
6	wddlly-018	外力破坏	2006-8-30	2012-10-11	2234
7	wddlly-120	外力破坏	2005-3-15	2011-4-27	2234
8	wddlly-078	老化	2007-6-14	2013-8-17	2256
9	wddlly-112	安装问题	2006-7-28	2012-12-23	2340
10	wddIly-139	外力破坏	2006-7-19	2013-3-23	2439
11	wddlly-187	外力破坏	2006-7-20	2013-3-26	2441
12	wddlly-118	安装问题	2006-10-12	2013-7-1	2454
13	wddlly-018	老化	2006-8-30	2013-5-30	2465
14	wddlly-113	外力破坏	2006-8-27	2013-6-11	2480
15	wddlly-085	质量问题	2006-1-6	2012-11-7	2497
16	wddlly-230	外力破坏	2006-8-27	2013-7-13	2512
17	wddlly-018	外力破坏	2006-8-30	2013-8-10	2537
18	wddlly-201	老化	2004-6-8	2011-6-2	2550
19	wddlly-160	质量问题	2003-12-23	2011-6-9	2725
20	wddlly-228	外力破坏	2005-6-15	2013-2-7	2794
21	wddlly-191	外力破坏	2003-6-7	2011-5-16	2900
22	wddlly-197	外力破坏	2004-6-10	2012-5-19	2900
23	wddlly-083	外力破坏	2005-3-15	2013-4-16	2954
24	wddlly-173	老化	2003-4-8	2011-6-2	2977
25	wddny-154	外力破坏	2007-8-29	2012-11-7	2992
26	wddUy-227	质量问题	2004-6-29	2012-11-4	3050
27	wddUy-105	外力破坏	2004-4-23	2012-9-20	3072
28	wddlly-105	外力破坏	2004-4-23	2013-1-12	3186
29	wddlly-145	外力破坏	2004-6-29	2013-4-13	3210
30	wddlly-204	老化	2003-8-12	2012-7-29	3274
31	wddlly-193	外力破坏	2004-6-13	2013-7-13	3317

续表

序号	线路名称	故障原因	投运时间	故障日期、时间	故障时间（天）
32	wddlly-192	外力破坏	2004^6-11	2013-7-13	3319
33	wddlly-160	外力破坏	2003-1-9	2012-11-29	3612
34	wddUy-096	外力破坏	2003^4-19	2013-9-7	3794
35	wddlly-018	外力破坏	2006-8-30	2012-10-11	2234
36	wddlly-120	外力破坏	2005-3-15	2011-4-27	2234
37	wddlly-018	老化	2006-8-30	2012-10-12	2235
38	wddlly-078	老化	2007-6-14	2013-8-17	2256
39	wddlly-112	安装问题	2006-7-28	2012-12-23	2340
40	wddIly-139	外力破坏	2006-7-19	2013-3-23	2439
41	wddlly-187	外力破坏	2006-7-20	2013-3-26	2441
42	wddlly-118	安装问题	2006-10-12	2013-7-1	2454
43	wddlly-018	老化	2006-8-30	2013-5-30	2465
44	wddlly-113	外力破坏	2006-8-27	2013-6-11	2480
45	wddlly-085	质量问题	2006-1-6	2012-11-7	2497
46	wddlly-230	外力破坏	2006-8-27	2013-7-13	2512
47	wddlly-018	外力破坏	2006-8-30	2013-8-10	2537
48	wddlly-201	老化	2004-6-8	2011-6-2	2550
49	wddlly-160	质量问题	2003-12-23	2011-6-9	2725
50	wddlly-228	外力破坏	2005-6-15	2013-2-7	2794
51	wddlly-191	外力破坏	2003-6-7	2011-5-16	2900
52	wddlly-197	外力破坏	2004-6-10	2012-5-19	2900
53	wddlly-083	外力破坏	2005-3-15	2013-4-16	2954
54	wddlly-173	老化	2003-4-8	2011-6-2	2977
55	wddny-154	外力破坏	2004-8-29	2012-11-7	2992
56	wddUy-227	质量问题	2004-6-29	2012-11-4	3050
57	wddUy-105	外力破坏	2004-4-23	2012-9-20	3072
58	wddlly-105	外力破坏	2004-4-23	2013-1-12	3186
59	wddlly-145	外力破坏	2004-6-29	2013-4-13	3210
60	wddlly-204	老化	2003-8-12	2012-7-29	3274
61	wddlly-193	外力破坏	2004-6-13	2013-7-13	3317
62	wddlly-192	外力破坏	2004-6-11	2013-7-13	3319
63	wddlly-160	外力破坏	2003-1-9	2012-11-29	3612
64	wddUy-096	外力破坏	2003-4-19	2013-9-7	3794

对表 7-6 所示的原始故障数据，使用 7.2.2 小节中的理论做进一步处理，将因质量问题引起的故障提取出来，作为前期故障数据，采用经验分布法计算可靠度、故障概率密度、故障率，所得数据如表 7-7 所示。

表 7-7 数 据 的 前 期 计 算

序号 i	故障时间 t （天）	可靠度 R （t）	故障概率密度 f （t）	故障率 h （t）
1	541	0.984848485	0.000352361	0.000357782
2	584	0.96969697	9.52925E-05	9.82704E-05
3	743	0.954545455	9.58957E-05	0.000100462
4	901	0.939393939	0.00015949	0.000169779
5	996	0.924242424	0.0001295	0.000140115
6	1113	0.909090909	0.000398724	0.000438596
7	1151	0.893939394	0.001893939	0.002118644
8	1159	0.878787879	0.000505051	0.000574713
9	1189	0.863636364	0.000285878	0.000331016
10	1242	0.848484848	0.000280584	0.000330688
11	1296	0.833333333	0.015151515	0.018181818
12	1297	0.818181818	0.001893939	0.002314815
13	1305	0.803030303	0.001515152	0.001886792
14	1315	0.787878788	0.000459137	0.000582751
15	1348	0.772727273	0.002525253	0.003267974
16	1354	0.757575758	8.41751E-05	0.000111111
17	1534	0.742424242	0.000156201	0.000210393
18	1631	0.727272727	0.001082251	0.001488095
19	1645	0.712121212	0.000148544	0.000208594
20	1747	0.696969697	0.000757576	0.001086957
21	1767	0.681818182	0.00137741	0.002020202
22	1778	0.666666667	0.000226142	0.000339213
23	1845	0.651515152	0.000541126	0.000830565
24	1873	0.636363636	0.000488759	0.000768049
25	1904	0.621212121	0.000522466	0.000841043
26	1933	0.606060606	0.000270563	0.000446429
27	1989	0.590909091	0.000182548	0.000308928
28	2072	0.575757576	0.002525253	0.004385965
29	2078	0.560606061	0.002525253	0.004504505
30	2084	0.545454545	0.000344353	0.000631313
31	2128	0.53030303	0.000606061	0.001142857
32	2153	0.515151515	0.007575758	0.114705882

续表

序号 i	故障时间 t （天）	可靠度 R （t）	故障概率密度 f （t）	故障率 h （t）
33	2155	0.5	0.005050505	0.01010101
34	2158	0.484848485	0.000229568	0.000473485
35	2224	0.46969697	0.001515152	0.003225806
36	2234	0.454545455	0.015151515	0.034482759
37	2234	0.439393939	0.015151515	0.034482759
38	2235	0.424242424	0.000721501	0.00170068
39	2256	0.409090909	0.000180375	0.000440917
40	2340	0.393939394	0.000153046	0.0003885
41	2439	0.378787879	0.007575758	0.02
42	2441	0.363636364	0.001165501	0.003205128
43	2454	0.348484848	0.00137741	0.003952569
44	2465	0.333333333	0.001010101	0.003030303
45	2480	0.318181818	0.000891266	0.00280112
46	2497	0.303030303	0.001010101	0.003333333
47	2512	0.287878788	0.000606061	0.002105263
48	2537	0.272727273	0.001165501	0.004273504
49	2550	0.257575758	8.65801E-05	0.000336134
50	2725	0.242424242	0.000219587	0.000905797
51	2794	0.227272727	0.000142939	0.000628931
52	2900	0.212121212	0.000280584	0.001424501
53	2900	0.196969697	0.000280584	0.001424501
54	2954	0.181818182	0.000658762	0.003623188
55	2977	0.166666667	0.001010101	0.006060606
56	2992	0.151515152	0.000261233	0.001724138
57	3050	0.136363636	0.000688705	0.005050505
58	3072	0.121212121	0.000132908	0.001096491
59	3186	0.106060606	0.000631313	0.005952381
60	3210	0.090909091	0.000236742	0.002604167
61	3274	0.075757576	0.000352361	0.004651163
62	3317	0.060606061	0.007575758	0.125
63	3319	0.045454545	5.17117E-05	0.001137656
64	3612	0.03030303	8.32501E-05	0.002747253
65	3794	0.015151515		

将上述计算得到的数据用曲线表示出来就得到图 7-27 和图 7-28。同时根据 7.2.2 小节理论可知：

平均故障时间的估计值为：

$$MTTF = \sum_{i=l}^{n} \frac{t_i}{n} = 2122.8$$

故障分布的方差估计值为：

$$s^2 = \sum_{i=l}^{n} \frac{(t_i - MTTF)^2}{n-1} = 596664.4$$

$$s = 772.4$$

$$t_{0.05,64} = 1.669$$

所以，平均故障时间的 90%置信区间的为： $2122.8 \pm 1.669 \times \dfrac{772.4}{\sqrt{65}} = (1962.9,$

2282.6)。

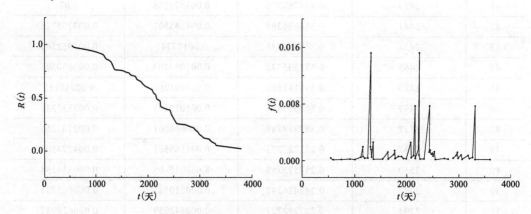

图 7-27　可靠度、故障概率密度随时间变化

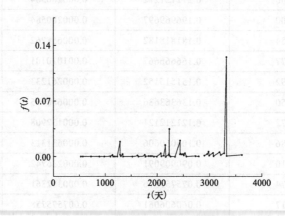

图 7-29　故障率随时间变化曲线

经过统计分析发现，这批电缆线路 90%出现故障的时间是 5.4～6.3 年。如果假设故障数据服从三参数威布尔分布的函数：

$$F(t, \alpha, \beta, \theta) = 1 - e^{-\left(\frac{t-\theta}{\alpha}\right)^{\beta}} \tag{7-13}$$

可靠度函数：

$$R(t) = e^{-\left(\frac{t-\theta}{\alpha}\right)^{\beta}}$$

（7-14）

式中：β 为形状参数，$\beta > 0$；α 为尺度参数，$\alpha > 0$；θ 为位置参数，$\theta > 0$。以随机抽取 n 个样品为研究对象进行试验，在规定的截尾时间 τ（$\tau > 0$）内有 τ 个产品发生故障，试验的时间为 $t_1 \leqslant t_2 \leqslant \cdots \leqslant \tau$。当故障的个数为 r_{ss} 时，此时的数据称为极小样本数据；$\tau = 0$ 时为特殊情况，无失效数据。

观测到的电缆故障数据可以用时间序列 t_1，t_2，$\cdots$，t_n 表示，其中 t_i 表示第 i 个电缆故障发生时，电缆的有效运行时间（即投运日期与故障日期之间的时长）。假设每一个故障都代表来自同一总体的独立样本，总体是所有可能故障时间的分布，可以用 $f(t)$、$R(t)$、$F(t)$ 等来表示，基本问题就是确定样本中 n 个故障时间所蕴含的故障分布。采用前述的统计数据，观察表 7-7，$R(t)$ 和 $f(t)$ 的数值较为符合指数分布的趋势，选择式（7-13）作为拟合函数，计算得：$\theta = -856.904$，$\beta = 4.068$，$\alpha = 3277.476$，拟合曲线的残差平方和 $R_{SS} = 0.00633$。调整相关系数 $r = 0.99367$，拟合结果精确。

从图 7-29 可以看出，电缆的可靠度在大于 3000 天时就没有了，也就是说电缆在使用到第 8 年时可能出事故。

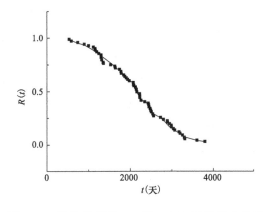

图 7-29　经济分析法 $R(t)$ 和 Origin 函数拟合结果

7.3.2　数据可靠性和地区间区别

收集的数据经常会出现不够完整的情况，尤其是当坐标纸上显示出尖角或急转弯角时，很可能是由于失效数据包含了多个失效模式，即失效数据并不是单一的失效模式。电力电缆由于制造质量问题的早期故障，而随着时间的推移出现老化故障，这时坐标纸上的结果很有可能是一段平缓的斜线和一条陡峭的斜线。如果在同一个坐标纸上绘制电缆的早期故障和老化故障，一般将这种图称为典型双级威布尔。在分析保证数据时，经常会出现这种双级坐标纸。虽然失效次数与中止次数相同，但失效模式却不完全相同。如果遇到这种情况，首先要检查寿命数据，看是否存在不同的故障模式，除去已经绘制的故障外，失效模式应做中止标记。

如果失效数据仅包含一个系统或部件，那么虽然一组数据中含了多个失效模式，但急转角消失，此时的直线斜率接近于 1，威布尔分布的相关性会变好，这种情况表明使用混合失效模式的威布尔概率图与使用指数分布是等价的。为了避免这种情况的发生，应先仔细分析故障的基本原因，再对数据和失效模式进行分类。

除了上述的计算统计分析，对于引起电缆故障的主要原因，具有明显的地域性。

（1）在北京地区，由于电缆敷设的方式主要为电缆隧道，因此电缆故障主要以产品质量问题引起的故障为主。虽然外力破坏引起的故障也占有一定的比例，但主要是以同一电缆隧道内低压电缆的故障引起的次生故障为主。这是北京等以电缆隧道敷设为主要敷设方式的地区发生电缆故障的显著特点。同时，由于北京地区电缆应用数量较大，电缆工程的施工和管理均由专业公司来实施，电缆施工水平和管理水平整体较高，因此在北京地区由于施工质量问题而引起的故障较少。目前，北京市区电缆隧道全部安装了井盖监控系统和电缆测温系统，运行管理水平实现了自动化，使得电缆及附件系统的防盗得到一定的控制，实现了电缆事故的提早发现。

（2）在广州、深圳、成都、长沙等以沟槽和直埋为主要电缆敷设方式的地区，由于市政施工较多，因野蛮施工而导致的电缆故障所占比例明显增高，甚至在某些地区成为电缆故障的主要原因。

（3）在其他一些电缆应用数量较少的地区，由于施工队伍的施工水平不高，导致施工质量较低，造成电缆附件安装不符合要求或安装工艺水平差，由此引起的电缆故障比例相应较高。另外，在这些地区，由于电缆应用较少，不重视正常运行管理，缺少电缆的日常巡查维护，导致电缆受外力破坏或不法分子盗窃频发，所占故障原因的比例也较高。

7.3.3 综合结论

结论是围绕故障分析描述、计算、测量以及经验所获得的事实证据进行的总结，应归纳为几个要点的形式。

（1）主要内容。通过理论计算、现场实体照片、现场尺寸测量等工作，并通过对故障的模拟试验和特性研究概括出本次故障的特点，从这些概念出发，最终找出和还原故障发生的机理和路径，为整改和修复提供依据。同时，要用量化的数据或照片来说明研究是通过实际测量和现场测试得到的结果，这样才有说服力。

（2）注意区分结论和结果的不同。

结果一般是指理论研究或试验研究的结果，可以用图表和现场照片表示，在故障分析中通过理论和实测，再经过现场分析人员的专业基础知识过滤获得的结果。这些结果可能带有人为的因素和缺失，也可能不对，但它已经排除了大多数的可知和能够预测的因素，缩小了分析的范围。结论是在结果的基础上得到的精练的总结，不用图表和照片等表示，这些内容主要是建议性的，从专业角度对故障进行定性说明。

7.4 故 障 案 例

7.4.1 案例一：电缆中间接头受潮故障分析

一、线路情况

图 7-30 所示为某用户 220kV 电缆线路，其起始端为 220kV 1 号变电站，终点为 220kV 2 号变电站，纯电缆线路，全长 4.71km，敷设方式为电缆沟和排管，共有接头 7 组，GIS 终端 2 组。电缆线路于 2002 年投运，2009 年迁改进 2 号变电站，#2～#5 接头电缆段电缆生产厂家为日本某厂家，型号为 ZR-YJLW02-Z-127/220-1×800，其余电缆段电缆生产厂家为国内某厂家，型号为 ZRC-YJLW02-127/220-1×800；#2～#5 接头生产厂家为日本某厂家，2002 年投运；#1、#6、#7 接头为日本某厂家，2009 年投运。

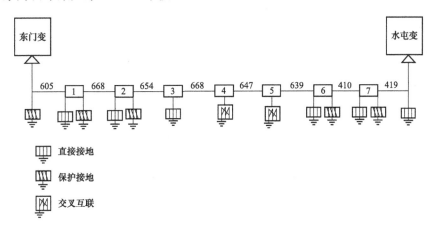

图 7-30 220kV 东屯线接线示意图

220kV 电缆通道位于市区主干道附近，地下水位较高，运行环境较潮湿。

二、缺陷情况

2019 年 7 月 1 日，运行部门巡视发现 220kV 电缆线路#2～#5 中间接头存在异常发热现象。其中#4 中间接头发热最严重，A、B、C 三相温升分别为 2℃、6℃、1℃；#2、#3、#5 中间接头温升为 1～2℃。

三、现场检测情况

2019 年 7 月 2 日，委托第三方检测机构对 220kV 电缆#4 中间接头进行局部放电和红外带电检测，具体检测结果如下。

1. 局部放电带电检测

图 7-31～图 7-33 分别是测试得到的#4 中间接头 A、B、C 三相相位幅值图、时间频率图。

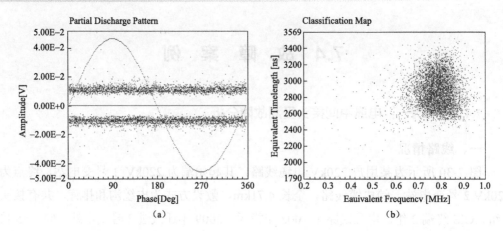

图 7-31　A 相相位幅值图

（a）相位幅值图；（b）时间频率图

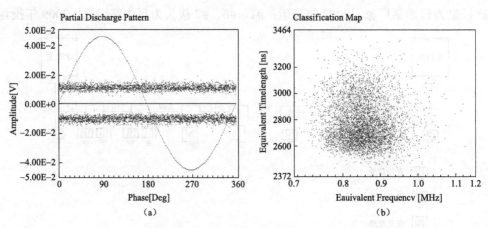

图 7-32　B 相相位幅值图

（a）相位幅值图；（b）时间频率图

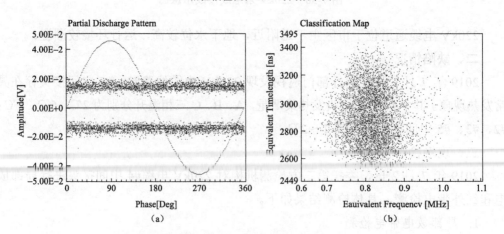

图 7-33　C 相相位幅值图

（a）相位幅值图；（b）时间频率图

通过对#4 中间接头三相相位幅值图和时间频率图进行分析，A、B、C 三相采集的信号均匀分布在所有象限，未见明显局部放电信号，判断为外界传来的噪声干扰。

2. 红外测温

（1）#4 中间接头 A 相。#4 中间接头 A 相红外测温图谱见图 7-34。由红外图谱可见，A 相中间部位存在发热现象，发热部位最高温度为 31.5℃，正常部位温度 29.44℃，温升 2.1℃。

（2）#4 中间接头 B 相。#4 中间接头 B 相红外测温图谱见图 7-35。由红外图谱可见，B 相中间部位存在发热现象，发热部位最高温度为 35.2℃，正常部位温度 29.0℃，温升 6.2℃。

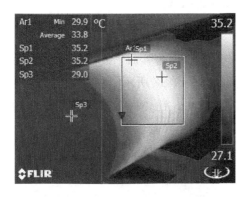

图 7-34　A 相红外测温图谱

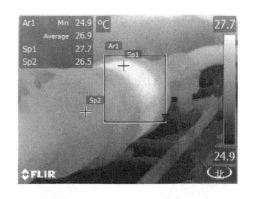

图 7-35　B 相红外测温图谱

（3）#4 中间接头 C 相。#4 中间接头 C 相红外测温图谱见图 7-36。由红外图谱可见，C 相中间部位存在发热现象，发热部位最高温度为 27.7℃，正常部位温度 26.5℃，温升 1.2℃。

综上，220kV 东屯线电缆#4 中间接头三相中间接头发热部位相同，均位于接头中间部位。A、B、C 三相最高温度分别为 31.5℃、35.2℃、27.7℃，温升 2.1℃、6.2℃、1.2℃，三相同部位相间温差为 3.7℃、7.5℃、3.8℃。

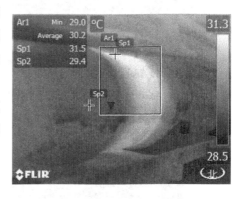

图 7-36　C 相红外测温图谱

四、解剖及试验情况

为分析原因，7 月 25 日用户组织国内主要第三方专家对发热最严重的#4 中间接头 B 相进行解剖，具体情况如下。

1. 外观检查

7 月 23 日，对#4 中间接头 B 相进行更换，中间接头在现场拖拽过程中最外层热收缩管长端侧有破损，取样现场有乳白色液体流出，如图 7-37（b）所示。

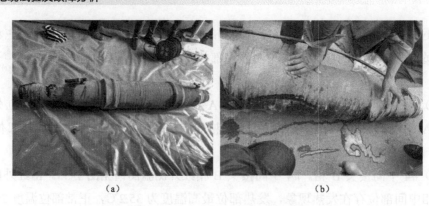

图 7-37 #4 中间接头 B 相外观

（a）切下的故障电缆接头；（b）故障电缆接头内部流出液体

2. 解剖情况

按照图纸，对接头逐层解剖。剖开接头最外层热收缩管后，发现热缩管内侧进水严重，缠绕在环氧件外部的铜带和铅带受潮，如图 7-38 所示。

拆下电缆接头保护铜壳后，发现环氧件内部进水，铜壳内有积水（见图 7-39），电缆绕包带材表面有水珠 [见图 7-40（a）]、绝缘垫片受潮 [图 7-40（b）]。

图 7-38 环氧件外部铜带和铅带受潮

图 7-39 保护铜壳和电缆绕包带材受潮

（a）

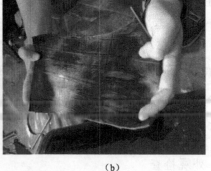

（b）

图 7-40 电缆绕包带材和橡胶垫片受潮

（a）电缆绕包带受潮；（b）接头外层防火层受潮

打开应力锥止动件后，发现应力锥止动件内表面有水珠（见图7-41），说明应力锥外表面已受潮。剖开应力锥，应力锥附近电缆主绝缘表面无明显异常，应力锥内表面与电缆主绝缘与外半导搭接处有老化现象（见图7-42），为长期运行正常老化。接头线芯压接处无异常，如图7-43所示。

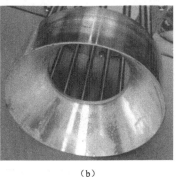

（a）　　　　　　　　　　　　　（b）

图 7-41　应力锥止动件内表面有水珠

（a）应力锥止动件侧面；（b）应力锥止动件正面

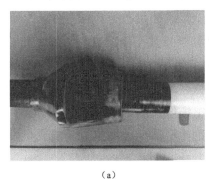
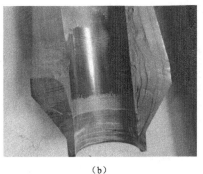

（a）　　　　　　　　　　　　　（b）

图 7-42　接头应力锥及电缆

（a）应力锥外侧情况；（b）应力锥内测情况

3．试验情况

（1）环氧件绝缘电阻测量。通过解剖可以看出，#4 中间接头环氧件已受潮，为判断受潮程度，利用加热带对环氧件加热 2h 进行去潮，对环氧件去潮前后的绝缘电阻进行测量，如图 7-44 所示。环氧件去潮前后 500V 电压下的绝缘电阻分别为 37GΩ 和 105GΩ，2500V 电压下的绝缘电阻值分别为 26GΩ 和 130GΩ，可以看出环氧件受潮后绝缘电阻阻值变化较大。

图 7-43　接头线芯压接处

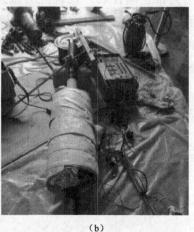

（a）　　　　　　　　　　　（b）

图 7-44　环氧件去潮前后绝缘电阻测量

（a）环氧绝缘筒受潮加热前状态；（b）环氧绝缘筒加热去潮

图 7-45　绝缘纯净度检查

（2）绝缘纯净度检查。取应力锥附近电缆绝缘进行绝缘透明度检查，应力锥附近的电缆绝缘未发现明显的微孔、杂质，如图 7-45 所示。

五、原因分析

根据现场检测及试验室解剖分析，发现这条 220kV 电缆线路#4 中间接头进水，其中环氧树脂件受潮严重，其绝缘电阻值降低、介损增大，从而导致发热。

这条 220kV 电缆线路#4 中间接头的结构形式为：电缆接头外两侧为铜壳，对接中间为环氧树脂材质制作的筒体，在上述两部分（铜壳和环氧树脂筒体）外层仅采用热缩护套包覆，再无其他防水填充层，因此防水性能薄弱。接头所处电缆沟运行环境潮湿，长时间运行时，热缩外护套的密封胶水解失去防护能力，使外部潮气进入，再加上铜壳与环氧树脂对接处的密封措施留有缺陷（见图 7-46），导致水汽由此进入，起主绝缘作用的环氧树脂筒体长期吸水受潮。

六、措施及建议

针对该条 220kV 电缆线路电缆中间接头发热缺陷，为进一步加强电缆设备管理，确保电缆线路安全运行，提出以下措施：

（1）利用红外测温等带电检测手段，加强对该条 220kV 电缆线路同型号中间接头的监测，及时掌握该条线路发热缺陷发展情况，以及其他同类型、同样接头型式线路的运行情况。

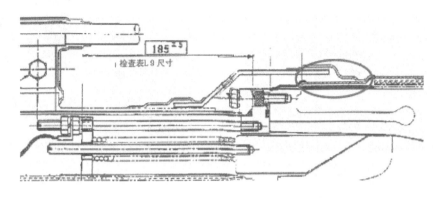

图 7-46 #4 电缆中间接头示意图

（2）建议对该条 220kV 电缆线路#2～#5 电缆接头所在区段电缆及通道情况进行详细摸查，根据现场情况制定下一步消缺方案，对同批次中间接头进行更换。

7.4.2 案例二：电缆中间接头击穿故障分析和现场电阻测量

一、事故概况

2019 年 10 月，某供电局在运电缆线路停电检修，检修完成后，电缆再次投入运行，投入过程中一个电缆接头击穿，经抢修试验通过后合闸送电，但是投入运行的瞬间线路开关跳闸，经检查发现又一个电缆接头击穿，且击穿位置和上次相同，随后又有两次相同的击穿。

1. 现场试验照片

解剖照片如图 7-47 和图 7-48 所示。

图 7-47 现场解剖时照片（一）

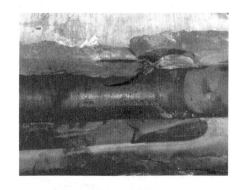

图 7-48 现场解剖时照片（二）

现场测量数据如图 7-49～图 7-52 所示。试验室测量数据如图 7-53 和图 7-54 所示。

图 7-49　现场测量半导体电阻
为 5.63MΩ（外屏蔽）

图 7-50　现场测量半导体电阻
为 16.67MΩ（应力锥）

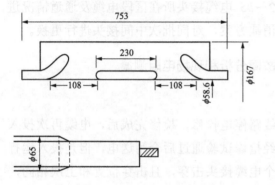

图 7-51　现场测量接头应力锥结构尺寸

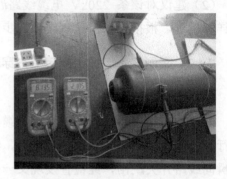

图 7-52　试验室参照 GB/T 11017 要求的电极
测量外半导体电阻为 37.23Ω

从试验室测量数据中发现的问题如图 7-54～图 7-56 所示。

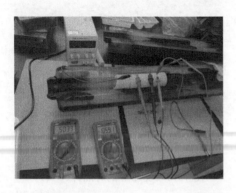

图 7-53　试验室参照 GB/T 11017 标准要求的
电极测量（内半导体电阻为 11.74Ω）

图 7-54　试验室参照 GB/T 11017 要求的
电极（200mm）测量（电阻为 294.99Ω）

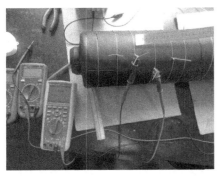

图 7-55　试验室参照 GB/T 11017 要求的电极　　图 7-56　试验室参照 GB/T 11017 要求的电极
（50mm）测量（电阻为 2.0454kΩ）　　　　　（50mm）测量（电阻为 0.8187kΩ）

2. 实测数据

三个送样实测值如表 7-8 所示。

表 7-8　　　　　　　　试验室测量电阻率结果（按照 GB/T 11017—2014）

	电源电压（V）	电极电压（V）	电流（mA）	导体或绝缘屏蔽外直径（m）	导体或绝缘屏蔽厚度（m）	电位极间距（m）	电阻（Ω）	电阻率（Ω·m）	温度（℃）
1#内屏蔽	5.0	0.00590	0.50600	0.0772	0.02250	0.05	11.66	0.50	21
2#内屏蔽	5.0	0.00943	0.13500	0.0772	0.02250	0.05	69.85	2.70	21
2#外屏蔽	5.0	2.14000	30.6400	0.16650	0.00365	0.20	69.71	0.70	21

样品结构尺寸接头长度 753mm；接头外直径 167mm；内屏蔽管长度 230mm；接头内孔直径 58.6mm；接头绝缘长度 2×108mm；电缆绝缘屏蔽直径 65mm。

3. 标准测量方法和要求

（1）电阻的测量方法。根据 GB/T 11017—2014，测量电极为：内孔测量时在绝缘圆柱上在一定距离安装两对电极，这样的电极放入内孔中半导体上。外侧一对电极加上直流电流源，串联电流表，用电压表测量内侧两电极之间的电压，用电压除以电流即得到电阻值，如图 7-55 所示。

对于外圆产品，在其外径上一定距离环绕两对电极，外侧一对电极加上直流电流源，串联电流表，用电压表测量内侧两电极之间的电压，用电压除以电流即得到电阻值，如图 7-57 和图 7-58 所示。

（2）电阻的计算方法。参照 GB/T 11017.1—2014 附录 D 的规定，具体如下：

导体屏蔽电阻：
$$\rho_C = \frac{R_C \pi (D_C - T_C)}{2L_C}$$

式中：ρ_C 为体积电阻率，Ω·m；R_C 为测量电阻，Ω；D_C 为导体屏蔽外径，m；T_C

为导体屏蔽平均厚度，m；L_C 为电位电极间距离，m。

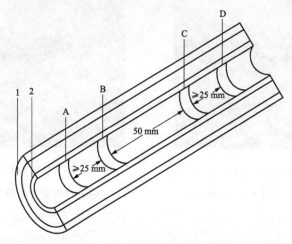

图 7-57　电缆导体屏蔽电阻测量电极

1—绝缘屏蔽层；2—导体屏蔽层；B、C—电位电极；A、D—电流电极

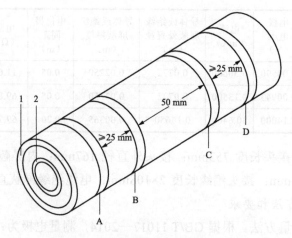

图 7-58　电缆绝缘屏蔽电阻测量电极

1—绝缘屏蔽层；2—导体屏蔽层；B、C—电位电极；A、D—电流电极

绝缘屏蔽电阻：
$$\rho_i = \frac{R_i \pi (D_C - T_i)}{2L_i}$$

式中：ρ_i 为体积电阻率，$\Omega \cdot m$；R_i 为测量申阻，Ω；D_C 为导体屏蔽外径，m，T_i 为导体屏蔽平均厚度，m；L_i 为电位电极间距离，m。

（3）技术要求。

在 GB/T 11017.1—2020 中第 12.4.9.2 条款中"老化前后电阻率不应超过：——导体屏蔽：1000$\Omega \cdot m$；——绝缘屏蔽：500$\Omega \cdot m$"（如图 7-57 和图 7-58 所示）。

在 GB/T 11017.3—2020 附录 B 的表 B.1 中要求"半导体屏蔽层电阻率小于

1.0Ω·m"。

二、数据分析

1. 标准测量数据分析

本次试验室测量击穿电缆接头半导体电阻，由于没有对应的标准测量方法，因此参照 GB/T 11017.1—2020 中附录 D 测量绝缘屏蔽和导体屏蔽半导体电阻率的测量方法。根据实测数据（见表 7-8），送到试验室测量的 3 个击穿接头，除了一个击穿烧蚀得非常严重而无法进行电阻测量外，对其他两个接头应力锥进行测量。发现实际数据偏小，有的小于一般电缆绝缘外屏蔽的电阻值，其中 2#样的内屏蔽电阻率远大于标准要求的（2.70＞1.0Ω·m）。

2. 发现问题

在试验室，采用标准要求的电极，直接用万用表测量电极上的电阻。200mm 电极间的电阻为 294.99Ω，但对此电极中间的两对 50mm 电极进行测量发现，一个电阻为 2.0454kΩ，另一个为 0.8187kΩ。根据欧姆定律，一个试样上的电阻总和应该一定。而这个试样的总电阻只有 249.99Ω，材料中间的电阻确有千欧数量级，说明此样品材料不能满足欧姆定律的要求。

参 考 文 献

[1] 应启良. 高压及超高压 XLPE 电缆附件的技术进展 [J]. 电线电缆, 2000, 1: 3-11.

[2] 李英姿. 在悬链式 CV 生产线上生产高压超高压 XLPE 电缆的绝缘线芯 [J]. 电线电缆, 1999, 2: 34-36.

[3] 吴道虎, 李玉华, 李敬武. 中高压电力电缆用可剥离型半导电屏蔽料的研制 [J]. 橡胶工业, 1997, 44: 9-11.

[4] 应启良. 交联聚烯烃、特别是交联聚乙烯材料及绝缘技术发展前景 [J]. 电线电缆, 1999, 4: 2-5.

[5] 黄棋尤. 国内外聚乙烯电缆料的研究与开发 [J]. 国外塑料, 1998, 3: 8-16.

[6] 辅才. 我国电缆料行业的现状及发展 [J]. 电工技术, 2001, 5: 57-59.

[7] 杨俊家, 吴宗新, 孙青. 高压 XLPE 绝缘电力电缆皱纹铝护套的应用 [J]. 电线电缆, 2003, 4: 44-48.

[8] 赵健康, 欧阳本红, 赵学童, 李建英, 李盛涛. 水树对 XLPE 电缆绝缘材料性能和微观结构的研究进展 [J]. 绝缘材料, 2010, 43 (5): 50-56.

[9] 吴长顺, 曹晓龙, 胥玉珉. 110kV、220kV 交联聚乙烯电力电缆皱纹铝护套氩弧焊接技术的研究 [N]. 电线电缆. 2003. 第 4 期. 77-90.

[10] 刘书全. 220kV XLPE 绝缘电力电缆的设计及试制 [J]. 电线电缆, 2000, 5: 10-14.

[11] 孔德武. 交联聚乙烯电缆试验终端 [J]. 电线电缆, 1999, 5: 32~37.

[12] 刘子玉, 王慧明. 电力电缆结构设计原理 [M]. 北京: 机械工业出版社, 1981.

[13] 王伟, 阎孟昆, 等. 交联聚乙烯 (XLPE) 绝缘电力电缆技术基础. 西安: 西安工业大学出版社, 2005.

[14] 罗俊华, 杨黎明, 史济康, 朱海钢. 电力电缆及试验技术回顾 [J]. 高电压技术, 2004, 30 (136): 81-82, 89.

[15] 马丽婵, 郑晓泉, 谢安生. 交联聚乙烯电缆中电树枝的研究现状 [J]. 绝缘材料, 2007, 40 (5): 49-52.

[16] 郑晓泉, G. Chen. 机械应力与电压频率对 XLPE 电缆电树枝的影响 [J]. 高电压技术, 2003, 29 (11): 5 7.

[17] 谢安生, 李盛涛, 郑晓泉, 等. 外施电压频率对 XLPE 电缆绝缘中电树枝生长特性的影响 [J]. 电工电能新技术, 2006, 25 (3): 33-36.

[18] 金维芳. 电介质物理 [M]. 北京: 机械工业出版社, 1997.

[19] 刘其昶. 电气绝缘结构设计原理 [M]. 西安: 西安交通大学出版社, 1987.

[20] 户谷敦，等. 275kV CV ケーブル用新型接续部の开发 [J]. 电气现场技术，1997，10：32～37.

[21] 原田恒男，等. 500kV CV ケーブルの开发・实用化について [J]. 电气评论，1998，7：715-720.

[22] 陈中强. 国外电缆材料的研究及发展的趋势 [J]. 电线电缆，2001，3：12-13.

[23] 徐德明，徐瑜. 交联聚乙烯电缆绝缘老化及其诊断技术 [R]. 惠州学院学报，2004，14（12）：47-50.

[24] 严彰. 电气绝缘在线检测技术 [M]. 北京：水利电力出版社. 1995.

[25] 蒋佩南. 国产交联聚乙烯电力电缆击穿故障的评定和分析 [J]. 电线电缆，2007，4：1-5.

[26] 丁丽娟. 数值计算方法 [M]. 北京：北京理工大学出版社，1997.

[27] 陈创庭，张国胜，等. 环流法监测 XLPE 电缆金属护套多点接地 [J]. 高电压技术，2002，7（28）：28-30.

[28] 郑肇骥，等. 高压电缆线路 [M]. 北京：水利电力出版社，1983.

[29] 朱晓辉，杜伯学，等. 高压交联聚乙烯电缆在线监测及检测技术的研究现状 [J]. 绝缘材料，2009，42：58-63.

[30] 郑晓泉，G. Chen，A. E. Davies. 交联聚乙烯电缆绝缘中的电树枝与绝缘结构亚微观缺陷 [J]. 电工技术学报，2006，11（21）：28-33.

[31] Dissado L A. Understanding electrical trees in solid: from experiment to theory [J]. IEEE Transactions on Dielectrics and Electrical Insulation，2002，19（4）：483～497.

[32] 谢大荣，巫松桢. 电工高分子物理 [M]. 西安：西安交通大学出版社，1990.

[33] 肖少非. 光纤测温系统在高压电缆测温中的应用 [J]. 江苏电机工程，2009，28（4）：51-53.

[34] 樊伟成，田立斌，谭康，王江林. XLPE 电缆检测现场试验等效性的研究概况 [J]. 技术与应用，2013，11：45-47.

[35] CAVALLINI A, MONTANARI G C. Effect of supply voltage frequency on testing of insulation system[J]. Dielectrics and Electrical Insulation. IEEE Transactions on, 2006, 13（1）：111-121.

[36] 张国栋. 电缆故障分析与测试 [M]. 北京：中国电力出版社，2005.

[37] 王宏志. 大数据分析原理与实践 [M]. 北京：机械工业出版社，2017.

[38] 朱永生. 实验数据分析 [M]. 北京：科学出版社，2012.

[39] 许桂敏，毋向辉. 高压试验室电磁屏蔽改造措施分析 [J]. 现代建筑电气，2012，1：31-33，38.

[40] 马建国，张仲大，丁一工，金涛. 高压大厅的接地措施及效果分析 [J]. 安全与电磁兼容，2002，5：11-13.

[41] 谈莹，周慧黎，程晔新. 高压试验厅的接地设计 [J]. 低压电器，2007，24：39-43.

[42] 赵强，梁智勇. 高压电缆绝缘现场试验分析 [J]. 电网技术，2006，S1：291-294.

[43] 徐霞，王斌. 电力隧道内长距离 500kV 电缆敷设设计 [J]. 华东电力，2010，38（4）：0529-0532.

［44］王志均，吴炯. 500kV XLPE 电缆绝缘中树枝化现象的述评［J］. 电线电缆，2001，2：16-19.

［45］TAKEO K, YOSHIHISA T. Development of 500kV XLPE cables and accessories for long distance underground transmission line［J］. IEEE Transactions on Power Delivery，1994，9（4）：521-526.

［46］刘平原. 交联聚乙烯老化的试验与建模研究［J］. 绝缘材料，2002，1：34-36.

［47］ZHAO H, TU D M, ZHAO H W, et al. Laser inspection of defects in HV XLPE cable insulation［C］. International Symposium on Electrical Insulating Materials，1995，1：35-38.

［48］陈化刚. 电力设备预防性试验方法及诊断技术［M］. 北京：中国科学技术出版社，2001.

［49］焦振，夏泉. 高压电力电缆线路事故统计与分析［J］. 供用电，2001，2：64-66.

［50］殷俊河. 电力电缆线路故障实例分析及防止措施［M］. 北京：水利水电出版社. 2010.